U0302992

红树林湿地鸟类生态智能监测与评估技术

邹月娴　李瑞利　沈小雪　著

科学出版社

北京

内 容 简 介

本书首先概述了红树林湿地生态及其现状，分析了生态监测技术存在的问题和需求；其次介绍了基于计算机视觉的鸟类生态智能监测技术和鸟类生态参数智能获取技术，设计了湿地鸟类生态智能监测平台；最后通过分析红树林湿地鸟类生态评估现状，筛选了鸟类生态评估指标，构建了鸟类生态健康评价方法，并将评估体系应用于深圳湾红树林湿地鸟类监测项目。

本书可供生态学、计算机科学与技术应用等专业的研究人员、高校师生阅读参考。

图书在版编目（CIP）数据

红树林湿地鸟类生态智能监测与评估技术 / 邹月娴, 李瑞利, 沈小雪著.
北京：科学出版社，2024.11. -- ISBN 978-7-03-079745-2

Ⅰ. Q959.7；P941.78

中国国家版本馆 CIP 数据核字第 2024A2A131 号

责任编辑：邓新平　冷　玥　覃　理 / 责任校对：周思梦
责任印制：徐晓晨 / 封面设计：义和文创

科学出版社 出版
北京东黄城根北街 16 号
邮政编码：100717
http://www.sciencep.com
北京天宇星印刷厂印刷
科学出版社发行　各地新华书店经销

*

2024 年 11 月第 一 版　开本：720×1000　1/16
2024 年 11 月第一次印刷　印张：19 插页：4
字数：380 000
定价：168.00 元
（如有印装质量问题，我社负责调换）

作者简介

邹月娴，电子科技大学本硕、香港大学博士，北京大学教授、博士生导师，鹏城实验室兼职教授，IEEE 高级会员，新加坡归国学者。现任北京大学深圳研究生院党委副书记、北京大学深圳研究生院现代数字信号与数据处理实验室（ADSPLAB）主任、物联网智能感知技术工程实验室（ELIP）副主任。担任深圳市人工智能学会副理事长兼秘书长、深圳市女科技工作者协会副会长，中国计算机学会语音对话与听觉专委会委员，中国自动化学会模式识别与机器智能专业委员会委员。获中国电子工业部科技进步三等奖和深圳市科技进步奖（技术开发类）一等奖；荣获深圳市高层次专业人才（地方级人才）、深圳市三八红旗手称号。邹月娴博士长期从事一线教学和科研工作，在智能信号与信息处理、机器听觉、机器视觉、模式识别和机器学习等相关领域有着深厚的研究积累，先后主持和参与国家级、地方级科研项目 30 多项，形成了稳定的研究方向和一系列创新成果，以第一作者/通讯作者在领域著名学术期刊（TPAMI、TASLP、TIP、TSP、TMM、TIM 等）和旗舰学术会议（AAAI、NIPS、ACL、CVPR、IJCAI、ACMMM、ICASSP、Interspeech 等）上发表学术论文 280 多篇，申请和授权发明专利 20 余项。主讲研究生专业基础课程和学位必修课程，包括"数字信号处理及其应用"、"阵列信号处理及其应用"、"模式识别导论"、"机器学习及其应用"以及"人工智能与金融科技"等。曾获北京大学深圳研究生院教学优秀奖。担任国家自然科学基金、科技部、广东省、深圳市科技专家委员会专家，担任多个国际会议技术/程序委员会委员、多个国内外著名学术期刊和国际会议审稿人。目前致力于跨媒体分析与理解、人机对话、深度学习理论方法与应用研究。

李瑞利，北京大学研究员，深圳市海外高层次人才，广东省红树林工程技术研究中心执行主任、中国生态学会红树林生态专业委员会副主任、中国能源学会专业委员会副主任。领衔获 2022 年广东省人民政府颁发的广东省科学技术奖科技成果推广奖（排名 1）、2023 年生态环境部环境保护科学技术奖二等奖（排名 1）、2023 年中国产学研合作创新成果奖二等奖（排名 1），获北京大学"优秀班主任"、北京大学"优秀共产党员"称号。主持国家重点研发计划（课题）、国家自然科学基金项目、广东省与深圳市重点项目、产学研项目等共计 35 项。在 *Water Research*，*Journal of Hydrology* 等国内外重要期刊发表论文 109 篇，授权发明专利 18 项，软著 8 项，出版学术著作 5 部。主要研究方向为全球变化与城市红树林、红树林精准监测与修复、数字红树林生态技术、大湾区智慧水生态。

沈小雪，北京大学博士、博士后，现为北京大学环境与能源学院副研究员，深圳市高层次人才，荣获生态环境部环境保护科学技术奖二等奖、广东省科学技术奖科技成果推广奖、中国产学研合作创新成果奖、广东省环境保护科学技术奖二等奖、中国风景园林学会科学技术奖科技进步奖二等奖。发表相关学术论文总计50余篇，其中SCI/EI收录论文共44篇，出版学术专著2部，授权发明专利11项，授权实用新型2项。主持和参与国家重点研发专项课题、国家自然科学基金（青年/面上）、国家博士后基金（面上）、广东省科技攻关项目、深圳市科技计划（可持续发展专项/学科布局/技术攻关）等项目20余项。目前致力于数字红树林、红树林生态系统立体智慧监测等研究。

序

　　红树林湿地生态环境变化多样，开展有效的湿地鸟类生态健康监测与评估方法研究，对于红树林湿地鸟类资源和沿海生态环境的保护具有重要的意义。《红树林湿地鸟类生态智能监测与评估技术》面向红树林湿地生态智能监测，开展了基于深度学习和数据驱动的滨海湿地鸟类生态视频监测新方法与新技术的研究，并在此基础上开展了基于鸟类生态监测数据的红树林生态评估研究。本书总共包含8章：第1～2章概述了红树林湿地生态及其现状；第3～5章介绍了基于计算机视觉的鸟类生态智能监测技术、鸟类生态参数智能获取技术和基于视频的湿地鸟类生态智能监测平台；第6～8章介绍了红树林湿地鸟类生态评估现状、基于智能监测的鸟类生态评估指标筛选与评价方法构建以及鸟类智能监测与生态评估体系的应用与评价。本书是人们了解滨海湿地鸟类生态现状、鸟类生态智能监测技术和鸟类生态评估方法与应用的重要参考。

　　红树林湿地鸟类生态智能监测与评估是一项跨学科的研究工作，有效的湿地鸟类生态健康实时监测与评估对于及时了解湿地生态环境质量及变化信息至关重要。本书研究团队所构建的深圳湾红树林远景鸟类数据集（Birds Dataset of Shenzhen Bay in Distant View，BSBDV 2017），为鸟类生态智能监测相关研究提供了基础性研究数据；所提出的高精度、多尺度和鲁棒的鸟类目标检测深度模型、鸟类目标计数深度模型、红树林湿地图像去雾深度模型和细粒度鸟类识别深度模型，为红树林鸟类生态参数的自动获取提供了基础工具。所设计和实现的基于视频的红树林湿地鸟类生态智能监测平台，为长期在线红树林鸟类生态监测提供了系统技术。所搭建的红树林湿地鸟类栖息地生态健康评价的指标体系，对综合评价深圳湾红树林湿地鸟类健康状况具有重要的价值。本书相关成果已经获得成果转化并应用于深圳市红树林湿地鸟类监测项目，对保护红树林湿地鸟类资源和沿海生态环境产生了积极作用。

　　本书研究团队由北京大学深圳研究生院的生态环境专业团队和计算机应用技术专业团队组成：前者是李瑞利博士带领的广东省红树林工程技术研究中心，李博士在近海水环境监测与修复、近海环境微生物生态研究及红树林生态工程技术方面有着深入研究；后者是由邹月娴教授带领的现代数字信号与数据处理实验室（ADSPLAB），邹教授长期从事智能信号与信息处理、机器听觉、机器视觉、模式识别和机器学习领域的科研教学工作，是我国在信号处理、机器学习领域的知名专家。

　　邹月娴主要负责本书的内容研究、撰写和组织统筹工作。本书的具体分工如下：李瑞利负责第1~2章和第6~8章的内容研究与撰写，邹月娴负责第3~5章的内容研究与撰写。本书获得李瑞利团队和邹月娴团队的博士和硕士研究生以及多位同行的鼎力相助，主要参与研究工作的人员包括：柴民伟、陈广、陈泽晗、关文婕、黄晓林、黄艳、李婉若、陆超豪、石聪、王国帅、吴海轮、杨东明、于凌云、张粲、周琳和周小群（按姓氏拼音顺序），在此表示衷心感谢。由于资料和时间的限制，机器学习技术的飞速发展，加之作者水平有限，书中可能会存在不足之处，敬请广大读者批评指正。

作　者

2023 年 12 月于南燕园

目　　录

第三部分　鸟类生态评估方法与应用

第一部分　红树林湿地与鸟类生态

第1章 红树林湿地生态概述

1.1 全球红树林生态资源现状

红树林是生长在热带亚热带河口海岸潮间带，受周期性潮水浸淹的湿地木本植物群落，在海岸河口生态系统中占有十分重要的地位（林鹏，1981）。全球红树林主要分布于南、北回归线之间，分为两个群系：东方群系和西方群系。其中东方群系主要分布在印度尼西亚的苏门答腊岛和马来半岛西海岸，西方群系主要分布在北美洲、西印度群岛和非洲西海岸。全球共有红树植物24科30属86种（含变种）。其中东方群系74种，西方群系15种，东西方群系重复2种，交迭2种。

近几十年来由于人口压力及经济发展，全球红树林的面积呈现持续萎缩的趋势，覆盖红树林的海岸长度从1980年的198 000 km下降为1990年的157 630 km，现今仅余146 530 km。过去几十年菲律宾、越南、泰国和马来西亚的红树林面积减少了7445 km^2；美国佛罗里达洲的红树林面积从2600 km^{2}减至2000 km^2；波多黎各红树林面积从243 km^{2}减少为64 km^2。根据联合国粮食及农业组织（FAO）2015年的评估报告，2015年全球红树林面积为147 520 km^2，较2010年减少了3.98%。据全球红树林联盟2021年发布的报告，在2016年以前的20年间，红树林的净损失约为4.3%。2000年以来，超过60%的红树林损失可归因于人类活动的直接和间接影响，主要发生在印度尼西亚、缅甸、马来西亚、菲律宾、泰国和越南。

1.2 中国红树林生态资源现状

中国红树林天然分布于海南省三亚市榆林港（18°09'N）至福建省福鼎市沙埕湾（27°20'N）之间，人工引种的北界为浙江省乐清市（28°25'N）。红树林主要分布在海南、广西、广东、福建、浙江、台湾、香港和澳门等地区，其中海南、广东和广西是中国红树林的主要分布地区。中国红树林的面积为1.8万hm^2（不包括港澳台地区），红树植物种类共有38种，其中真红树植物13科15属27种，半红树植物有9科11属11种，主要的红树植物有桐花树（*Aegiceras corniculatum*）、秋茄树（*Kandelia obovata*）、白骨壤（*Avicennia marina*）、木榄（*Bruguiera gymnorhiza*）、老鼠簕（*Acanthus ilicifolius*）、海漆（*Excoecaria agallocha*）、海桑（*Sonneratia caseolaris*）、无瓣海桑（*Sonneratia apetala*）、红树（*Rhizophora apiculata*)、红海榄（*Rhizophora stylosa*）和角果木（*Ceriops tagal*）等。

从 20 世纪 50 年代开始，我国的红树林面积大幅减少，在部分地区甚至彻底消失。联合国粮食及农业组织公布的数据显示，中国（包括香港、澳门和台湾地区）红树林分布面积从 1980 年的 65 900 hm² 下降到 2000 年的 23 700 hm²。以海南为例，海南岛的天然红树林种类最全，分布面积最大，是中国宝贵的红树林资源库，但海南岛的红树林面积已从 20 世纪 50 年代的 10 000 hm² 下降到 2002 年的 4000 hm² 以下。近年来，红树林生态系统的重要性逐渐被人们认识，中国政府出台了一系列的红树林保护与恢复政策，加大了红树林造林力度。2000 年是中国红树林面积变化的转折点。在此之前，由于人类破坏和城市开发（围填海运动、基围养殖和港口码头建设等），中国红树林经历了面积急剧减少的阶段，而中国的红树林保护与恢复工作也在此期间逐步展开（李瑞利等，2022）。目前中国红树林处于破坏与恢复并存的状态。据文可（2022）的研究，总体来看，中国红树林处于显著扩张期。根据自然资源部及国家林业和草原局 2020 年发布的数据显示，20 年来我国红树林面积增加 7000 hm²，成为世界上少数几个红树林面积净增加的国家之一。目前，我国 55% 的红树林湿地纳入保护范围，远高于世界 25% 的平均水平[①]。

1.3　红树林湿地生态系统的生态价值与经济价值

红树林湿地生态系统的生态价值是指它的生态功能价值，是指红树林生态系统发挥对人类、社会和环境有益的全部效益和服务功能。它包括红树林生态系统中生命系统的效益、环境系统的效益以及生命系统与环境系统相统一的整体综合效益（韩维栋等，2000）。作为陆地和海洋之间的缓冲带，红树林生态系统不仅具有防浪护堤、促淤造陆、净化水质和维持生物多样性等重要生态功能（Arrivabene et al.，2016；Benzeev et al.，2017），还具有提供木材、水产养殖、食用和药用等经济价值（Walters et al.，2008；Carrasquilla-Henao and Juanes，2017）。评估结果表明泰国红树林经济价值高达 27 264～35 921 美元/hm²（Barbier et al.，2001）。此外红树林生态系统还具有较高的生态服务价值，研究结果表明，红树林湿地每年的生态服务功能价值高达 9990 美元/hm²，在全球 16 种生态系统中排名第四（Costanza et al.，1997）。韩维栋等（2000）对中国自然分布的 13 646 hm² 的红树林生态系统的功能价值进行经济评估，评估结果表明中国红树林年总生态功能价值为 236 531 万元，其中生物量价值为 8163 万元，抗风消浪护岸价值为 99 206 万元，保护土壤价值为 115 692 万元，固碳以减弱温室效应和释放 O_2 的价值为 6706 万元，

---

① 丁亦鑫：《世界海洋日：立法保护红树林　修复典型海洋生态系统》，人民网-环保频道，2020，http://env.people.com.cn/n1/2020/0608/c1010-31738862.html。

生物多样性保护即动物栖地价值为 5470 万元，林分养分积累价值为 1012 万元，污染物生物降解和病虫害防治为 282 万元。此外，根据 Yamamoto（2023）的计算，以印度尼西亚渔业生产为例，红树林保护的潜在经济价值可达到 22 861 美元/(hm^2·a)，该地区红树林损失量每升高 1% 时，当地渔民家庭年收入将下降 5.3%～9.8%。

1.3.1　生态价值

（1）维持生物多样性　红树林具有热带、亚热带河口地区湿地生态系统的典型特征以及特殊的咸淡水交迭的生态环境，这为众多的鱼、虾、蟹、水禽和候鸟提供了栖息和觅食的场所，因此红树林蕴藏着丰富的生物资源和物种多样性。在中国，红树林湿地生态系统中至少包括 55 种大型藻类，96 种浮游植物，26 种浮游动物，300 种底栖动物，142 种昆虫，10 种哺乳动物和 7 种爬行动物等。同时，红树林湿地还是海洋鸟类理想的天然栖息地，中国红树林分布区内有鸟类 17 目 39 科 201 种，我国红树林处于东亚—澳大利西亚候鸟迁飞路线上（孙莉莉等，2019），每年经过中国南方深圳湾湿地歇脚或过冬的鸟类有 10 万只以上，最多可达 40 万只以上（林鹏，1997）。

（2）生态屏障功能　红树林独特的支柱根、气生根以及发达的通气组织和致密的林冠等结构使得其具有较强的抗风和消浪功能，可以有效降低台风强度，削减风浪，并有利于悬浮颗粒物沉积，防止土壤侵蚀（Kerr and Baird，2007）。在菲律宾的一些沿海地区，人们大量种植红树林来削减风暴强度，降低台风危害（Walton et al.，2006）。在澳大利亚，台风来袭时渔民通常会将小型渔船藏入红树林深处（Williams et al.，2007）。2004 年印度洋海啸中，泰国拉廊府的巴帕海滩受到了海啸的严重损害，2 个村庄和 1 所小学被完全冲毁，70% 的居民遇难，而位于其附近 70 km 的兰松国家公园和该红树林自然保护区岸边的居民由于有大面积红树林的保护，他们在这次海啸中没有受到丝毫的损失。

（3）净化环境功能　红树林生态系统中水生植物可以吸收水体中大量的营养元素，降低周边海域的富营养化水平，同时还可以吸收和固定水体中的 Cu、Pb 和 Zn 等重金属元素。研究表明，红树林净化污水的价值可达 1193～5820 美元/(hm^2·a)（Alongi，2002）。另外，红树林还可以吸收 SO$_2$、HF、Cl$_2$ 和其他有害气体。通过鸟类动物与环境的复杂生态关系，红树林在有效防治海岸生态环境病虫害方面也起着非常重要的作用。

（4）碳汇功能　红树林属于常绿阔叶林，具有很强的固定碳的能力，每公顷阔叶林在生长季节消耗的 CO$_2$ 达 1000 kg/d。红树林固定的 CO$_2$ 不仅储存在红树植物中，还大量储存在沉积物中从而增加了土壤肥力。由于海水的周期性浸没，红树林区沉积物呈现出强还原性、强酸性和高盐度等理化性质，在特异性生长环境的选择压力下，其微生物群落具有丰富的生产力和强大的抗逆能力（张攀等，2022）。Clough 等（1997）的研究表明，马来西亚 22 年生的大红树每天的固碳量为 155 kg/hm^2。毛子龙等（2012）测算了深圳福田红树林的碳汇能力，发现天然秋茄树林的碳汇量为每年 20.08 t/hm^2。相对于陆地森林，红树林显著的碳汇效益在全球碳循环中发挥着不可忽视的作用。

1.3.2　经济价值

（1）渔业养殖　在许多热带贫困地区，以红树林为基础的渔业养殖等活动是当地人的主要收入来源之一。红树林生态系统是全球生产力较高、生物种类繁多的生态系统之一，为 2000 多种鱼类、无脊椎动物和附生植物提供了丰富的饵料和栖息地（李阳，2020）。红树林可作为水生动物的栖息地和育苗场（Crona and Rönnbäck，2007；Serafy and Araujo，2007）。例如，甲壳类生物（虾类和蟹类等）以及各种鱼类（石斑鱼、鲷鱼、鲈鱼和鲻鱼等）的幼苗就是在红树林环境中发育完成。同时，红树林还盛产牡蛎、贻贝和蛤蚌等，可供当地居民食用和从事商业活动（Rönnbäck，1999）。在一些红树林地区已经发展了多种养殖模式，例如，中国香港红树林的基围鱼塘和越南红树林内的虾塘养殖等（Primavera and de la Peña，2000）。红树林区蕴藏巨大的渔业出产能力。据统计，红树林区的渔业出产占到了马来西亚砂劳越州渔业出产的 10%～20%（Bennett and Reynolds，1993），占到了斐济渔业出产的 56%（Lal，1990），还占到了科斯雷岛渔业出产的 90%（Naylor and Drew，1998）。

（2）提供木材　红树林木材主要用于木柴燃烧以及建设，例如红树属（*Rhizophora*）因其质地坚硬，富含单宁酸等物质而具有较高的热值。在一些国家，这些红树植物曾经被广泛用于面包房和烧窑等行业的燃料，甚至到现在红树枝干仍是一些家庭的主要燃料。一些红树具有较高的强度和抗虫性的特点而被用于房屋建设，但其枝干短小扭曲的特点限制了红树木材在这方面形成商业规模，因此红树木材更多地被用于沿海地区的住宅内部（柱子、横梁、屋顶、栅栏）建设。此外红树木材还被广泛用于鞣制、燃料和造纸等行业。

（3）食用药用价值　秋茄树、木榄、海莲和红海榄的胚轴等可以食用；白骨壤和红海榄等的树叶可作为动物饲料；桐花树、角果木和海莲等是很好的蜜源植物；红树、海莲和老鼠簕等具有药用功能或潜在药用开发价值。至 2020 年底，各国学者已从红树林来源真菌次级代谢产物中获得 1387 个新化合物，包括聚酮类、萜类、生物碱、肽类及二酮哌嗪类化合物等，这些化合物显示出广泛的生物活性，如细胞毒性、抗病毒、抗细菌和抗真菌、抗炎以及杀虫等（Chen et al.，2022；Cadamuro et al.，2021；Nicoletti et al.，2018）。因此，红树林来源真菌次级代谢产物已成为创新药物先导物的一个重要来源（闫璧滢等，2023）。

1.4 红树林湿地面临的生态问题

红树林湿地具有开放性、脆弱性和复杂性等特点，因其位于人为干扰强度大的沿海地区，人为活动对其分布会产生直接影响，90%以上的红树林受到不同程度的人为干扰。近几十年来人口的增长是影响红树林生长的最主要因素，加上近年来对红树林的过度开发以及不恰当的管理，全球红树林正在以每年 1%～2%的速度退化。其中亚洲红树林退化趋势尤为明显。据常云蕾等（2023）基于 GEE 云平台及数据集的研究，东南亚红树林总面积在 1990～2020 年呈显著下降趋势，由 520.55 万 hm^2 减少至 373.77 万 hm^2，整体上每年以 1.1%的平均速度消失。

（1）红树林面积减少。红树林退化最主要的表现是红树林面积减少。红树林面积减少的原因主要包括：水产养殖面积增加、工业木材的取用和城市扩张等。其中鱼虾类等水产品养殖塘的扩增是红树林面积减少的主要原因。在全球，水产养殖导致红树林面积减少占 52%，在亚洲更是占到了 58%（Walters et al.，2008）。在许多东南亚国家，大面积红树林被改造成养殖塘，如印度尼西亚、越南、菲律宾和泰国（Veettil et al.，2018），不仅严重地破坏了红树林，还导致其生态系统中消费者的某一组分内部结构发生变化，破坏了红树林生态系统的平衡。

（2）红树林生境质量下降。一方面是红树林原始生境遭到破坏，填海造陆和筑堤修坝等城市化建设活动，导致红树林生境破碎，并降低了红树林湿地生物多样性。如广西部分海堤的建设人为压缩了高潮带滩涂，导致高潮带滩涂生长的木榄和榄李大量减少，角果木消失；加纳因建造阿科松博（Akosombo）和凯蓬（Kpong）大坝，限制了盐分进入沃尔特（Volta）河河口，最终造成了沿海地区红树林的死亡。另一方面，作为陆地和海洋之间的缓冲带，红树林成为了重金属、营养盐以及持久性有机污染物的收纳场所。人类活动产生的生活垃圾、污水、石油以及有机氯农药等有毒物质加重了红树林区水环境污染，导致了红树林湿地功能退化、生物栖息地改变以及红树林生物多样性降低等问题（杨星等，2020）。研究表明水体污染已成为福田红树林湿地生态功能退化和生物多样性明显下降的主要原因之一。

（3）红树林生境破坏。病虫害对红树林的生长健康状况影响严重，自然环境中的多种菌类和害虫都会危害红树植物嫩梢、嫩枝、花蕾和叶片，严重时会造成红树林的成片枯死。黄泽余等（1997）1997 年在广西沿海山口、钦州、防城 3 个红树林分布区调查红树林病害，发现 5 科 6 种红树植物受到炭疽病菌的浸染。这些炭疽病菌具有寄生专化性，主要导致叶斑病，严重时引起植株枯萎。2005 年，在广西山口保护区，发生了 40 年来最严重的广州小斑螟危害，主要危害对象的是白骨壤，有的受灾树 95%的叶子被虫吃掉，整株树渐渐枯萎。黄滢等（2022）利用 2016～2020 年广西防城港红树林生态自然保护区内红树林虫害灾情数据和气象数据进行研究，发现广州小斑螟和柚木肖弄蝶夜蛾是红树植物最普遍、最主要的害虫，红树林受其袭击后，会叶片枯萎，枝干死亡，积蓄量大幅减少，并影响下一年繁殖。外来物种入侵是红树林湿地正在日益退化的主要因素之一。有研究报道福建省大部分红树林滩涂都会因不同程度的互花米草入侵而退化。受互花米草入侵的影响，福建省宁德市飞鸾湾 150 hm^2 红树林在 20 年间仅剩百余株；同时，互花米草入侵后红树林湿地土壤养分明显降低，红树林湿地碳汇功能明显削弱。

第2章 红树林湿地鸟类生态监测现状

2.1 红树林湿地生态监测概述

生态监测是环境科学的一个重要的研究领域，生态监测是指以标准化的方法在特定时间和空间内重复分析测定生态系统状况。生态监测的目的在于反映生态系统的状态和演变趋势，为保护生态环境、合理利用自然资源、实施可持续发展战略提供科学依据。红树林湿地的生态监测起始于 20 世纪 50 年代，并在 70 年代后期以来迅速发展，在生物资源、生态学特征和经营管理各个方面都进行了广泛研究。国家海洋局（现生态环境部）2001 年制定了《中国海岸湿地保护行动计划》，将红树林生态系统的保护列为优先项目之一，红树林生态系统的监测和评价逐渐成为政府和学者们关注的焦点。要实现对红树林湿地的生态监测需要随时掌握湿地区域内的环境信息，现有的红树林湿地生态监测方法主要分为以下四种：

（1）人工采集法。通过巡检人员携带便携式水质监测设备定期定点进行监测。此种方法存在监测周期长、成本高、针对性差和耗时费力等缺点，无法及时反映湿地环境的变化情况。同时，由于湿地结构和布局的特殊性，有些区域采集人员无法到达，检测结果可能存在偏差。

（2）观测站法。有些红树林湿地保护区采用建立观测站的方式进行监测，但是设立观测站的方式成本过高，监测区域范围无法覆盖整个湿地区域，且二次施工很可能会破坏湿地环境。

（3）电子设备法。采用自动监测设备进行监测，类似于一个便携式的实验室，但是其设备费用昂贵、体积大并且移动灵活性差。

（4）遥感监测法。其原理是利用不同物质对特定波长的光的吸收或反射而表现出不同的光谱特征，这些光谱特征能够为遥感器所捕获，并在遥感图像中体现出来。但是现今广泛使用的遥感图像波段较宽，且由于光的穿透能力较差，所反映的往往是综合信息。加之太阳光和大气等因素影响，在反映某些生态信息方面遥感技术的应用不是很成熟。

由于红树林生态环境的变化是一个相对缓慢的过程，为了能够对红树林生态环境的变化做出准确的判断和预测，红树林湿地生态监测数据多用于构建生态系统模型，以评估生态系统的健康程度。

2.1.1　生态监测的目的与意义

红树林湿地生态系统的平衡是一种脆弱的平衡，其中包含着许多生物和环境因子，一旦因人为等因素破坏了结构中的某一部分，就可能会造成整体失衡。在保护红树林意识和力度不断提高的情况下，红树林生态监测已成为滨海湿地研究的热点与重点问题，人们迫切地需要了解红树林生态环境信息和生态环境的动态演化及存在的问题。红树林湿地的生态监测有助于及时、准确地了解红树林生态系统的生态质量现状，包括红树林的空间分布、动植物生长状况、群落结构变化等信息，这为红树林生态系统的保护管理与决策服务提供重要的科学依据。

2.1.2　生态监测的对象

生态环境领域的监测主要是对区域的大生态环境进行监测，不仅包括监测污染源、生态质量，还要监测生态环境下的生态平衡问题及资源使用情况。因此生态监测的对象主要有环境要素、生物要素、生态格局、生态关系和社会经济五大方面。生态系统是极其复杂的有机整体，对不同的生态系统进行监测时，应该根据监测需求选择不同的对象进行监测，要选择最具代表性、敏感性高和受外界影响大的指标，同时将得到的不同类型的指标和参数有机地整合在一个统一的理论框架中，综合全面地对该生态系统进行评价以及趋势分析。

红树林生态系统是一个多子系统互动的复杂体系，通常包括红树林、基围鱼塘、陆地林地和外海滩涂等组成部分。这些子系统通过藻类、红树植物及半红树植物、伴生植物、动物和微生物等生物因子，以及非生物因子如阳光、水分和沉积物等，共同完成湿地生态系统的物质循环和能量转换。因此，在监测红树林生态系统时，关注的重点对象包括气象、水文、沉积物、植物、动物和微生物等要素（表 2-1）。

表 2-1　红树林湿地生态监测对象

监测对象	监测指标
气象	风向、风速、气温、湿度、降水量、降水分布、蒸发量和辐射等
水文	地表径流量、流速、pH、水文、浊度、盐度、营养元素（N、P、K 等）、有机污染程度、富营养化水平、重金属含量和微塑料等

续表

监测对象	监测指标
沉积物	沉积物质地组成、容重、pH、氧化还原电位、阴离子交换量、重金属含量、有机质含量和微塑料等
植物	红树植物、半红树植物、伴生植物以及藻类等生物多样性和群落空间结构
动物	鸟类、鱼类、底栖动物、浮游动物和昆虫等的生物多样性
微生物	细菌、放线菌、真菌毒性种类、群落结构、丰度、多样性等

2.1.3　生态监测的常用方法

目前生态监测的技术主要包括遥感（RS）、全球定位系统（GPS）、地理信息系统（GIS）以及地面调查的方法。由于红树林生长于滨海地区，且面积较大，人工实地监测存在一定困难，加上植被类型复杂多样，生物丰富，地面调查很难快速全面掌握湿地信息，因此红树林湿地生态监测主要采用地面调查结合遥感监测的方法。

地面调查根据不同红树林的生境类型及其分布区域，按照一定的面积设置样方进行调查和监测。地面调查能够比较全面地了解生态系统的结构、功能状况及其变化，但是这种观测需要长期持续的投入，且人工调查获得的数据具有一定的滞后性和局限性。

遥感技术在红树林保护与管理方面的应用优势在于：可在短时间内掌握区域红树林湿地的生态特征，把握红树林湿地资源动态变化的情况和趋势。目前国内外学者已经开始尝试应用中高分辨率光学遥感数据、航空数据、合成孔径雷达数据，在红树林动态监测、种间分类、生产力（生物量）、群落结构信息［叶面积指数（LAI）、平均冠幅、林木高度、群落结构等］、灾害灾情（病虫害、风暴潮等）、驱动力（海平面变化、人类活动等）、景观动态及红树林湿地保护与管理方面开展大量的研究工作。

由于遥感技术本身存在自身穿透能力弱、空间分辨率低和光谱特征限制等，目前还难以获得红树林全面的生态系统结构信息，红树林湿地环境的演变空间化过程尚无法进行遥感识别，部分植被生态学指标数据（生物多样性、优势度指数等）仍需进行地面调查才可获得。因此为更加综合全面反映红树林生态系统的生态信息，目前大多采用地面调查与遥感技术相结合的方法，在完善地面监测数据的同时，通过地面数据的修正和解译成果，提高遥感技术成果的精度，为区域红树林湿地保护、管理和利用提供一定的科学依据。

2.2　红树林湿地鸟类生态监测技术现状

作为候鸟迁徙的中转站，红树林湿地为鸟类提供了丰富的食物资源和适宜的生存环境，同时，作为红树林湿地生物多样性的重要生物组成部分，鸟类在红树林生态系统中扮演着重要作用。20 世纪 90 年代，深圳湾福田红树林白骨壤害虫危害严重，大片植株枯死，其原因主要是吃虫的陆鸟减少了 40.5%，使得专吃白骨壤的害虫鳞翅目螟蛾科（Pyralidae）的双纹白草螟（*Pseudocatharylla duplicella*）大量繁殖。鸟类在红树林湿地生态系统中处于较高的营养层次，不但对能量流动和物质循环影响较大，而且对整个系统的稳定和平衡也有着重要的影响。另外，鸟类对环境条件的改变通常能在较短时期内有所反应，这种反应较易被观察出来，因而鸟类的种类和数量变化对红树林湿地生态环境健康状况具有重要的指示作用。

2.2.1　地面监测

目前，常见的鸟类监测方法是调查人员使用光学仪器，如双筒望远镜或瞄准镜等，通过样点法、样线法、标图法和小区直接计数法或者网捕法等进行调查。红树林湿地鸟类的生态监测一般是采用样线法和样点法来统计鸟类的种类和数量。具体操作为：根据红树林和滩涂的面积大小、潮水涨落情况等，定期在各调查地点设立数量不等的线路观测样点；沿堤岸设定步行调查路线，以 1.0～1.5 km/h 速度行进，用双筒望远镜和单筒望远镜统计 50 m 半径范围内的鸟类种类、数量和活动情况，并拍摄取证。

样线法和样点法在调查过程中存在一定区别。样线法是观察者按照一定的速度沿着样线前进，同时记录样线两侧一定范围内的（包括看到的和听到的）鸟类个体。在地面调查过程中，样线法主要适用于地势较为平坦、生境较为简单的湿地地区，而在生境复杂的森林或湿地地区，可行性相对较差。样线法调查过程中，观察者在步行过程中花费大量时间和精力，前进速度不易维持稳定，在应用上会受到一定限制。样点法是指观察者在事先选取一定间隔的地点停留 5～10 min，计数该点周围一定范围内所发现的鸟类。样点法易于实施，容易做到随机或系统化，适合复杂和斑块化的生境，是目前使用最广泛的鸟类调查方法。与其他鸟类调查方法相比，在对相同面积的区域进行调查时，样线法和样点法所用的调查时间较少。样线法适合调查密度低、移动范围大和体型较大的鸟类；样点法则适合对移动范围小、体型小且难以辨认的鸟类调查（孙文婷等，2012）。大多数的盐沼湿地的植物群落呈带状分布，样线法比样点法更适合于鸟类调查。调查方法对比详见表 2-2（周雯慧等，2018）。

表 2-2　调查方法对比

调查方法	优点	缺点
样线法	适用于平坦、简单地势； 不受季节的限制、灵活性强； 易于发现的种类多	花费大量时间和精力； 前进速度不易维持稳定
样点法	易于实施、随机化或系统化； 适合于复杂及斑块化生境	调查的精度较低； 只能观察到调查地区的部分鸟类； 效率较样线法低

　　冯尔辉等（2012）采用样线法对海南东寨港红树林湿地中的鸟类进行调查，调查结果表明水鸟的种类和数量具有明显的季节性变化，不同生境的鸟类群落组成及物种多样性在不同季节的差异性显著。刘一鸣等（2016）采用样线法和样点法结合的方法对雷州九龙山红树林湿地公园内的鸟类进行了调查，结果表明该湿地公园内鸟类种类数量以冬候鸟和古北界为主，鸟类群落特征在各年总体差别不大。张小海等（2023）采用样点和样线相结合的方法对海南新盈红树林国家湿地公园的鸟类多样性进行调查，共记录鸟类 7 目 19 科 57 种，并针对鸟类生物多样性的季节性差异提出了针对性的保护建议。

2.2.2　航空监测

　　航空监测，即应用无人机（UAV）对湿地鸟类数量和种类等进行调查（周雯慧等，2018）。航空调查方法的优点在于：①调查过程快，根据飞机的性能和续航能力，可以长时间在空中拍摄影像，调查所覆盖的面积是其他方法的几倍甚至几十倍；②调查范围广，湿地鸟类的调查涉及许多层次，包括水鸟的种类、数量和分布，鸟类分布与湿地类型的关系等。但同样它还存在一些不足：①水鸟种类识别难，由于航空调查时，飞机飞行速度较快，鸟类识别难度大，即使飞机悬空定点，也会因机身抖动较大，不易识别；②飞机发动噪声较大，会惊飞觅食或栖息的水鸟；③航空调查所花费的资金相对较高，包括飞机的租金、燃料费和机师费用等（王战宁，2007）。该方法未在红树林湿地鸟类监测中使用。

2.2.3　基于 3S 技术的鸟类调查与监测

　　3S 技术是对地观测的 3 种空间高新技术，包括遥感（RS）、全球定位系统（GPS）和地理信息系统（GIS）。3S 技术将 RS 大面积获取地物信息的能力，GPS 快速定位和准确获取数据的能力，GIS 的空间查询、分析和综合处理的能力有机结合形成一个系统，实现技术的综合利用（何绍福等，2001）。3S 技术在鸟类调查学研究中的应用越来越广泛。在国内外研究中，3S 技术在鸟类生态学研究中主要用于鸟类的迁徙、栖息地和分布格局的研究，数量、密度和种群大小的预测，以及建立鸟类资源数据库等方面（潘艳秋和刘菲，2009；江红星等，2010；董张玉等，2014；何锐，2016；李俊灵，2016）。

其他鸟类监测方法和技术包括雷达监测（王军等，2008）、无线电遥测技术（Lloyd，2017）、鸣声监测与识别（孔晓鹏等，2017）、红外触发相机（孙戈等，2022；O'Brien and Kinnaird，2008）和其他远程监测技术（Cai et al.，2007）。

2.3 红树林湿地鸟类生态监测技术存在的问题和需求

2.3.1 生态监测技术存在的问题

（1）数据精度不高 目前红树林湿地中的鸟类监测主要以利用望远镜直接进行人工观察为主，并用记数法记录固定范围内的鸟类种类和数量。但由于红树林不同生境鸟类群落组成差别较大，大多数鸟类数量有明显的季节波动，抽样单元的数量和大小都会对调查结果产生影响。加上观察员专业水平参差不齐，监测样线范围设定模糊等因素，这种统计方法很难达成统一的监测标准，往往导致研究结果之间差异较大。

（2）成本高效率较低 由于红树林湿地以淤泥为主，实际跟踪调查难度较大，人工野外调查和数据分析需要花费大量时间和资金，导致红树林鸟类监测成本较高且效率较低。

2.3.2 生态监测技术的需求与趋势

近年来，随着计算机技术的快速发展，机器学习和图像识别等技术不断进步，基于计算机视觉技术对鸟类进行监测成为可能。具体过程为：计算机将图像经过处理和分割，提取鸟类颜色、形状以及飞行姿态等特征，通过前期的样本训练，自动识别图像中鸟的种类和数量。林菡等（2012）采集闽江河口湿地 15 余种鸟类的样本图像，其计算机的准确识别率达到 70%。为提高鸟类信息的识别精度，可将计算机的分类和识别结果，与人工识别结果相结合，利用人机协作的互补性，既能避免人工识别的局限性也能提高机器识别的准确性。石贵民（2013）同样采用人机协同识别方法，对武夷山九曲溪湿地的 20 种鸟类进行识别研究，其分辨结果的准确率达到 98.34%。Stastny 等（2018）通过隐马尔可夫链算法，成功识别了 6 科 18 种鸟的叫声，种类鉴定准确率高达 81.2%。Jahn 等（2017）使用自动录音装置和自动识别技术，研究了南美的凤头距翅麦鸡（*Vanellus chilenses*）的生活史。

可见，将人工智能和计算机视觉技术引入红树林湿地鸟类的生态监测中，通过计算机软硬件系统采集与分析湿地鸟类图像视频数据，自动实现鸟类图片的分类和识别，采用人机结合的工作方式，可进一步提高监测精度。人工智能和云计算等先进技术的引入，大大降低鸟类监测的难度，明显缩短了鸟类监测的时间，有望在短期内在红树林湿地鸟类监测的研究中得到应用。

第二部分　鸟类生态智能监测技术

第3章 基于计算机视觉的鸟类生态智能监测技术

从上章对生态监测技术现状的分析中，我们认识到目前湿地生态监测技术存在的瓶颈，湿地生态监测的智能化是学界和业界的共同追求。本章介绍基于计算机视觉的鸟类生态智能监测技术，使用计算机视觉和机器学习等先进的技术方法来实现鸟类生态监测的智能化。

3.1 计算机视觉

计算机视觉（computer vision）是机器认知世界的核心基础能力之一，也是人工智能核心技术之一。具体而言，计算机视觉是一门以实现机器视觉能力为目的的技术，即以视频、图像等信息作为输入，通过模拟人的视觉能力，使机器能够像人眼一样观察、分析以及判别事物，并进一步协助实现其他类人高级功能。从学科研究的角度，计算机视觉是研究如何使计算机从图像或视频等视觉数据中获取信息并具备"感知"世界的能力的科学。

计算机视觉技术的研究可追溯到1966年，经历了最开始的利用计算机从二维图像中构建三维结构，到利用几何以及代数方法寻求物体的先验表征，再到基于统计学习以及机器学习的方法研究等几个发展阶段。随着超大规模数据的出现［如 ImageNet（Deng et al.，2009）和 COCO（Lin et al.，2014b）等］以及深度网络模型的成功训练和应用［如 AlexNet（Krizhevsky et al.，2012）和 ResNet（He et al.，2015b）等］，2006年后计算机视觉的研究呈现爆发式增长。计算机视觉作为人工智能的热点研究领域，获得了极大的关注度和大量的人力资本投入，在短短的十年中快速推动了一系列智能技术的发展。其中目标检测、图像分类与识别以及运动目标跟踪等方面的技术突破，推动了指纹识别、人脸识别和车牌检测等成果成功商用。本书跟踪研究计算机视觉的理论与技术发展，以实现鸟类生态智能监测的目标。本小节我们首先介绍目标检测、目标分类与目标计数的相关理论和研究现状，并介绍计算机视觉常用的性能评测指标。

3.1.1　相关技术

根据本书涉及的计算机视觉技术,本小节分别介绍基于图像视频的目标检测、目标分类和目标计数的基本概念、技术特征和基本方法。

目标检测(object detection)技术是计算机视觉技术中的核心问题之一,其主要任务是在单幅/连续静态图像中定位和识别待检测的物体。以基于图像数据的"鸟"个体检测任务为例,目标检测技术实现了在图像中检测"鸟"个体并给出其位置的工作。在实际应用场景中,同一视觉场景往往存在大小不一和形态各异的多个特定类型的目标,使得实际应用场景的目标检测技术面临很大的技术挑战。现有目标检测方法可简单分为基于人工特征的目标检测方法和基于深度学习的目标检测方法。

基于人工特征的目标检测算法大多采用滑动窗口的搜索方式来定位目标。该类算法的主要思路是通过设置不同比例的窗口对图像进行扫描,并提取相应的特征表示,最后训练得到目标物体的分类器来检测目标是否存在。该类算法通常计算量偏大,在实际应用(特别是高精度视频实时目标检测任务)中受到限制。因此,如何高效地得到具有表达力的特征,是目标检测算法中的关键问题,对目标检测的算法准确率和复杂度都有着显著影响。同时,分类器的选择也需要在检测速度和检测准确率之间权衡。Viola 和 Jones(2005)针对该类方法的计算复杂度问题,创新地提出了结合积分图特征提取与级联自适应增强(Adaboost)分类器(Freund and Schapire,1996)的人脸检测方法,极大地降低了计算复杂度。为了提高算法对目标物体的形变及类内多样性变化的鲁棒性,Felzenszwalb 等于 2008 年提出了可变形部件模型(deformable parts model,DPM)来建立滑动窗口中各部件之间的关系。Ouyang 和 Wang(2013)与 Yan 等(2013)在 DPM 的基础上做了改进,分别解决了遮挡和分辨率问题。此外经常用于目标检测的人工特征还有局部二值模式(local binary pattern,LBP)特征(Ojala et al.,2002)、哈尔(Haar-like)特征、方向梯度直方图(histogram of gradient,HOG)特征(Dalal and Triggs,2005)和尺度不变特征转换(scale-invariant feature transform,SIFT)、机器变种(Lowe,2004;Ke and Sukthankar,2004;Bay et al.,2006),代表性分类器有支持向量机(support vector machine,SVM)(Suykens and Vandewalle,1999)和随机森林(random forest,RF)(Liaw and Wiener,2002)等。

上述目标检测方法使用的是人工设计的特征,目标检测的准确度很难达到实际需求。主要原因有:①人工设计的特征为低层特征,对目标的表达能力不足;②设计的特征可分性较差,导致分类的错误率较高;③人工设计的特征往往具有针对性,很难选择单一特征应用于多类目标检测。为了提取更好的特征以及获取更高的检测准确率,基于深度学习的目标检测方法被提了出来。深度学习是模拟人类大脑的机制来学习数据特征，其本质是通过多层非线性变换从大数据中学习不同抽象层次的特征，通过深层神经网络结构学习到的特征具有极强的表达能力。2012 年，欣顿（Hinton）团队采用深度学习的方法赢得了 ImageNet 大规模视觉识别挑战赛（imagenet large scale visual recognition challenge，ILSVRC）的冠军，并使图像分类的准确率大幅提升，震惊了计算机视觉领域，自此引发了深度学习的热潮。现有基于深度学习的目标检测方法主要有两种解决思路，第一种是首先运用卷积神经网络生成候选区域提取特征，然后放入分类器进行分类并修正位置，这类方法主要有 R-CNN 系列算法（Girshick et al.，2014；Girshick，2015；Ren et al.，2015）；第二种是直接运用深度神经网络对目标物体的边框和类别进行预测，著名的有 SSD（Liu et al.，2016）和 YOLO 系列算法（Redmon et al.，2016；Redmon and Farhadi，2017；Redmon and Farhadi，2018）等。2017 年谷歌提出了一种全新的基于注意力机制的深度模型架构 Transformer，开启了序列建模和大规模预训练技术的新篇章（Vaswani et al.，2017），也极大地推动了人工智能技术快速迭代。基于 Transformer 结构，Carion（2020）等首次创新地将图像目标检测问题建模为直接集预测（direct set prediction）问题，设计了目标检测模型 DETR 并实现了端到端 DETR 训练，在具有挑战性的 COCO 数据集上实现了与优化的 Faster R-CNN 基线模型相当的检测性能，但遗憾的是，DETR 模型在检测小物体目标方面性能尚未达到最佳。鉴于 DETR 模型易于实现和可进行端到端训练的优点，该方法也被推广到视频目标检测任务中（Cui，2023）。

目标分类（object detection）是与目标检测息息相关的技术，是计算机视觉领域的重要课题。目标分类技术以包含不同类别目标的视觉数据作为输入，通过模式识别技术完成对视觉数据的分类与识别。通常目标检测会作为目标分类的前端，检测到的目标个体会输入目标分类系统，实现对目标的类别属性判别。细粒度目标分类是目标分类中非常重要的子课题，相比常规的图像分类任务，细粒度目标分类需要识别的对象有着非常高的相似度，类别之间的差异往往只体现在局部，如在鸟类细粒度分类问题中，需要辨别出红嘴鸥和黑脸琵鹭等，这使得细粒度图像分类往往需要结合专家级别的知识。下面对细粒度目标识别技术做简单介绍。

（1）基于常规图像分类网络的方法。这一类方法大多直接采用常见的深度卷积网络来进行图像细粒度分类，如 AlexNet（Krizhevsky et al.，2012）、VGGNet（Simonyan and Zisserman，2015）、ResNet（He et al.，2015b）和 Inception（Szegedy et al.，2014；Szegedy et al.，2015；Szegedy et al.，2016）。这些分类网络具有较强的特征表示能力，因此在常规图像分类中能取得较好的效果。然而在细粒度分类中，不同物种之间的差异其实十分细微，因此，直接将常规的图像分类网络用于对细粒度图像的分类，效果并不理想。受迁移学习理论启发，一种方法是将大规模数据上训练好的网络迁移到细粒度分类识别任务中（Zhang et al.，2016）。常用的解决方法是采用在 ImageNet 上预训练过的网络权值作为初始权值，再通过在细粒度分类数据集上对网络的权值进行微调，得到最终的分类网络。

（2）基于细粒度特征学习的方法。总体来说，双线性卷积神经网络（convolutional neural networks，CNN）模型（Lin et al.，2017）能够基于简洁的网络模型，实现对细粒度图像的有效识别。一方面，CNN 能实现对细粒度图像进行高层语义特征获取，通过迭代训练网络模型中的卷积参数，过滤图像中不相关的背景信息。另一方面，网络 A 和网络 B 在图像识别任务中扮演着互补的角色，即网络 A 能够对图像中的物体进行定位，而网络 B 则是对网络 A 定位到的物体位置进行特征提取。通过这种方式，两个网络能够配合完成对输入细粒度图像的类检测和目标特征提取的过程，较好地完成细粒度图像识别任务。

（3）基于目标块检测的方法。该类方法的思路是先在图像中检测出目标所在的位置，然后再检测出目标中有差异区域的位置，最后将目标图像（即前景）以及具有区分性的目标区域块同时送入深度卷积网络进行分类（Zhang et al.，2014a）。但是，基于目标块检测的方法，往往在训练过程中需要用到目标检测框（bounding box）标注信息，甚至是目标图像中的关键特征点信息，而在实际应用中，要想获取到这些标注信息是非常困难的。

（4）基于视觉注意机制的方法。视觉注意机制（vision attention mechanism）是人类视觉所特有的信号处理机制，具体表现为在看东西的时候，视觉系统先通过快速扫描全局图像获得需要关注的目标区域，而后抑制其他无用信息以获取感兴趣的目标。目前，基于 CNN 的视觉注意方法被广泛应用到计算机视觉中，包括目标检测、识别等任务。在深度卷积网络中，同样能够利用注意模型来寻找图像中的感兴趣区域或区分性区域，并且对于不同的任务，卷积网络关注的感兴趣区域是不同的。由于基于视觉注意模型（vision attention model）的方法（Vaswani et al.，2017）可以在不需要额外标注信息（比如，目标位置标注框和重要部件的位置标注信息）的情况下，定位出图像中有区分性的区域，近年来被广泛应用于图像的细粒度分类领域。代表性的工作是 2017 年 IEEE 国际计算机视觉与模式识别会议（IEEE Conference on Computer Vision and Pattern Recognition，CVPR）中提出的循环注意卷积神经网络（recurrent attention convolutional neural network，RA-CNN）。该模型模仿 faster-R-CNN 中的区域选取网络（region proposal network，RPN），提出使用注意力选取网络（attention proposal network，APN）来定位出图像中的区分性区域，并通过在训练过程中使用排序损失（rank loss）函数，来保证每次利用注意模型定位的区域的有效性。近年来，在提出了 Transformer 架构和各种预训练策略的基础上，基于视觉注意机制和 Transformer 的目标分类取得了快速发展，在多个分类任务上取得了性能提升，包括高光谱图像分类（hyperspectral image classification）（Sun et al.，2022）、鸟类图像分类（bird image classification）（Liu et al.，2023）和细粒度视觉分类（fine-grained visual classification）（Hu et al.，2023）。

目标计数（object counting）是对图像、视频等视觉数据中特定的兴趣目标进行计数的工作。以"鸟"个体目标计数为例，目标计数实现对图像数据中"鸟"个体数目的计算，输出图像中"鸟"个体的数量。基于计算机视觉技术的图像目标计数研究始于 20 世纪 90 年代，其技术路线发展经历了如下几个阶段。

（1）基于特定目标检测的目标计数方法。该方法也称为直接计数方法，该方法通过特征提取器提取出候选区域的特征后，利用分类器对感兴趣的目标进行计数。这类算法是早期应用较广泛的目标计数手段，在目标数量较少的场景中，取得了一定的效果（Dollar et al.，2012；Felzenszwalb et al.，2010）。随着基于 CNN 的目标检测算法越来越受到关注，微软团队的 Wang 等（2019）提出了一种利用不完全标注数据进行目标检测和计数的算法，用以检测和计数大规模相似度较高的目标数量。Liu 等（2019）则提出了一种可自适应由点标注的监督信息学习生成框标注信息的计数算法。虽然学界在基于目标检测的目标计数上做出了很多研究，但是当拍摄角度出现倾斜，导致目标尺度变化很大，或者目标受到遮挡干扰时，鲁棒性就会显著降低。

（2）基于特征回归的目标计数方法。该方法是一种有监督机器学习方法，通过对图像进行特征向量提取，将特征向量和数量标签作为训练样本来训练目标计数模型，其实质是学习一种从图像特征到数量标签的映射，是一种有监督的机器学习算法（Hou et al.，2011；Idrees et al.，2013）。通过利用回归算法直接求得目标数量，可以在一定程度上避免依赖目标检测算子将问题复杂化。虽然基于特征回归的计数方法非常直观地解决了计数问题本身，但是该方法极其依赖前期特征提取的有效性，在某些极端场景下性能下降得很快。因此，利用卷积神经网络的回归算法被提出（Wang et al.，2015；Shang et al.，2016），用于提高算法的抗干扰能力。

（3）基于密度估计的目标计数方法。该方法是有监督机器学习方法，涉及到特定目标图像密度图的估计，目标计数结果由估计到的密度图的积分获得。该方法的优点是利用了特定目标的空间分布信息，通过大量样本训练，可获得较为鲁棒的密度图与目标计数的映射模型，具有较好的场景泛化性和计数准确性（Lempitsky and Zisserman，2010；Wang et al.，2016）。由于对密度图的线性映射较为困难，该类方法早期研究较少。2015 年 Zhang 等基于多目标学习，融合密度图的空间特性和回归的目标数值精准性，利用新场景和算法对已见过的场景进行匹配，提出了一种回归加密度估计的深度学习算法，开创了使用 CNN 算法进行密度估计的先河。此后大量基于密度估计的目标计数算法被提出（Cao et al.，2018），成为目标计数的主流方法。随着人工智能技术的进步，以及零样本目标计数模型已经取得了一定的研究成果，基于 Transformer 的目标计数成为新的主流研究技术路线（Liu et al.，2022；Cui，2023）。举例说明，Liu 等针对广义视觉对象计数问题，提出了一种新的基于 Transformer 的架构（COUNTER）（Liu et al.，2022），在此基础上采用自监督学习进行预训练，再针对具体计数任务进行有监督微调，实验结果表明 COUNTER 在多个计数数据集上获得了先进性能。Xu 等（2023）则进一步研究零样本计数技术，即对于特定场景的目标计数，不需要进行样本标注，我们注意到这个技术路线不同于上面介绍的工作而是利用了Transformer 架构的注意力机制、目标类别标签信息以及预训练技术，是一个借鉴了近五年多项工作成果的有益尝试。

综上所述，可以预期，随着预训练模型技术和迁移学习技术的不断发展，计算机视觉技术将为鸟类生态智能监测提供更加有效的技术，进一步提升鸟类生态参数获取的准确性和泛化性。

3.1.2　性能评测指标

本小节介绍主流的目标检测、目标分类和目标计数的性能评测方法。因为目标检测和分类紧密相关，通常检测出来的物体会用于识别分类，所以两者的性能评价常常一起讨论。为了综合评价方法的目标检测识别性能，采用混淆矩阵表示是一种有效的方法，比如二类分类问题，可将目标根据真实类别和学习器检测识别类别的组合划分为真正例（ture positive，TP）、假正例（false positive，FP）、真反例（true negative，TN）、假反例（false negative，FN）四种情形（周志华，2016），如表 3-1 所示。

表 3-1　目标检测识别混淆矩阵

真实情况	预测结果	
	正样本	负样本
正样本	TP：true positive	FP：false positive
负样本	FN：false negative	TN：true negative

其中 P 代表正样本，N 代表负样本。TP 表示正样本被模型预测为正样本（预测正确），FP 表示负样本被预测为正样本（预测错误），TN 表示负样本被预测为负样本（预测正确），FN 表示正样本被预测为负样本（预测错误）。以鸟目标检测为例理解上述定义的物理意义：对于该任务，鸟目标为真实值，一张图片的鸟目标检测结果如图 3-1 所示，其中，我们看到有六只鸟被正确预测（绿色框内的像素值为 TP），一只鸟被漏检（最右侧白色鸟为 FN），一只鸟的倒影被模型检测为鸟目标（红色框内的像素值为 FP），未画框的背景像素均为 TN。

图 3-1　目标检测结果的类型说明（绿色框-TP；红色框-FP；背景-TN；漏检鸟-FN）（后附彩图）

在有监督学习框架下，评价目标检测算法的性能需要计算交并比（intersection over union，IoU）。记目标检测算法输出的目标检测框结果为 DR，该目标真实标注的目标边界框记为 GT，则 IoU 计算如下：

$$\text{IoU} = \frac{\text{DR} \cap \text{GT}}{\text{DR} \cup \text{GT}} \tag{3-1}$$

通常采用的规则是，IoU 大于 0.5 时，则认为目标检测算法判定该目标被正确检测。因此，最常用的目标检测识别算法性能评价指标定义如下。

（1）精度（precision）：表示算法检测值中真值部分所占的比重：

$$\text{precision} = \frac{\text{TP}}{\text{TP} + \text{FP}} \tag{3-2}$$

（2）召回率（recall）：表示算法检测出的真值量占数据总真值量的比重，即数据真值被检测出来的比例：

$$\text{recall} = \frac{\text{TP}}{\text{TP} + \text{FN}} \tag{3-3}$$

（3）综合评价指标（F-measure）：表示精度和召回率加权调和平均：

$$\text{F-measure} = \frac{(a^2 + 1) \times \text{precision} \times \text{recall}}{a^2 \times \text{precision} + \text{recall}} \tag{3-4}$$

当 $a = 1$ 时，即为常见的 F_1-measure：

$$F_1\text{-measure} = \frac{2 \times \text{precision} \times \text{recall}}{\text{precision} + \text{recall}} \tag{3-5}$$

如图 3-2 所示，可通过调节输出的置信度阈值来决定检测结果的输出量，进而改变目标检测算法的输出结果以及性能（精度和召回率）。

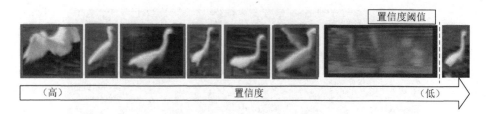

图 3-2　目标检测中置信度排列顺序

（4）PR 曲线和 ROC 曲线

PR 曲线指的是准确率–召回率（precision-recall，PR）曲线，其横轴为召回率，纵轴为准确率。如上面讨论，当改变模型置信度的判定阈值时，准确率和召回率都会发生变化，基于 PR 曲线评价一个模型的性能优劣，有如下结论：对于优秀的目标检测模型，其召回率增长的同时应该保持准确率在一个很高的水平；反之，性能比较差的目标检测模型可能会损失很多准确率值才能换来召回率的提高。因此，可通过计算 PR 曲线与 x 轴围成的图形面积来评价模型的性能，即采用平均准确率（average precision，AP），对于连续 PR 曲线，AP 定义如下：

$$AP = \int_0^1 p(r)\mathrm{d}r \tag{3-6}$$

这里 r 代表召回率，$p(r)$ 表示召回率为 r 时相应的准确率。对于离散 PR 曲线，AP 定义如下：

$$AP = \sum_{k=1}^n p(k)\Delta r(k) \tag{3-7}$$

这里，n 代表 PR 曲线中离散区块的个数，$p(k)$ 表示第 k 个区块中准确率的值，而 $\Delta r(k)$ 表示第 k 个离散区块在 x 轴上的宽度。

对于多类别目标检测和识别任务，则通过 mAP（mean average precision）来衡量模型的综合性能。具体方法是，对每一个类别绘制其 PR 曲线并计算其对应的 AP 值。则模型的综合性能评测采用 mAP，定义如下：

$$mAP = \frac{\sum_{q=1}^Q AP(q)}{Q} \tag{3-8}$$

其中，Q 为目标的类别总数。

ROC 曲线全称是受试者工作特征（receiver operating characteristic）曲线，又称为感受性曲线（sensitivity curve）。ROC 曲线以"假正例率"（false positive rate，FPR）为横轴，真正例率（true positive rate，TPR）为纵轴，两者定义分别如下：

$$TPR = \frac{TP}{P} = \frac{TP}{TP + FN}, FPR = \frac{FP}{N} = \frac{FP}{FP + TN} \tag{3-9}$$

其中，P 为总正类样本数，N 为总负类样本数，ROC 空间图基于真值对检测结果进行刻画，性能比较时，横轴 FPR 越小越好，纵轴 TPR 越大越好。因此若一个学习器的 ROC 曲线被另一个学习器的曲线完全包住时，则可判定后者的性能优于前者。若两个学习器的 ROC 曲线发生交叉时，则难以判定两者的优劣，此时我们一般利用 ROC 曲线包住的面积作为判断依据，也即 AUC（area under the curve）。

（5）计算效率

对于目标检测算法，算法检测效率是一个重要的性能指标。目前常用的方法包括单张图像平均检测时间（test rate）和平均检测帧率（frame per second，FPS）。

单张图像平均检测时间，检测算法在测试阶段平均每张图像的检测耗时：

$$\text{test rate} = \frac{t_n}{n} \tag{3-10}$$

其中 t_n 表示测试阶段 n 张图像总测试时间。

平均检测帧率，检测算法平均每秒可检测的图像帧数：

$$\text{FPS} = \frac{F_t}{t} \tag{3-11}$$

其中 F_t 表示 t 时间内目标检测算法检测的帧数。

前面介绍了目标检测识别的性能评价指标，接下来简单介绍一下目标计数任务的评价指标：平均绝对误差 ε_{abs}（mean absolute error，MAE）、均方误差 ε_{sqr}（mean squared error，MSE）和平均偏差 ε_{dev}（mean deviation error，MDE）（Chen et al.，2012b），以及累计得分（cumulative score，CS）分别定义如下：

①平均绝对误差 ε_{abs}（MAE）

$$\varepsilon_{\text{abs}} = \frac{1}{N} \sum_{i=1}^{N} |y_i - \hat{y}_i| \tag{3-12}$$

②均方误差 ε_{sqr}（MSE）

$$\varepsilon_{\text{sqr}} = \frac{1}{N} \sum_{i=1}^{N} (y_i - \hat{y}_i)^2 \tag{3-13}$$

③平均偏差 ε_{dev}（MDE）

$$\varepsilon_{\text{dev}} = \frac{1}{N} \sum_{i=1}^{N} \frac{|y_i - \hat{y}_i|}{y_i} \tag{3-14}$$

④累计得分（cumulative score，CS）

$$\text{CS}(l) = \frac{N_{e \leqslant l}}{N} \times 100\% \tag{3-15}$$

其中，N 是测试样本的总个数，y_i 是第 i 个样本中待检目标的真实数目，$\hat{y}_i$ 是第 i 个样本中待检测目标的预测个数，$N_{e \leqslant l}$ 代表测试样本目标计数的绝对误差不高于 l 的样本个数，l 为预设超参数（整数），根据目标计数任务性能需求进行设置。

对于目标计数任务，平均绝对误差（MAE）、均方误差（MSE）和平均偏差（MDE）的值越小则表明目标计数算法的性能越好。具体而言，MAE 是绝对误差的平均值，能更好地反映目标计数预测值误差的实际情况。MSE 是指预测值与真值之差平方的期望值，可以评价数据的变化程度，其值越小，说明预测模型描述实验数据具有更好的精确度。MDE 是预测值相对真值的平均偏离程度，其值越小说明预测越准确。累计得分性能评价指标 CS 是用以反映目标计数算法在不同误差等级上的计数性能，其值越高表示目标计数算法性能越佳。

3.2　机　器　学　习

机器学习（machine learning，ML）是人工智能的主要研究领域，是一门涉及概率论、统计学、逼近论、凸分析、算法复杂度等理论的交叉学科，研究的核心内容是让计算机能够模拟和实现人类的学习行为。自 1949 年 Donald Hebb 等提出解释人类大脑学习过程的赫布理论开始，人类对机器学习的研究经历了漫长的岁月，产生了丰富的研究成果。关于机器学习的发展历程可参考专著（EthemAlpaydin，2014；周志华，2016）。视觉机器学习是指机器学习在计算机视觉领域的研究与应用。

人工智能的发展历史可由图 3-3 概述。从图 3-3 中，我们可以清晰地看到，人工智能早期的研究围绕感知机（perceptron）和多层感知机（multilayer perceptron）展开。1958 年 Rosenblatt 提出了由两层神经元（输入层与输出层）组成的神经网络并命名为感知机（Rosenblatt，1958）。感知机能够完成简单的线性分类任务，对非线性分类任务（如 XOR 问题）无能为力，为此导致了人工智能研究的停滞（Marvin and Seymour，1969）。至 20 世纪 80 年代提出了带有隐藏层的多层感知机（multilayer perceptron），可实现复杂函数的拟合，能够完成非线性分类任务。Hinton 等人在 1986 年提出了训练神经网络的反向传播（backpropagation，BP）算法（Rumelhart et al.，1986），解决了多层神经网络的可训练问题，反向传播算法建立在链式求导法则上，并沿用至今。多层感知机和 BP 算法的成功应用，推动了人工智能的研究，掀起了神经网络的研究热潮。

然而，在 20 世纪 90 年代，人工智能研究成果与人们的预期产生了较大的差距，在包括语音识别和人脸识别等任务上未能获得可商议落地的性能。此时，基于最大化线性可分样本之间的间距理论提出的著名线性分类器 SVM 被数学推导证明，对于线性可分样本可获得唯一最优解。SVM 算法实现简单，概念直观易懂，引发了持续跟进的研究，如 Kernel SVM 等非线性分类器（Muller et al.，2001）。实验证明 SVM 和 Kernel SVM 在多个模式识别任务上性能均优于多层感知机。SVM 的成功间接地推迟了基于神经网络的方法的研究。

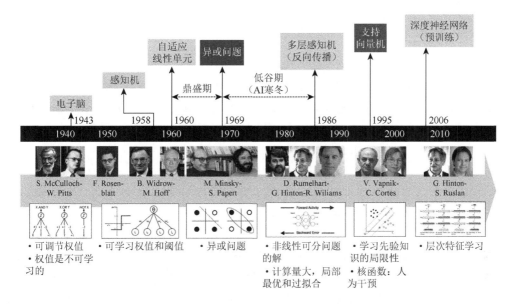

图 3-3　人工智能的发展历史（Martin Willcox and Frank Säuberlich，2017）

值得注意的是，在 SVM 技术发展的 20 世纪 90 年代，互联网技术逐渐兴起，人工智能的影响力和吸引力被互联网技术替代。在此期间，被誉为人工智能之父的多伦多大学教授 Hinton 一直坚信人类大脑是一个复杂的神经网络，他坚持开展神经网络相关研究，直到 2006 年 Hinton 教授在期刊 *Neural Computation* 上发表 *A Fast Learning Algorithm for Deep Belief Nets*（Hinton et al.，2006），首次提出了有效的训练深度神经网络的方法，研究提出采用受限玻尔兹曼机（restricted Boltzmann machine，RBM）和认知-生成（wake-sleep，W-S）算法，以无监督预训练神经网络的方式使得深度神经网络更加易于学习和收敛。该方法不仅降低了训练多层神经网络的时间，也提高了其性能，引起了学术界对神经网络研究的回归。为了验证深度神经网络的性能，Hinton 带领其学生参加了 2012 年举行的 ImageNet 大规模视觉识别挑战赛，设计和实现了被称为 AlexNet 的深度卷积神经网络（Krizhevsky et al.，2012），在图像分类任务上获得冠军，其性能超越第二名 10%，再次验证了深度神经网络的卓越性能，引发了第三次人工智能研究热潮。Hinton 教授对大脑工作原理的探索和对深度神经网络超强特征学习能力的坚信，使得揭示大脑工作机理的研究朝前迈进了一步。2012 年迄今，深度神经网络取得了快速发展，在大规模语音识别，大规模图像分类和检测、自然语言理解、机器翻译等任务上全面超越传统的机器学习方法。其中，基于大规模训练数据的有监督学习方法成为深度学习的主流，随着深度学习的发展与商业应用的落地，人工智能发展进入新阶段。

3.2.1　深度学习

计算机视觉技术的发展与深度学习的发展密不可分，是人工智能的重要研究领域。深度学习是目前计算机视觉技术的主要技术框架之一，为了本书知识体系的完整性，本节简要介绍深度学习的基本概念。

1. 监督学习

深度学习方法根据训练样本的标注类别可以分为有监督学习（supervised learning）和无监督学习（unsupervised learning）。

有监督学习是基于训练样本的标注信息来学习一个反映数据某种特性的最优模型，其实质是学习输入训练数据到对应的输出标注信息的非线性映射（nonlinear mapping）。对于计算机视觉任务，通常采用图像/视频原数据（raw data）或者手工特征作为输入，其对应的标注信息则与任务相关。通常将输入和标注信息共同称为训练集或者训练对（training pairs），表示为 $\{I_i, L_i, i = 1, \cdots, N\}$。以图像分类为例，输入为原始图像 I_i，输出则为该图像所属类别标签（L_i），这里 L_i 可以为鸟、猫、狗等类别。深度学习方法则是通过设计深度网络、采用深度学习算法、学习大量的训练对提供的信息，获得图像属性的分类模型。理论上，在大数据驱动下，有监督深度学习能够获得某种反映数据属性的映射函数，而最优模型则对应于某种评价准则，譬如在最小均方误差准则下的最优模型。训练好的模型可以用来对图像属性进行预测。

无监督学习方法则直接对数据进行学习和建模，它与监督学习的不同之处在于不需要使用任何标注的训练样本，即只有输入数据，而没有对应的标注信息。无监督学习的典型代表是聚类算法（clustering）和自动编码器（autoencoder）。聚类算法学习数据之间的某种相似性，实现数据的自动划分；自动编码器则通过重建输入图像实现特征学习。

2. 人工神经网络

基于 Hinton 的阐述，采用多层神经网络的学习方法被称为深度学习方法。研究证明，深度学习是图像视频数据进行有效特征提取的重要方法。与传统方法不同，深度学习方法不需要人工设计视觉特征，而是从训练数据中学习视觉特征。迄今，计算机学科中采用的神经元（neuron）模型是对人类大脑神经元的高度抽象与简单建模，而人工神经网络模型则是对人类大脑系统的连接和工作方式的高度抽象和建模，按照不同的结构和连接方式构成不同的神经网络。当前主流的深度网络结构包括：全连接神经网络（fully connected neural network，FCNN）、空间卷积神经网络（spatial convolutional neural network，CNN）、时间卷积神经网络（temporal convolutional neural network，TCNN）、循环神经网络（recurrent neural network，RNN）等。

显而易见，深度神经网络由大量神经元节点以某种方式互联方式连接而成，其中，单个神经元模型如图 3-4 所示，为多输入-单输出非线性处理单元。其中 $x_1, x_2, \cdots, x_n$ 代表神经元的输入值（input），$w_1, w_2, \cdots, w_n$ 为该神经元对其输入 $x_1, x_2, \cdots, x_n$ 的权重系数（weight），b 为该神经元的偏移值（bias），f 为该神经元的激活函数（activation function），通常为非线性函数，决定了该神经元受输入 $x_1, x_2, \cdots, x_n$ 的共同作用后的输出值，以 z 表示。

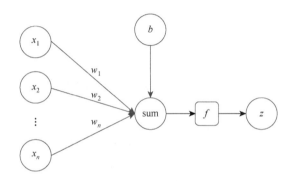

图 3-4　单个神经元结构示意图

神经元的输入-输出数学模型如下：

$$z = f(w'x + b) \tag{3-16}$$

其中，x 为输入 n 维向量，表示为 $x = [x_1, x_2, \cdots, x_n]'$；符号 $'$ 为转置操作；w 为 n 维权值向量，表示为 $w = [w_1, w_2, \cdots, w_n]'$；$b$ 为一个标量。从数学角度分析，单个神经元的功能就是求得输入向量与权重向量的内积后，经过一个非线性激活函数，输出一个激活值。

图 3-4 所示的神经元自提出后沿用迄今，其结构十分简单，但是单个神经元实质是一个非线性映射单元，因此由神经元通过相互连接组成的神经网络可以形成十分复杂的动态行为（dynamic behavior）。图 3-5 展示了一个三层全连接神经网络拓扑结构。总体来说，一个多层全连接神经网络至少包含一个输入层、一个隐藏层和一个输出层。输入层对外连接输入到神经网络的信息，如语音数据和图像数据等；输出层根据不同任务定义其结构。譬如，如果是二分类任务，则输出层可以是一个输出单元，输出期望值为 0 或者 1，分别表示两个类别。隐藏层是输入层与输出层之间的网络主体，实现了信息从输入层到输出层的映射。

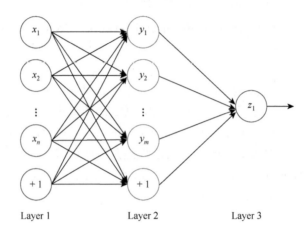

图 3-5　多层神经网络结构示意图

　　图中 Layer 1 为输入层，包含了 n 个输入单元和一个偏置单元；Layer 2 为隐藏层 y_i，$i = 1, \cdots, m$ 表示神经元和一个偏置单元；Layer 3 为输出层，仅有一个输出单元。图 3-5 所示的神经网络为前向传播（forward propagation）网络，其信号流向单一，从输入层流向输出层。

　　为了清楚表示神经网络的信号关系，我们定义 o_i^l 表示第 l 层的第 i 个单元的输出值，w_{ij}^l 表示第 l 层的第 i 个神经元的连接权值，则神经网络输出计算过程如下：

　　（1）Layer 1 输入层：$x_1, x_2, \cdots, x_n$，对于任意的 $i = 1, 2, \cdots, n$，其输出值可表示为：

$$o_i^{(1)} = x_i \tag{3-17}$$

　　（2）Layer 2 隐藏层：$y_1, y_2, \cdots, y_m$，对于任意的 $i = 1, 2, \cdots, m$，其神经元的输出值可计算如下：

$$o_i^{(2)} = f\left(w_{i1}^{(1)} o_1^{(1)} + w_{i2}^{(1)} o_2^{(1)} + \cdots + w_{in}^{(1)} o_n^{(1)} + b^{(1)}\right) \tag{3-18}$$

　　（3）Layer 3 输出层：神经元 z_1 的输出值 $o_1^{(3)}$ 计算如下：

$$o_1^{(3)} = f\left(w_{11}^{(2)} o_1^{(2)} + w_{12}^{(2)} o_2^{(2)} + \cdots + w_{1m}^{(2)} o_m^{(2)} + b^{(2)}\right) \tag{3-19}$$

　　从上面的数学模型可见，多层神经网络是一个参数模型 $(\boldsymbol{w}, \boldsymbol{b})$。改变参数 $(\boldsymbol{w}, \boldsymbol{b})$ 与选择不同的激活函数 f 将获得不同的输入与输出的非线性映射关系。因此，神经网络模型学习就是通过训练数据（输入和输出）去自适应地选择最佳网络模型参数 $(\boldsymbol{w}, \boldsymbol{b})$，从而确定输入与输出的非线性函数关系。神经网络具有如下特点：

　　（1）非线性：神经网络是由神经元通过不同的连接方式构成，实现嵌套式非线性信息的传递。由于神经元本质上是模拟人类大脑的神经细胞对输入信号产生的激活和抑制作用，在数学上呈现非线性关系，因此，神经网络实质上是一个高度非线性动力学系统。

（2）函数逼近能力：理论研究表明，具有两个隐藏层以上的全连接神经网络能够逼近任意函数。因此，以分类任务为例，采用基于神经网络的分类器在理论上可以逼近具有任意复杂度的分类判决函数。

（3）鲁棒性和容错性：神经网络在学习过程中通过不断调整权重参数逼近目标，当收敛到学习目标后，其学习结果以权重参数的形式存储在网络模型中。可见，神经网络的性能不是由单个神经元决定，而是建立在大量神经元相互作用学习的基础上。因此，个别神经元的结果不会对整个神经网络的性能造成重大影响，神经网络具有一定的鲁棒性和容错性能。

（4）自学习与自适应性：神经网络可以采用多级、分级、联合训练范式，也可以采用单任务训练和多任务训练范式，进行学习与优化。针对不同问题，神经网络可以通过学习不同的结构和参数，实现对特定问题的建模和期望输出。相比使用固定推理方式的专家系统，神经网络具有良好的灵活性，自学习和自适应能力。

综上所述，与传统的机器学习方法相比，神经网络方法的优势在于不需要人工设计和挖掘数据中的特征，而是由神经网络在数据驱动下自行学习与设定目标任务相关的信息，自行抽取目标任务相关的表达特征，具有广泛的应用前景。

3. 分类器

对于基于机器学习方法的分类任务，在特征表示完成后，需要对获得的特征进行分类，完成分类识别任务，该项工作由分类器（classifier）完成。原理上，分类任务采用有监督机器学习方法，分类器的输入作为特征向量，目标输出作为对应的数据标签。在训练阶段，神经网络模型通过训练数据对和学习算法来完成相关分类任务的分类规则学习。训练好的分类器则用来对未知数据进行预测分类。机器学习技术著名的分类器模型包括：支持向量机 SVM、AdaBoost 分类器、归一化指数函数（softmax）分类器和神经网络分类器等。

3.2.2　面向鸟类生态监测的机器学习技术

本书所指的鸟类生态监测技术涉及基于图像或者视频输入计算鸟类活动信息和鸟目标信息，包括鸟类目标检测、鸟类的目标计数和鸟类目标识别等，属于机器视觉技术范畴。为了本书的完整性和有利于读者理解相关关键技术，本小节主要介绍本书涉及的机器视觉主要技术内容，包括卷积神经网络（convolutional neural networks，CNN）、密度图（density map）与密度估计、超像素分割和显著性图（saliency map）估计等机器视觉基础性技术。

1. 卷积神经网络（CNN）

自 2006 年深度学习获得广泛关注和研究,各国学者提出了众多不同形式和结构的深度神经网络模型,并在不同的机器学习任务中展现出优异性能。而在计算机视觉研究领域,卷积神经网络是研究和应用最为广泛的神经网络结构。

如前所述,对于传统神经网络（neural network,NN）模型,其上下层神经元之间采用的是全连接方式。这样的神经网络模型存在以下问题:首先是全连接方式带来神经网络模型参数量非常大;其次全连接神经网络模型的可解释性不佳;最后全连接神经网络模型容易过拟合（overfitting）以及陷入局部最优解。随着机器视觉研究的深入, 研究人员发现图像和视频具有很显著的空间（spatial）局域信息相关性,而采用全连接的神经网络模型未能有效利用空间局域信息。而由 LeCun（2015）提出的 CNN 模型则能够减少神经网络模型参数数量以及充分学习获取图像局部信息。研究人员提出来采用多个小尺寸卷积核（kernel）或称为卷积滤波器（filter）对输入图像进行卷积操作来获取不同图像空间局域信息的思想。为了减少模型参数量,提出了权值共享思想,即采用一个卷积核对整幅输入图像进行卷积,一个卷积核输出一个特征图。因此, 特征图保留了原输入图像的空间位置关系并获取空间位置相关的局部信息。卷积示意图见图 3-6。

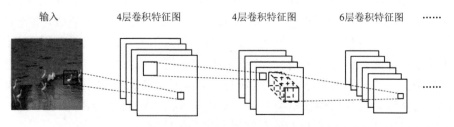

图 3-6　一个典型的卷积网络结构示意图（第一和第二层卷积网络采用了 4 个卷积核,因此分别输出 4 个特征图,而第三层卷积网络采用了 6 个卷积核,则输出 6 个特征图）

对于卷积神经网络的介绍和分析,有很多非常好的参考资料,本书不再赘述,具体信息可参考（Goodfellow et al.,2016）。

2. 密度图和密度估计

基于图像和视频的目标计数（visual object counting,VOC）是一个典型的且具有悠久研究历史的任务。VOC 需要计算机自动实现对图像中感兴趣目标的数目计算（如鸟类目标的数目）,实质上是基于训练数据、学习一个目标计数模型。视觉目标计数任务的主流技术路线有三类：第一，基于目标检测的目标计数方法，即通过目标检测模型实现目标的检测而获得被检测到的目标个数；第二，基于线性回归的目标计数方法，即通过提取图像特征，假设图像特征与目标数目之间存在线性关系，通过训练学习该线性模型；第三，基于密度图的目标计数方法（目前为主流 VOC 技术），即通过点标注目标，生成标注图像的密度图（ground-truth density map），密度图的积分则对应于点目标个数。学习模型以输入图像和密度图作为训练样本，学习图像到密度图的映射。

　　密度图的生成方法是由 Lempitsky 2010 年在神经信息处理系统大会（Conference and Workshop on Neural Information Processing Systems，NIPS）上首先提出来的（Lempitsky and Zisserman，2010）。该方法基于点标注图像，在标注点进行二维高斯核滤波，产生对应的密度图，密度图中各像素的值代表图像中该像素点位置上目标分布的数量密度。下面简单介绍基于图像块的密度图生成方法：即对输入图像进行切块，形成图像块训练集 $\boldsymbol{Y}$，其对应的密度图训练集 $\boldsymbol{Y}^d$ 的生成方法。

　　给定 N 张训练图像 $\boldsymbol{I}_1, \boldsymbol{I}_2, \cdots, \boldsymbol{I}_N$，对于每张训练图像 $\boldsymbol{I}_i(1 \leqslant i \leqslant N)$，所有的感兴趣目标都使用二维点标注出目标物体的位置（原则上二维点可标注在目标物体任意位置，但实际上建议标注在目标物体形状的重心位置），这些二维点坐标集合记为 $\boldsymbol{P}_i$。假设 $\boldsymbol{I}_i$ 中的任意像素点表示为 $p(p \in \boldsymbol{I}_i)$，$p$ 像素点的特征向量记为 $\boldsymbol{x}_p^i \in \boldsymbol{R}^k$，$\boldsymbol{P}$ 为标注点，则 p 点的密度函数 $F_i^0(p)$ 定义如下：

$$F_i^0(p) = \sum_{P \in \boldsymbol{P}_i} \frac{1}{2\pi\delta^2} e^{\frac{-(p-P)^2}{2\delta^2}} = \sum_{P \in \boldsymbol{P}_i} N(p;P;\delta^2) \qquad (3\text{-}20)$$

　　其中，i 为图像索引（index），P 为标注点坐标，δ 为标准差，p 为计算像素点，$N(\bullet)$ 表示高斯函数。对于图像 $\boldsymbol{I}_i$，通过计算，我们获得 $\boldsymbol{I}_i$ 图像对应的密度图 F_i^0。我们注意到，超参数 δ 是根据应用可预先设置用来控制高斯核的平滑程度。为了方便表示基于机器学习方法估计获得的图像密度图，我们定义通过公式（3-20）计算所得密度图为真实密度图（ground truth density map）。由此，对于任意训练图像 $\boldsymbol{I}_i$ 的真实密度图 $\boldsymbol{I}_i^d$ 可以表示为：

$$\forall p \in \boldsymbol{I}_i^d, \boldsymbol{I}_i^d(p) = F_i^0(p) \qquad (3\text{-}21)$$

　　为了直观理解公式（3-21）生成的密度图，以基于显微镜拍摄的细胞检测图像细胞计数任务为例，图 3-7（a）给出了细胞（计数目标）的手工二维点标注图像，图中每一个细胞所在位置采用红色的点进行人工标注；图 3-7（b）展示的是手工标注图像对应的三维空间效果图；图 3-7（c）是基于图 3-7（a）所生成的密度图；图 3-7（d）是所生成密度图的三维空间效果图。

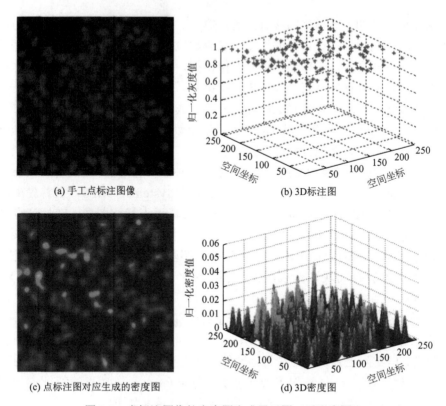

(a) 手工点标注图像　　　　　　　　　(b) 3D标注图

(c) 点标注图对应生成的密度图　　　　　(d) 3D密度图

图 3-7　点标注图像的密度图生成展示图（后附彩图）

综上所述，核密度估计（kernel density estimation）方法可以建立目标物体在图像中的密度分布，概率密度函数的积分值就是图像中目标物体总数的近似估计。

基于密度估计的目标物体计数算法主要思想是估计出图像中像素点的密度函数，该密度函数是图像的局部特征到该像素所代表的物体个数的映射。最后通过累加整张图像每个像素点的密度即可得到整张图像的目标物体个数。该方法的主要优点在于不需要进行目标物体检测和定位，因此算法运行效率高，在行人和细胞数据集上均取得了较好的效果。

分析表明，基于密度估计的视觉目标计数的主要思想是通过映射或实例学习的方法估计出图像对应的密度图，然后整合密度图得到图像目标物体的个数。相比于基于检测和基于特征回归等方法的目标计数算法，基于密度估计的方法考虑了目标物体分布的空间信息，可以通过计算密度图来提供目标物体的分布信息，对于需要提供物体分布信息的场景具有独特优越性。

3. SLIC 超像素分割

超像素（superpixels）的概念是 2003 年 Ren 等（2003）提出和发展起来的图

像分割技术。具体而言，超像素是指具有相似纹理、颜色、亮度等特征的相邻像素构成的有一定视觉意义的不规则小区域。因此，这些小区域大多保留了进一步进行图像分割的有效信息，且一般不会破坏图像中物体的边界信息。超像素技术利用了像素之间特征的相似性将像素进行分组，用少量的超像素代替大量的像素来表达图像的特征，很大程度上降低了图像处理的复杂度。常见的超像素分割方法主要有两类，分别为基于图论的超像素分割方法和基于梯度上升的超像素分割方法（Achanta et al.，2012）。基于图论的超像素生成方法将图像中的像素点视为图中的节点，并赋予节点间的边权值，以能量函数最小化为目标生成超像素（宋熙煜等，2015），其典型算法包括 Normalized cuts 算法（Shi and Malik，2000）、GCA（graph cuts algorithm）算法（Veksler et al.，2010）以及 ERS（entropy rate superpixel segmentation）算法（Liu et al.，2011）。而基于梯度上升的超像素生成方法的基本思想是从最初的像素聚类开始，采用梯度法迭代修正聚类结果直至满足收敛条件，从而形成超像素（宋熙煜等，2015），其典型算法有分水岭算法、Mean shift 算法（Comaniciu and Meer，2002）、Turbopixel 算法（Levinshtein et al.，2009）和 SLIC 算法（Achanta et al.，2010；Achanta et al.，2012）等。其中，简单线性迭代聚类（simple linear iterative clustering，SLIC）算法是在 2010 年由 Achanta 等人提出的基于颜色相似度和空间距离关系的局部迭代聚类算法，是近年来应用最为广泛的超像素分割方法。该算法首先在图像上均匀初始化 K 个初始聚类中心，将所有像素点赋予与其距离最近的聚类中心标签，定义基于颜色和空间位置特征的归一化距离为 D，由公式（3-22）计算。

$$D(i,j) = \sqrt{\left(\frac{\|\boldsymbol{C}_i - \boldsymbol{C}_j\|}{N_c}\right)^2 + \left(\frac{\|\boldsymbol{S}_i - \boldsymbol{S}_j\|}{N_s}\right)^2} \tag{3-22}$$

公式（3-22）中，向量 $\boldsymbol{C}$ 表示 CIE LAB 颜色空间（cielab color space）中的三维颜色特征向量，向量 $\boldsymbol{S}$ 表示二维空间位置坐标，下标 $j = 1, 2, \cdots, K$ 为聚类中心标签，下标 i 为对应聚类中心 j 的 $2\boldsymbol{S} \times 2\boldsymbol{S}$ 大小邻域内的像素标签，其中 $s = \sqrt{N/K}$，N 为图像像素总数。N_c 和 N_s 分别为颜色与空间距离的归一化常数。初始聚类后，聚类中心 φ_j 依据对应聚类图像块 $\boldsymbol{G}_j$ 中所有像素颜色和空间特征的均值进行迭代更新，即

$$\varphi_j = \frac{1}{N_j} \sum_{i \in \boldsymbol{G}_j} \begin{bmatrix} \boldsymbol{C}_i \\ \boldsymbol{S}_i \end{bmatrix} \tag{3-23}$$

其中，N_j 为图像块 $\boldsymbol{G}_j$ 中的像素数量。算法不断迭代聚类和更新直至满足终止条件，最后采用邻近合并策略消除孤立的小尺寸超像素，保证最终结果具有较好的紧密度。图 3-8 展示了 SLIC 的超像素分割效果，每个图像从右下到左上的三部分分别为超像素个数为近似 64 个、256 个和 1024 个的分割效果。

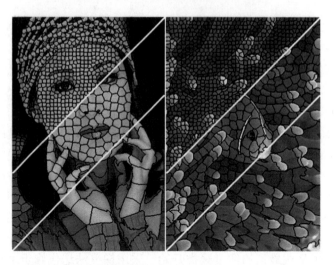

图 3-8　SLIC 超像素分割结果（Achanta et al.，2012）

4. 基于背景的显著性图估计方法

视觉显著性（visual saliency）用来描述场景中的对象对于观测者而言的重要程度，即引起观测者视觉注意的程度（Borji and Itti，2013）。它与人类如何感知和处理视觉刺激紧密相关，涉及心理学、神经生物学等多个学科。显著性检测（saliency detection）的本质是一种依据视觉注意机制而建立的视觉注意模型，它利用视觉注意机制得到图像中最容易受到关注的显著部分，并用一幅灰度图像表示其显著度，该图被称为显著性图（saliency map）（钱生等，2015）。显著性图估计方法可主要分为两种类型：自底向上的方法和自顶向下的方法。自底向上的方法主要利用颜色、边缘、纹理等底层特征属性来度量图像区域与其周围图像区域的差异性；自顶向下的方法主要通过调整选择准则，以适应外界需求来获得显著性图。在显著性检测中，自底向上的方法比较常见（钱生等，2015）。

一种简单的自底向上的显著性图估计方法可以在 SLIC 超像素的层次上展开，基于若干类边缘种子，构建全局颜色差异矩阵和空间距离矩阵，并将它们融合成一幅基于背景的显著性图（Qin et al.，2015）。

具体地，为了更好地获得图像固有的结构信息并提高计算效率，基于背景的显著性图估计方法应用 SLIC 算法将一幅图像分割成 N 个超像素。为了适应多样性的边缘背景，在 CIELAB 颜色空间，运用 K 均值聚类算法（k-means clustering algorithm）将图像的边缘分成 K 类，该方法中 K 被设置为 3。第 k 类的超像素的个数记为 p^k，$k=1,2,\cdots,K$。基于 K 个不同的类，构建 K 个不同的全局颜色差异图（global colour distinction，GCD）。在 GCD 矩阵 $\boldsymbol{S}=[s_{k,i}]_{K\times N}$ 中，$s_{k,i}$ 表示在第 k 个 GCD 图中超像素 i 的显著性值，由下式计算得到：

$$s_{k,i} = \frac{1}{p^k} \sum_{j=1}^{p^k} \frac{1}{e^{-\frac{\|c_t, c_j\|}{2\sigma_1^2}} + \beta} \tag{3-24}$$

其中，$\|c_i, c_j\|$ 是超像素 i 和 j 在 CIELAB 颜色空间中的欧氏距离。平衡权重参数设置为 $\sigma_1 = 0.2$，$\beta = 10$。当 $\beta \in [7,15]$ 时，β 对输出结果的影响很小。

实验表明，仅基于边缘超像素得到的 GCD 并不十分理想。有意思的是，对于不同的图像，该方法产生的 GCD 中都有非常准确的部分。分析其原因，可能是每个边缘超像素的类别内有非常大的相似性，可以利用 K 个 GCD 图之间彼此互补来提升性能。当一个超像素的显著性是由距离它最近的背景类计算时，它的显著性就越准确。由此，采用构建全局空间距离（global spatial distance，GSD）矩阵 $\boldsymbol{W} = [w_{k,i}]_{K \times N}$ 来权衡不同 GCD 图之间的重要性成为一个较好的选择，这里 $w_{k,i}$ 表示超像素点 i 和所有第 k 类背景超像素之间的空间距离：

$$w_{k,i} = \frac{1}{p^k} \sum_{j=1}^{p^k} e^{\frac{-\|r_i, r_j\|_2^2}{2\sigma_2^2}} \tag{3-25}$$

其中，r_i 和 r_j 是超像素 i 和 j 的坐标，平衡权重参数 $\sigma_2 = 1.3$，当 $\sigma_2 \in [1.1,1.5]$ 时，产生的输出结果较为稳定。综上，基于背景的显著性图可以通过结合空间信息 $w_{k,i}$ 和颜色信息 $s_{k,i}$ 来计算：

$$S_i^{bg} = \sum_{k=1}^{K} w_{k,i} \times s_{k,i} \tag{3-26}$$

实验结果表明，用空间距离来约束 GCD 可加强局部区域的对比，从而提高显著性值估计的准确性。通过有效地利用不同 GCD 的优势，可以更加准确地估计基于背景的显著性图。

3.3　本书技术思路

针对红树林湿地鸟类生态监测和评估任务的需求，本小节首先分析基于计算机视觉的鸟类生态智能监测技术挑战，以此确定本书研究的技术路线，最后讨论基于计算机视觉的鸟类生态智能监测与评估技术带来的社会效用。

3.3.1　鸟类生态智能监测技术挑战

相比于公共场所目标监测与社会安全领域目标监测，生态领域的目标监测和生态考察的智能化技术发展尚未成熟。在湿地鸟类监测场景下，如图 3-9，由于数据采集过程中天气变化（光照变化）、设备安装不同（拍摄视角不同）、鸟类动态性（鸟目标相对于数据采集设备的尺度变化较大、局部遮挡）等因素，采集到的图像视频中鸟目标的外观特征变化很大，从而加大了对鸟类目标检测与识别的难度；此外，在湿地自然状态下，鸟类通常为聚集分布，且栖息地距离监测点相对较远，鸟类个体在视觉上的显著性较低。因此，在湿地环境获取的数据中，鸟类多呈现为尺度小，分辨率低的目标个体，且在分布上存在遮挡和密集分布等特点，这些都为现有的鸟类生态智能监测技术提出了挑战。

近年来，尽管深度学习在计算机视觉领域得到了广泛的研究和应用，世界范围内研究学者们对鸟类生态监测技术给予了热切的关注，但鸟类生态智能监测技术术依然存在如下难点：

1. 湿地鸟类目标的多尺度分布

鸟类个体姿态的多样性使得鸟个体呈现出显著的尺度差异。同时，鸟类个体目标距离摄像头的相对距离、拍摄尺度等都直接影响到采集数据中鸟类目标的尺度变化，如图 3-10 所示。从技术层面来看，现有的目标检测、目标识别算法中通常需要采用固定尺度的窗口来对目标进行初始定位。针对目标的多尺度问题，主流算法中采用了诸多策略，在一定程度上提升了多尺度目标检测的效果，然而针对图像中大量不显著的鸟类小目标，目前广泛应用的算法仍旧不能满足鸟类目标检测的性能需求。

图 3-9　一些典型的湿地鸟类图像

图 3-10　湿地环境中鸟类目标呈现多尺度分布

2. 湿地环境中鸟类目标的高密集度

由于鸟类的群居特性，湿地环境的鸟类图像中常出现大量鸟类小目标聚集分布，如图 3-11 所示。该类图像中鸟类目标的尺度小、分辨率低，使得每个鸟类目标个体的有效特征信息（如纹理信息，颜色信息等）损失。同时，鸟类的聚集分布特性使得单幅图像中可能会出现大量的鸟类目标，并随之出现目标间的大量重叠和遮挡现象。实验表明，主流目标检测算法在这样的小目标密集场景的特征学习效果受限，出现较多的错检和漏检问题，不能满足性能要求。因此，密集鸟群场景下的监测成为湿地鸟类生态智能监测任务中的一个难点。

图 3-11　鸟类小目标密集场景

3. 采集的数据中鸟个体数量差异显著且分布不平衡

湿地场景中的鸟类经常聚集分布和聚集活动。鸟类对外界环境变化十分敏感（如光、声音、振动等），自然场景下鸟类受到环境变化刺激时常常出现"一哄而上"和"一哄而散"的现象。因此，不同时间和场景下采集的数据中鸟类个体数量存在明显变化。同时，鸟类活动范围广，而数据的拍摄采集范围有限。在数据采集范围内，目标稀疏的情况远大于目标密集的情况，这造成了采集到的数据集中鸟类目标数量分布的不均衡。

4. 数据不够充分

基于深度学习的特征学习和分类算法往往需要大量的训练样本来训练模型，以获得较好的泛化性。然而，在大多数应用条件下，获取独立同分布的数据集或包含大量人工标注的训练样本都是代价高昂的。对于鸟类生态监测任务，一方面现有的湿地鸟类数据库缺乏，另一方面面向密集场景下的鸟类监测任务，鸟类目标的密集分布为手工标注增加了难度，获得大量标注鸟类图像视频数据库成为困难的任务。因此，在密集场景下的鸟类监测任务中，如何使用有限的小样本训练集完成高质量的模型训练成为一个技术难点。

3.3.2　基于计算机视觉的鸟类生态智能监测技术路线

基于鸟类生态监测的生态环境评估是评价湿地生态环境的重要手段，湿地鸟类的组成、迁徙和周年变化规律能够有效揭示湿地生态环境质量和动态变化信息。目前，鸟类生态监测依旧沿用"长期蹲点、隐蔽观察、定期查巢"的传统方式。该传统方式所获得的鸟类生态信息资料在连续性、可信度和时效性等方面都存在局限性，不能准确反映湿地生态环境的真实状况。如何获取湿地鸟类生态的有效数据是湿地生态环境评价的技术性难题。

本书首次采用深度学习和图像处理理论与方法，研究红树林湿地鸟类生态智能监测与评估关键技术，设计和开发了相应的软件系统，为智能生态监测提供基础理论和技术参考。

本书采用视频摄像机对特定的红树林重点保护区域进行全天候视频监测和视频数据采集，采用先进的通信系统同步将视频数据传输到远端生态监测中心数据服务器实现持续全信息采集。在监测系统的构建中，本书基于机器学习和图像视频处理理论与方法，研发自动、准确、高效的鸟类目标检测、鸟种类识别与鸟类数量统计等算法，实现对红树林湿地鸟类生态数据和特征参数的自动获取和保存。基于获取的红树林湿地鸟类生态数据，本书研究分析鸟类的群落组成、迁徙和周年变化规律，建立创新的红树林湿地鸟类生态评价系统。

红树林湿地鸟类生态智能监测系统采用机器学习与图像视频分析技术实现了全天候、全自动鸟类检测、识别、计数等功能。重点突破了对视频数据中的鸟类小目标、难分目标的精准识别技术，鸟个体识别精度超过90%。

本书介绍的红树林湿地鸟类生态智能监测关键技术主要包括：

（1）基于动态视频的鸟类目标检测算法

鸟类目标检测即自动提取视频场景中的鸟目标图像。基于动态视频的红树林湿地鸟类目标检测技术面临如下问题：①鸟类的空间姿态复杂多变；②受物理场地限制，摄像机的安装高度和拍摄视角不一致，视频中鸟类目标尺度不一致，且大多数鸟类目标偏小；③野外场景导致背景十分复杂（光照变化、水波纹等）。因此，红树林湿地鸟类目标检测面临较大的技术挑战。本书中的鸟类目标检测算法基于最主流的目标检测深度模型，针对鸟类目标的特点，提出采用动态候选区域方法实现鸟类目标准确检测。同时，通过构建基于密度图和显著性估计的鸟类目标检测模型来抑制复杂背景对鸟类目标检测的影响，以提高鸟类目标检测的准确性。

（2）高精度、普适性强的鸟种类识别算法

鸟种类识别即自动判别鸟的物种类别。基于动态视频的红树林湿地鸟种类识别技术面临如下问题：①鸟物种生活环境复杂，鸟姿态变化大，视频中鸟物种类内差异大；②不同鸟物种间可能存在非常细微的差异（如仅鸟嘴形状不同）；③野外场景采集的鸟类视频数据不平衡。因此，红树林湿地鸟种类识别技术也面临较大的技术挑战。本书中的鸟种类识别算法基于主流的图像分类深度模型，提出采用残差网络（residual network，RESNET）实现对不同鸟类的高层次特征学习。在此基础上，针对不同鸟物种获取的数据量不均和数据量小等问题，采用迁移学习方法进一步获得具有可区分性特征，提升自然场景下鸟种类识别的准确率。

（3）高准确率的鸟类目标计数算法

鸟类目标计数即自动统计视频场景中存在的鸟类目标的个数。基于动态视频的红树林湿地鸟类目标计数技术面临如下问题：①自然场景中，鸟类生活场景背景多变；②鸟群栖息密度大、相互遮挡严重；③光照时变。因此，红树林湿地鸟类目标计数技术面临较大的技术挑战。本书中的鸟类目标计数算法基于主流的目标计数深度模型，针对鸟类目标尺度变化大、分布密集问题，提出采用基于稀疏约束、局部低秩约束和密度图重构的深度学习鸟类目标计数新方法，实现高准确度的鸟类目标计数功能。

本书的研究和实践成果一方面实现了对鸟类生态智能监测自动化，可降低鸟类生态监测的劳力成本，另一方面为红树林湿地保护与恢复提供了新的科学理论与实践方法，具有积极的社会影响和重要的经济价值。

本书是多学科交叉研究产生的学术成果，项目团队由来自北京大学计算机应用技术专业团队和北京大学生态环境专业团队组成。其中北京大学现代信号与数据处理实验室（ADSPLAB）承担了基于计算机视觉的鸟类生态智能监测技术研发，北京大学海洋生态技术实验室承担了红树林湿地鸟类生态评估和评价方法研究。

3.3.3　社会效用

　　鸟类分布广泛，种类多样且易于识别，是生态监测领域中被研究最多和被调查最频繁的动物类群之一。同时，鸟类是对栖息地改变和环境变化反应极为敏感的动物，鸟类物种的组成、数量、多样性和群落等特征可直接反映栖息地的气候适宜性状况、生态系统健康与生物多样性状况、人类活动对生态系统的干扰程度、土地利用和景观改变对生态系统的影响程度，以及区域生态环境的质量。

　　湿地具有涵养水源、调节气候、支持生物多样性等重要生态功能。湿地生态系统的变化与人类的生存息息相关，因此对于湿地生态系统的监测与评价显得尤为重要（袁军等，2004；殷书柏等，2006）。鸟类（尤其是水鸟）是湿地特有的高等生物类群。在我国，湿地鸟类共有 15 科 160 多种，和其他湿地脊椎动物相比在种类上有着明显优势（赵魁义，1999）。鸟类是湿地生态系统中主要的顶级消费者，不可能脱离其他低营养级生物和无机环境孤立存在，因此将鸟类作为指示生物更适于快速的生态系统评价。另外，鸟类处于湿地生态系统食物链顶端，与人类所处的营养级最接近，因此使用鸟类作为指示生物，对于分析同环境水平的人类所面临的环境风险更有参考价值（王强和吕宪国，2007）。湿地生态环境变化的动态性很强，寻求一种行之有效且简单易行的鸟类生态监测方法，对于及时了解湿地生态环境质量及变化信息至关重要。

　　随着通信技术和机器智能技术的快速发展，基于视频图像的鸟类生态智能监测成为可能。在湿地生态监测场景中，我们希望针对特定的鸟类目标进行分析。本书的主要内容就是面向红树林湿地生态监测，分析红树林湿地鸟类目标特性，研发可适用于红树林湿地环境的鸟类生态智能监测系统，使机器智能在生态监测领域得到应用，进而发挥重要的社会价值。本书介绍的数据驱动的智能监测技术可进行推广且具有一般适用性，相关研究成果可迁移到其他远距离拍摄场景中处理目标监测任务，这体现出它的经济价值和工业化价值。

第4章　鸟类生态参数智能获取技术

从上章节对鸟类生态智能监测技术原理和技术思路的介绍中可以看到，目前鸟类生态智能监测技术还存在诸多技术难点。为了克服所述难点，切实地提高鸟类生态智能监测技术的水平和效用，本章针对鸟类生态监测中所需鸟类生态参数的智能获取问题提出了若干先进算法，在鸟类目标检测、鸟种类识别和鸟类目标计数方面都进行了深入研究并获得了多项成果。

4.1　数据集构建及数据处理

本书的鸟类生态参数智能获取是基于有监督机器学习技术框架实现的，因此训练数据集的构建是进行机器学习的前提。本节介绍了以深圳湾为实例构建的红树林湿地鸟类数据集，并对数据进行了一系列的处理。

4.1.1　深圳湾红树林远景鸟类数据集

深圳湾红树林远景鸟类数据集（Birds Dataset of Shenzhen Bay in Distant View，BSBDV 2017）是北京大学现代信号与数据处理实验室团队完成的湿地鸟类数据集，数据集中的所有图像采集自深圳湾红树林自然保护区，在生态学家和保护区专业人士的协助下确定视频摄像机的安装位置，进行实地拍摄，视频的帧率为 25 fps。目前学界针对湿地鸟类监测的数据集很少，本团队建立 BSBDV 2017 旨在为鸟类生态智能监测提供研究型开源数据集。如图 4-1 展示了本数据集中的示例，不同于大多数的公开数据集，本数据集中的目标拍摄距离较远，图像中的鸟目标尺度较小，细

图 4-1　深圳湾红树林远景鸟类数据集示例图片

节特征模糊，鸟类目标存在少量的密集分布和遮挡现象。另外，数据采集的光照条件多变、背景复杂。以上特征表明该数据集对计算机视觉算法的挑战很大。

由于受到鸟类的季节性迁徙，涨落潮等因素的影响，数据集采集耗时较长。经过挑选和预处理，BSBDV 2017 数据集包含了 1772 张图像，图像均为 JPG 格式。数据集中共包含鸟类目标 7912 个，原始图像的分辨率分别是 2736×1824（344 张），4288×2848（656 张）和 5472×3648（772 张）。BSBDV 2017 数据集中包含深圳湾红树林湿地常见的鸟类 10 余种，分别有白鹭（大白鹭）、苍鹭、黑脸琵鹭、白琵鹭、池鹭、红嘴鸥、反嘴鹬、黑翅长脚鹬、泽鹬和赤颈鸭等。BSBDV 2017 数据集中，鸟类目标的尺度变化范围较大，最小的鸟类目标尺度仅为 18×30，最大的尺度为 1274×632。

此外，湿地环境中的鸟类大多具有聚集分布和集体活动的特征。不同时期，在湿地的固定采集点所获得的数据中，鸟类目标个数有显著变化。因此 BSBDV 2017 数据集中不同图像的鸟类目标个数差异较大，存在鸟类数量分布不平衡的问题。

对 BSBDV 2017 数据集中每张图像的鸟类目标个数进行统计，数据的分布如图 4-2 所示，图中横轴代表每张图像中鸟类的目标数量，纵轴代表图像数量。从图中的数据分布可以看出，BSBDV 2017 数据集中，每张图像中的鸟类个体数量

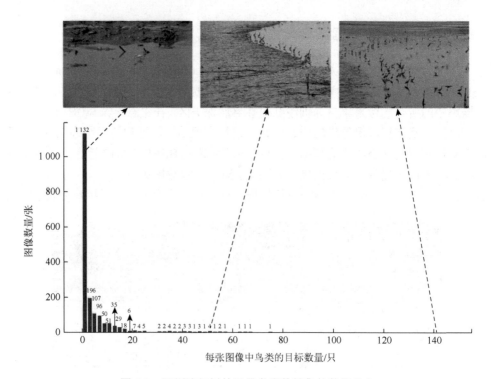

图 4-2　深圳湾红树林远景鸟类数据集的数据分布

的变化范围很大，单张图像含有最多的鸟类目标个数是 141 个，但有 1132 张图片仅含有 1 个或 2 个鸟类目标，占数据集图像总数的 63.9%。同时，单张图像含有 20 个以上的鸟类目标的图像仅有 39 张，占数据集图像总数的 2.2%。然而，从鸟类目标数量的角度切入，上述仅含有 1 个或 2 个鸟类目标的 1132 张图像中，总计共有 1396 个鸟类目标，占鸟类目标数量的 17.6%；单张图像含有 20 个以上鸟类目标的 39 张图像中，总计共有 2199 个鸟类目标，占鸟类目标数量的 27.8%。

4.1.2　数据预处理

在实验前，需要对数据进行预处理。预处理的目的在于进一步提高数据的可用性并提高其使用效果。图像增强是一个常用且重要的技术，旨在提高有限数据的丰富程度、防止数据单一造成机器学习模型过拟合。针对湿地鸟类数据集 BSBDV 2017，图像去雾技术能够提高图像清晰度，从而提升生态参数获取质量。本节介绍了针对湿地鸟类数据的图像去雾技术。

1. 数据增强

数据是机器学习最重要的基础之一，深度学习方法通常需要大量训练数据作为支撑。但是实际上数据的采集、标记需要大量的人力、时间和经济成本，所以深度模型的训练往往会由于数据不充足而无法达到预期的性能。此外，数据量不足还会导致深度模型的过拟合问题，即模型对训练数据表现出超强的拟合能力，以至于数据中的噪声也被学习到模型中，然而训练好的深度模型对非训练数据的性能不佳，导致该深度模型的泛化能力差。

通过数据增强（data augmentation）来提高训练数据的丰富度，是降低模型过拟合问题、提高模型泛化能力的重要手段。本书研究中用于训练深度模型的数据是 RGB 图像，为提高模型精度，本章介绍以下常见数据增强方法：

（1）图像水平、竖直翻转（flip）：图像沿水平方向或垂直方向随机翻转（图 4-3）。

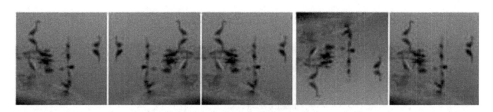

图 4-3　水平、竖直翻转数据增强实例

（2）随机裁剪（crop）：在保留检测目标中心点坐标的前提下，对图像按照一定的裁剪比例进行随机裁剪（图 4-4）。

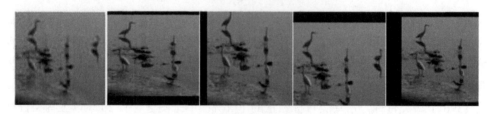

图 4-4　随机裁剪数据增强实例

（3）平移变换（translation）：使图像在其平面内沿着一定方向（水平、竖直及其组合）产生一定长度的位移（图 4-5）。

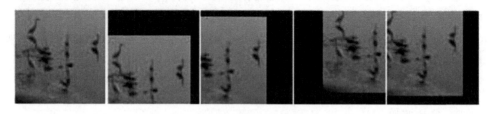

图 4-5　平移变换数据增强实例

（4）旋转/反射变换（rotation/reflection）：随机将图像进行一定角度的中心旋转，改变图像的方向（图 4-6）。

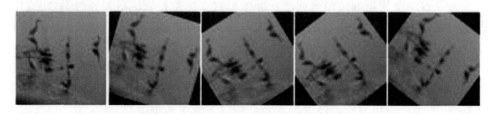

图 4-6　旋转/反射变换数据增强实例

（5）尺度缩放（zoom）：按照一定比例对图像进行放大或缩小（图 4-7）。

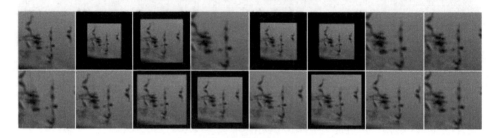

图 4-7　尺度缩放数据增强实例

（6）噪声扰动（noise）：对图像中部分像素的 RGB 数值使用椒盐噪声、高斯噪声等噪声模式进行随机扰动（图 4-8）。

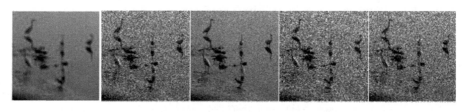

图 4-8　高斯噪声扰动数据增强实例

（7）模糊处理（blur）：通过平均模糊、双边模糊、高斯模糊等方式对图像进行模糊处理（图 4-9）。

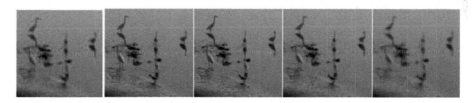

图 4-9　高斯模糊处理数据增强实例

2. 图像去雾

红树林湿地属于野外场景，其图像视频数据的全天候采集会产生带雾图像和带雨图像，形成图像质量的退化。因此，图像增强（含图像去雾和图像去雨）也是机器学习领域的重要研究课题。本书仅仅讨论图像去雾技术对图像的增强来提高数据的可用性问题。当前主流的单幅图像去雾方法是基于大气散射模型（atmospheric scattering model，ASM）（McCartney，1976）。ASM 能够对带雾图像进行有效建模。基于 ASM 以及仿真带雾数据集和少量实拍带雾数据集，采用有监督的深度学习方法配合一定的先验信息，可以获得有效的深度去雾模型，实现对带雾图像的增强。研究表明，深度去雾模型 DehazeNet（Cai et al.，2016）取得了同时期最优秀的单幅图像去雾性能，验证了基于深度学习的图像去雾方法的潜力。本书基于主流的深度去雾方法以及 ASM，提出了一种新的卷积深度去雾模型来高效地实现单幅图像去雾，其基本思想是通过对 ASM 的变换获得逆 ASM，在此基础上，对逆 ASM 进行分解，分别设计神经网络进行建模，因此本书提出了一种深度去雾模型，基于卷积神经网络的逆大气散射模型（inverse atmospheric scattering modeling with convolutional neural network，IASM-Net），IASM-Net 由三个网络模块组成为端到端网络模型，在训练阶段，IASM-Net 是通过最小化其输出与真实图像标签之间的误差来进行优化。在预测阶段，训练好的 IASM-Net 直接输出去雾图像，实现图像增强。实验测试表明，与现有的深度去雾模型相比，本书提出的 IASM-Net 获得了更好的图像去雾性能。

下面具体介绍大气散射模型（ASM），其数学描述如下：

$$I(x,y) = T(x,y)J(x,y) + (1 - T(x,y))A \qquad (4\text{-}1)$$

其中 I 表示被相机捕捉到的图像，J 表示真实场景图像（清晰的图像），T 表示场景透射率，并且 $T(x,y) \in (0,1)$。A 表示大气光因子，(x,y) 指代每个像素点的空间位置。由于全球大气光的均匀性，A 的值常被设置为常数。

基于公式（4-1），进行简单的数学变换可以得到以下公式：

$$J(x,y) = \frac{I(x,y) - (1 - T(x,y))A}{T(x,y)} = \frac{1}{T(x,y)}(I(x,y) - A) + A \qquad (4\text{-}2)$$

从公式（4-2）可见，真实图像 J 可以经由带雾图像 I 以及场景透射率 T 和大气光因子 A 求得，具体可以分为三个部分来实现：

（1）计算大气光归一化部分 $I(x,y) - A$

（2）计算场景透射率倒数部分 $1/T(x,y)$

（3）真实图像估计部分 $\dfrac{1}{T(x,y)}(I(x,y) - A) + A$

具体而言，大气光归一化部分只包含简单的线性运算。对于计算场景透射率倒数的方法，McCartney（1976）和 He 等（2011）提出基于先验假设来迭代求取，本书参照方法推导 $T(x,y)$，在大多数非天空区域的彩色图像三通道（RGB）图像中，至少有一个色彩通道在某些像素处的亮度很低，其值接近为零。因此，得出如下数学公式：

$$\min_{c \in \{r,g,b\}} \left(\min_{(x',y') \in \Omega(x,y)} J^c(x',y') \right) = 0 \qquad (4\text{-}3)$$

其中，J^c 表示真实图像 J 中 R、B、G 三个通道中的某一个通道，c 为通道标示，$\Omega(x,y)$ 表示包含像素点 (x,y) 的一个局部图像块。假设大气光值 A 为正值，从公式（4-1）和（4-3）可以推导如下公式：

$$\frac{I(x,y)}{A} = \frac{T(x,y)J(x,y)}{A} + (1 - T(x,y)) \qquad (4\text{-}4)$$

$$\min_{c \in \{r,g,b\}} \left(\min_{(x',y') \in \Omega(x,y)} \frac{J^c(x',y')}{A} \right) = 0 \qquad (4\text{-}5)$$

如果基于公式（4-4），对 c 通道局部图像块执行取最小值操作，可得到如下公式：

$$\min_{c \in \{r,g,b\}} \left(\min_{(x',y') \in \Omega(x,y)} \frac{I^c(x',y')}{A^c} \right) = T(x,y) \min_{c \in \{r,g,b\}} \left(\min_{(x',y') \in \Omega(x,y)} \frac{J^c(x',y')}{A^c} \right) + (1 - T(x,y)) = 0$$

$$(4\text{-}6)$$

其中 I^c 和 A^c 分别代表 I 和 A 的 R、B、G 通道中的 c 通道。观察公式（4-5）和（4-6）可以推出：

$$\min_{c\in\{r,g,b\}}\left(\min_{(x',y')\in\varOmega(x,y)}\frac{I^c(x',y')}{A^c}\right)=0+(1-T(x,y)) \tag{4-7}$$

由公式（4-7）进行简单数学变换，可获得下式：

$$T(x,y)=1-\omega\min_{c\in\{r,g,b\}}\left(\min_{(x',y')\in\varOmega(x,y)}\frac{I^c(x',y')}{A^c}\right) \tag{4-8}$$

通过公式（4-8）即可求解场景透射率 T。公式（4-8）表达了通过获取的带雾图像 I 和大气光因子 A 的局部求极小值来计算场景透射率 T。其中，ω 是一个实数变量，为了更加符合人的视觉感受，该参数用以调节雾浓度，以使得远处的景物模糊。很明显，当 A 为常量时，T 可以通过对 I 进行两次求极小值而获得。值得注意的是，公式（4-8）的推导存在一个假设，即在局部图像块中 T 是常数值，即场景透射是均匀分布的。

基于公式（4-2）和公式（4-8），本节介绍基于神经网络来对场景投射率进行建模以及重构真实图像的网络模型设计。如前述，该神经网络模型命名为 IASM-Net（Chen et al.，2018b）。原理上，IASM-Net 的设计是基于公式（4-8）实现对场景透射率的计算，因此其运算方式是基于图像块进行，即 IASM-Net 的输入是带雾图像块，而监督数据则是对应的真实数据块。本设计中采用卷积神经网络（CNN）来完成。

根据前面介绍的 IASM-Net 三个组成部分，本节设网络模型需要涵盖以下模块：

（1）透射率模块（transmission module，TM）：该模块利用带雾图像 I，估计场景透射率的大小，见公式（4-8）。

（2）光归一化模块（light normalization module，LNM）：该模块利用输入的图像来计算图像全局的大气光值。

（3）融合模块（fusion module，FM）：该模块将来自透射率模块和光归一化模块的信息进行融合，重构真实图像，完成去雾功能。

本书提出的去雾模型 IASM-Net 的网络架构如图 4-10 所示，是一个端到端的去雾模型。输入为三通道（RGB）图像。场景投射率估计模型（transmisson module）实现公式 4-8 所示的局部图像块场景透射率估计。网络结构设计中，除第四层卷积层（conv4）的卷积核大小为 5×5 之外，其余卷积层的卷积核大小均为 3×3。第四层卷积层的内边距（padding）大小设为 2，其余卷积层的内边距大小均设为 1。第一层卷积层（conv1）、第二层卷积层（conv2）和第三层卷积层（conv3）均输出 32 个特征图，而第四层卷积层输出 3 个特征图。这 3 个特征图分别对应输出图像的 R、B、G 三个通道。因此，向 IASM-Net 输入三通道（RGB）图像，经过去雾模型输出三通道图像。这种端到端操作使该模型的训练和预测简单高效。如图 4-10 所示，透射率模块由四层网络组成，包括两个卷积层和两个非线性激活函数（ReLU）层，第一层卷积层和第二层卷积层的局部感知特性保证了其对图像的处理是局部的，这满足了透射率 T 只在局部图像块中才为相同数值的先验假设（见公式 4-8）。采用 $F_{TM}(I)$ 来表示透射率模块的输出，根据网络设计，我们可以获得其数学表达式为：

$$F_{TM}(I) = \mathrm{ReLU}(W_2\mathrm{ReLU}(W_1 I + B_1) + B_2) \tag{4-9}$$

其中，W_i 和 B_i 表示第 i 层卷积层（conv$i$）的权重和偏置，其中 $\mathrm{ReLU}(x) = \max(x, 0)$。

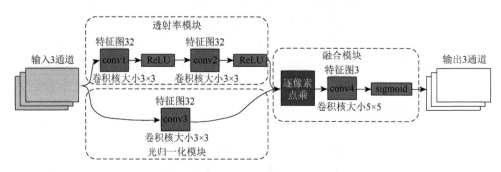

图 4-10　IASM-Net 的网络架构

对于光归一化模块，其数学操作为简单的线性相减。因此，本设计仅采用一个卷积层第三层卷积层（conv3）来实现。根据公式（4-2），考虑负数大气光因子（$-A$）第三层卷积层采用了一个固定的偏置值来参数化。数学上，设 $F_{LNM}(I)$ 表示大气光归一化模块的输出，其表达式为：

$$F_{LNM}(I) = W_3 I - A \tag{4-10}$$

对于融合模块，根据公式（4-2），它需要执行阿达马（Hadamard）内积，即像素级的内积运算，实现前两个模块输出信息的融合。在网络设计上，融合模块采用固定偏置值（其为参数化 A）和 S 形激活函数（sigmoid）的卷积层来实现模型的建模能力，使得整个 IASM-Net 在数据驱动下学习到从带雾图像到真实图像的映射。设 $F_{FM}(I)$ 表示融合模块的输出，其计算公式可表示为：

$$F_{FM}(I) = S(W_4(F_{TM}(I) \odot F_{LNM}(I)) + B_4) \tag{4-11}$$

其中 $S(x) = 1/(1 + e^{-x})$，$\odot$ 表示阿达马内积。

设 I_i 和 J_i 分别表示第 i 个输入带雾图像和对应的真实图像，$F(I_i)$ 表示 IASM-Net 的输出。Θ 表示 IASM-Net 的神经网络参数。给定一个带雾图像集 $\{I_i\}$ 及其对应的真实图像集 $\{J_i\}$，其中 $i = 1, 2, \cdots, N$，N 为训练数据集的图像总数。本书采用 L2 损失函数：

$$l(\Theta) = \frac{1}{N} \sum_{i=1}^{N} \left\| F(\boldsymbol{I}_i) - \boldsymbol{J}_i \right\|^2 \tag{4-12}$$

最小化损失函数，则获得最佳的 IASM-Net 模型参数，即去雾模型。本书采用反向传播和随机梯度下降算法进行网络模型训练。

4.2　智能鸟类目标检测

研究表明，现有最主流和最佳性能的视觉目标检测都是基于数据驱动的深度学习模型，其中基于候选区域的深度学习目标检测方法是目标检测领域最流行的方法之一。在这一系列方法中，主要将目标检测问题划分为两个子任务，包括候选区域搜索以及候选区域的类别分类和位置调整。主流且基线的目标检测模型 Faster R-CNN（Ren et al.，2015）通过区域推荐网络（region proposals network，RPN）生成区域候选框，并且利用区域推荐分类网络（RoIs-wise classification network，RCN）对候选区域进行类别分类（候选框中的物体类别分类）和候选框位置调整。

滨海湿地鸟类目标检测任务有两个特点：一是从视频图像的拍摄角度来看，此场景拍摄的距离较远，待检测的鸟类在图像中尺度相对较小；二是在图片的远景处都存在大量的小尺度鸟类目标，而近景处存在相对尺度较大的待检测鸟类目标，待检测目标的尺度变化大。

通过对国内外目标检测研究现状的调研发现，对于这样的应用场景，现有的目标检测方法性能较差，针对滨海湿地鸟类目标检测技术需要创新方法。本章将介绍几种新的鸟类目标检测深度模型方法以及相关实验结果和分析。

4.2.1　主流深度神经网络目标检测框架和技术

自 2012 年开始，基于深度学习的目标检测成为主流技术路线，研究学者们先后提出了众多深度神经网络目标检测框架。随着应用需求推动，设计和实现具有高准确率和低复杂度的目标检测深度模型成为计算机视觉领域最为关注的研究热点。基于深度神经网络的目标检测算法框架方框图如图 4-11 所示。

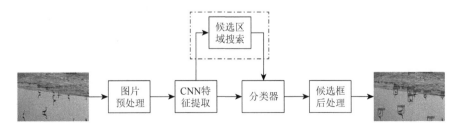

图 4-11　基于深度神经网络的目标检测算法框架

1. 基于 CNN 的特征提取网络

视觉特征提取技术研究经历了漫长的发展，从手工特征提取发展到基于大数据驱动的深度网络特征提取，形成一系列研究成果。深度神经网络具有对输入视觉分层特征表达的能力，在多个机器学习任务上远超传统的机器学习方法。其中卷积神经网络（CNN）的发展功不可没。如表 4-1 展示了自 2012 年以来获得广泛关注和发展的主流 CNN 特征提取网络。分析表 4-1 可见 CNN 架构的技术演变。首先是网络深度由浅到深：AlexNet 为 8 层 CNN，VGGNet 为 16 层 CNN，ResNet 由 50 层到 100 层，最多可达 1000 层深度，DenseNet 的网络深度也可以超过 100 层（Huang et al.，2017a）。很显然，越深的 CNN 网络将可获得更加抽象的特征表示，越有利于后面的分类或者检查任务。其次，网络模型精细化设计使得模型参数量由大到小：一般而言，采用经典的 CNN 网络结构，越深的网络意味着拥有越多的网络参数。AlexNet、VGGNet 等 CNN 网络的模型参数量都较大（>100 MB 量级），其中大部分的参数来自于网络高层使用的全连接层（fully connected layer，FC）。因此，网络结构化设计的一个思想就是避免使用 FC 层。其中，通过精心设计 Inception 模块，GoogleNet 的参数量相比于 VGGNet 大幅减少（约为二十分之一），实现了模型的显著轻量化。

另外一个具有代表性的工作就是 ResNet 采用了网络的跳跃连接方式解决了梯度消失带来的深度网络不可训练问题，同时降低了网络模型的参数量。受到前期工作的启发，DenseNet 设计了 DenseBlock，采用前馈方式将每层连接到其他层，使得网络在可训练、参数量控制、共享参数、隐式深度监督和特征重用几个方面获得改进，展现出优秀的综合性能。上述网络已经成为机器视觉领域的主要骨干网络。值得注意的是，CNN 基础结构研究仍然是机器视觉技术领域内非常活跃的研究课题，近期仍有新的骨干网络被提出（Chollet，2017；Chen et al.，2017；Liu et al.，2020）。

表 4-1　主流的 CNN 架构

CNN 框架	参数量[①]（×10^6）	层数（conv + FC）	图像分类错误率（Top 5）
AlexNet（Krizhevsky et al.，2012）	57	5 + 2	15.3%
VGGNet（Simonyan and Zisserman，2015）	134	13 + 2	6.8%
GoogleNet（Szegedy et al.，2014）	6	22	6.7%
Inception v2（Loffe and Szegedy，2015）	12	31	4.8%

① 这里计算的参数量没有包括作为分类层的全连接层。

CNN 框架	参数量 （×10⁶）	层数 （conv + FC）	图像分类错误率 （Top 5）
Inception v3（Szegedy et al.，2015）	22	47	3.6%
ResNet50（He et al.，2015b）	23.4	49	3.6%
ResNet101（He et al.，2015b）	42	100	
InceptionResNet v1（Szegedy et al.，2016）	21	87	3.1% （Ensemble）
InceptionResNet v2（Szegedy et al.，2016）	30	95	
Inception v4（Szegedy et al.，2016）	41	75	
DenseNet201（Huang et al.，2017a）	18	200	—

CNN 在机器学习任务上的成功得益于有足够的标注以及具有组内多样性的数据集，其中面向图像分类任务的 ImageNet 数据集起到了极大的推动作用。我们需要注意到，目标检测任务与目标识别任务的技术挑战的不同。对于目标识别任务，其训练数据的标注类型是图像类别标签（图像级），而对于目标检测任务，其训练数据集需要标注目标在图像中的位置（目标边界框标注）。很显然，目标边界框标注的成本比图像级类别标注成本高，尤其是在目标类别多、尺度变化大和背景场景复杂情况下，标注难度进一步加大。因此，为了降低目标检测任务对目标检测训练数据集的依赖，通常采用预训练技术，即采用大型图像级标注数据集训练基于 CNN 骨干网络的图像分类深度模型，再将预训练的 CNN 骨干模型作为通用特征提取器使用。研究表明，预训练模型非常有效地支持了不同的机器视觉识别任务性能提升，包括视觉目标检测任务。

视觉目标检测是机器学习的重要内容，具有广泛的应用价值，自 2012 年开始，基于深度学习的目标检测成为主流技术路线，先后提出了众多深度神经网络目标检测框架。随着技术发展，设计和实现具有高准确率和低复杂度的目标检测深度模型成为计算机视觉领域最为关注的研究热点。在 2014 年，基于深度学习的目标检测框架形成各具特色的两大类别，即双阶段目标检测框架和单阶段检测器。双阶段目标检测框架的主流代表方法包括：R-CNN（Girshick et al.，2014）、SPP-net（He et al.，2015a）、Fast R-CNN（Girshick，2015）、Faster R-CNN（Ren et al.，2015）、R-FCN（Dai et al.，2017）。单阶段目标检测器的主流代表方法包括：AttentionNet（Yoo et al.，2015）、YOLO（Redmon et al.，2016）、SSD（Liu et al.，2016）、YOLOv2（Redmon and Farhadi，2017）和 YOLOv3（Redmon and Farhadi，2018）。

本书针对湿地鸟类目标检测任务，需要考虑特有的大尺度、复杂背景和数据集小等不利因素，因此选择基于双阶段目标检测框架，重点研究基于 Faster

R-CNN 的鸟类目标检测方法。为此，首先简单介绍一下 Faster R-CNN 框架和
R-FCN 框架。

2. Faster R-CNN 目标检测框架

Faster R-CNN 目标检测框架是在 R-CNN 和 Fast R-CNN 基础上发展而来，主
要的目的是降低模型的计算效率和空间存储需求，为此，Faster R-CNN 创新地提
出了候选区域推荐网络（region proposal network，RPN）来有监督地学习到目标
候选区域，即输出给定图片中所有可能含有待检测物体的区域。RPN 和 Faster
R-CNN 框架如图 4-12 所示，从中可见，RPN 的输入是 CNN 预训练模型输出的特
征图。输出的是送入二分类器的候选区域（proposals）。实践中，输入图片的大小
通常固定为 600×1000。对于这一新的设计思想，有一个基本的考虑，RPN 需要
能够自适应地预测多尺度目标，换句话说，RPN 的设计需要考虑对待检测目标的尺
度鲁棒，为此引入了一个具体的概念：锚点（anchor），被定义为预先设定的固定形
状和大小的区域，如长方形、菱形等。在目标检测任务中，通常设定 9 种的方形锚
点，其大小设置为 32×32，64×64，128×128 和长宽比为 1：1，1：2，2：1。

图 4-12 中，RPN 是一个卷积层网络，RPN 输出一组候选区域，这些候选区
信息和特征图通过区域建议分类网络（roIs-wise classification network，RCN）输
出目标检测结果。RPN 分类子网络和回归子网络由多个卷积层构成。分类子网络
输出的特征图尺寸为 $w×h×(k×m)$，其中，w 和 h 为池化后的特征图大小，和 k 为
每个特征点相关的锚点个数。$m=2$ 代表分类的类别个数（本书分类为前景和背
景）。回归子网络输出特征图的尺寸为 $w×h×(k×4)$，其中"4"代表每个锚点需
要预测 4 个偏移量 (t_x, t_y, t_w, t_h)。在训练时，采用多任务损失函数，交叉熵损失函数

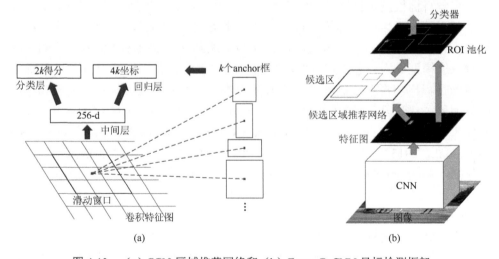

(a)　　　　　　　　　　　　　　　　　　　　(b)

图 4-12　（a）RPN-区域推荐网络和（b）Faster R-CNN 目标检测框架

实现分类任务的训练，SmoothL1 实现回归任务的训练。对于目标检测任务，在训练时，背景锚点的个数要远远大于前景锚点的个数，出现类别数据严重不平衡的问题，针对这个问题，每次训练只选取 256 个锚点，其中前景和背景的锚点个数均为 128。

3. R-FCN 目标检测框架

由图 4-12 可见，Faster R-CNN 有 2 个独立的子网络 RPN 和 RCN。为了进一步提升计算效率和性能、降低模型复杂度、免除对输入图像大小的约束，Dai 等（2017）提出基于候选区域的全卷积目标检测网络（region-based fully convolutional networks，R-FCN），如图 4-13 所示。

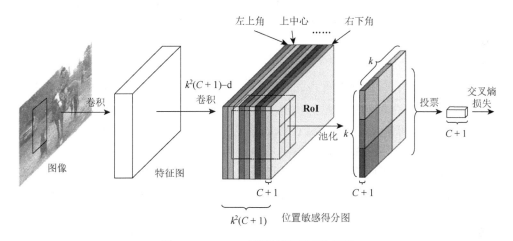

图 4-13　R-FCN 目标检测框架示意图

由图 4-13 可见，R-FCN 中一个重要的组成部分是位置敏感得分图（position-sensetive score map）。为了在计算 RoI 对应的特征图时，使其与位置信息相关联，类似于 RoI-pooling，用规则网格将 RoI 矩形分成 $k \times k$ 个组块，使得整个检测网络最后输出特征图的维度为 $k \times k \times (c+1)$，其中 c 为物体类别数量，代表了为每个类别都产生 $k \times k$ 个分数图。在每个 RoI 组块中，定义位置敏感的 RoI 池化操作，公式如（4-13）所示。

$$r_c(i, j \mid \Theta) = \sum_{(x,y) \in \mathrm{bin}(i,j)} z_{i,j,c}(x + x_0, y + y_0 \mid \Theta) / n \qquad (4\text{-}13)$$

其中，$r_c(i, j)$ 为第 (i, j) 个组块中第 c 个类别的池化响应，$z_{i,j,c}$ 为 $k \times k \times (c+1)$ 里的一个特征图，(x_0, y_0) 表示一个 RoI 的左上角，n 是组块中的像素个数，Θ 代表网络中所有可学习的参数。公式（4-13）操作如图 4-13 所示，不同的颜色代表不同的组块。公式（4-13）采用的是平均值池化的方式，但也可以选择最大池化的方式。$k \times k$ 个位置敏感得分会在 RoI 上进行投票，通过对分数进行平均来简单地投票，为每个

RoI 产生 $c+1$ 维的向量，然后计算交叉熵损失。边框回归的方式与分类的方式类似，除了维度为 $k \times k \times (c+1)$ 的分类特征图之外，另外为边框回归生成维度为 $k \times k \times 4$ 的特征图，为每个 RoI 生成一个 $k \times k \times 4$ 的向量。R-FCN 在 2016 年的帕斯卡视觉分类（the PASCAL visual object classes，PASCAL VOC）和微软常见物体识别（microsoft common objects in context，MS COCO）竞赛中都获得了最好的性能。

4.2.2　基于动态候选框的鸟类目标检测方法

如前述，Faster R-CNN 目标检测框架是基于深度学习的主流目标检测框架。本书基于 Faster R-CNN 框架，针对湿地鸟类目标检测任务的特点，开展基于动态候选框的鸟类目标检测方法研究，具体分小节阐述。

1. 基于动态候选区域数目选择方法

如前面介绍，一个典型的 Faster R-CNN 框架的目标检测模型通常包含特征提取、区域候选框生成和候选框分类等关键步骤。其中候选框生成指的是在输入图像中计算选出可能存在待检测目标的候选区域坐标，区域推荐网络（region proposal network）是目前主流的候选框生成模块。研究也表明，目前基于区域推荐的目标检测算法均采用固定的候选区域数量进行目标检测。通过实验验证，该区域推荐策略并不适合目标尺度变化大、目标数量多变、目标空间分布多样的湿地鸟类场景鸟个体目标检测任务。因此，基于主流的区域推荐候选区域生成方法，针对湿地鸟类在不同时间、地理位置的数量分布差异较大，个体尺度多样等特点，本节提出了目标检测候选区域数目的动态选择方法，期望鸟个体目标检测算法能够达到稳定的检测性能。不同于候选区域的固定数目选择方法，候选区数目动态选择方法实现了候选区域个数的动态调整，进而提高了目标检测算法的检测性能。

2. 候选区域数目对目标检测性能的影响分析

主流的基于深度学习和候选区域的目标检测算法，包括 Faster R-CNN、R-FCN 等。这些算法在候选区域的生成阶段，均需要设置一个固定候选区域数量，如 1000 个生成候选区。然而对于不同的应用，不同的图像存在不同的待检测目标数量。例如，PASCAL VOC 2007 数据集中，图像中的目标数量分布较为均匀，对于这样的任务，设定一个均值目标数量，现有候选区域提取网络（region proposal network，RPN）产生的候选区域数量对最终的目标检测性能（尤指召回率）的影响不大（Girshick，2015）。

为了说明问题，基于 PASCAL VOC 2007 数据集，以 2016 年 Facebook AI 研究员 Ross B. Girshick 发布的目标检测算法 Faster R-CNN 为例进行分析。本书分别

设定候选区域数量为 300、1000 和 2000（用 $M = 300/1000/2000$ 表示），目标检测算法 Faster R-CNN 的召回率随交并比值（IoU）的变化曲线如图 4-14 所示。图中对比了四种主流的候选区域提取方式，其中，四种候选区算法分别是：EB 算法（Zitnick et al.，2014）（绿色虚线表示）、Selective Search 算法（Uijlings et al.，2013）（黑色星点线表示），基于 ZF 网络（Zeiler and Fergus，2014）的 RPN 算法（蓝色实线表示）、和基于 VGG 网络（Simonyan and Zisserman，2014）的 RPN 算法（红色实线表示）。图头表示设定的候选区数目即 300 个候选区数量（300 proposals）、1000 个候选区数量（1000 proposals）、2000 个候选区数量（2000 proposals）由图 4-14 可以得出，当 M 由 2000 下降到 300 时，上述算法的性能下降幅度不大。因此，对于 PASCAL VOC 2007 数据集，即使固定候选区域的数量仅为 300，Faster R-CNN 依然可以取得良好的检测效果。

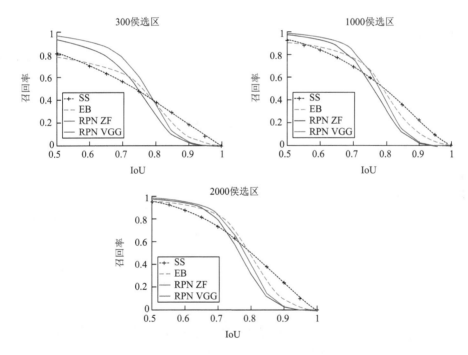

图 4-14　PASCAL VOC 2007 数据集下召回率随 IoU 的变化曲线（后附彩图）

本书针对的是红树林湿地鸟类目标检测任务，湿地场景中鸟类目标个数分布差异大，有的场景中鸟类目标密集分布，有的场景中鸟类目标稀疏分布。因此，不同于 PASCAL VOC 2007 数据集，BSBDV 2017 数据集各图像中的鸟类目标数量存在显著差异。本节分别针对深圳湾红树林远景鸟类数据集（BSBDV 2017）、密集场景下的 Seagull 数据集和 Snipe 数据集开展基于 Faster R-CNN 算法的鸟类目标检测性能分析。

针对 Seagull 和 Snipe 数据集，分别设置候选区域的数量为 300 和 3000，采用 Faster R-CNN 算法，以 ZF 网络为基础网络，鸟类目标检测实验结果如表 4-2 所示。可见，对于目标分布密集的 Seagull 数据集，当候选区域数量从 3000 下降到 300，召回率和 F_1 值都有显著下降。因此，可以得出结论：当图像中待检目标数量很大时，不充足的候选框数量会使得目标检测的召回率下降。

表 4-2 不同候选区域数量下 Faster R-CNN 算法的检测结果

算法	候选区域数量	Seagull			Snipe		
		$R/\%$	$P/\%$	$F_1/\%$	$R/\%$	$P/\%$	$F_1/\%$
Faster R-CNN	300	22.05	70.82	33.63	15.04	36.32	21.27
	3 000	57.61	75.40	65.31	31.70	36.50	33.93

对 BSBDV 2017 数据集，分别设置候选区域的数量为 300、600 和 1200，采用 FPN + Faster R-CNN 算法，以 ResNet-50 为基础网络，如表 4-3 所示。由此可见，当候选区域的数量从 300 上升到 1200，mAP 提高了 5.7%，然而，相对应地，平均每张图像的检测时间也提高了约 35%。图 4-15 直观展示了候选区域数量分别设置为 600 和 1200 时对应的鸟目标检测结果对比图。显然，图 4-15 右图漏检的鸟类目标相对左图有了明显的减少。因此，我们可以得出结论：当图像中有大量待检目标存在时，较大的候选区域数量可以提升目标检测的性能，但候选区域数量的增加也会带来更大的计算复杂度（耗时多）。

表 4-3 BSBDV 2017 数据集中不同候选区域数量下 FPN 算法的检测结果

算法	候选区域数量	基础网络	mAP/%	平均单张图像检测时间/s
FPN	300	ResNet-50	61.2	0.459
	600	ResNet-50	61.3	0.498
	1 200	ResNet-50	66.9	0.617

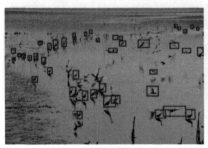 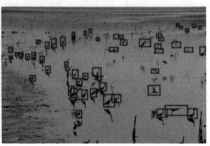

(a) 600个候选区域   (b) 1 200个候选区域

图 4-15 不同候选区域数量下的检测结果对比示例（BSBDV 2017 数据）

从上面的实验可知，BSBDV 2017 数据集存在数据不平衡问题，基于候选区域的目标检测方法其性能会依赖对候选框数量的合理设置，这非常不利于实际应用。原理上，候选区域代表生成的目标可能出现的位置，因此，图像中目标的实际数量与候选区域的数量的设定相对应，即真实目标数量大，则候选框数目 N 应该设置大，反之亦然。BSBDV 2017 数据集中绝大多数图像中鸟类目标的数量少，但有少量图像中鸟类目标数量多。因此，对于基于候选区域的目标检测算法，采用固定候选区域数目的做法是有局限性的。具体而言，若设置较大的候选区域数目（M 值大），对于含有目标数量较多的少量图像，会提高目标检测的性能，但对于目标数量较少的图像，M 值大会导致冗余候选框，一方面增强了计算复杂度，一方面可能降低目标检测性能；若设置较小的候选区域数目（M 值小），目标检测算法的平均检测时间缩短，但对于含有目标数量多的图像，将会导致鸟类目标漏检情况，从而降低了鸟类目标检测的性能。

因此，针对上述问题，本节提出一种新的 M 值的选择算法，称为动态可变候选区域数目选择方法，该方法属于数据驱动的 M 值选择方法，即为目标数量少的图像产生小的 M 值，针对目标数量大的图像产生大的 M 值，使得基于候选区域生成的目标检测算法对图像中目标的数量不敏感且获得较好的计算复杂度。

3. 基于线性增量的候选区域数目选择方法

基于动态候选区域数目选择方法的讨论以及动态候选框选择的思想，假设候选区域数量（M）和图像中的目标数量（n）存在线性关系：

$$M = v_1 \times n \tag{4-14}$$

其中 v_1 为正比例系数，$v_1 > 0$。以区域推荐网络（rigion proposal network，RPN）为例，对于每一幅图像，RPN 都会生成 N 个不同尺度、不同长宽比的锚点这里，锚点默认已经经过目标检测框位置回归的微调）。对于第 i 个锚点，RPN 网络的边界框分类层（cls layer）会对应生成 2 个置信度得分，分别表示该锚点是正样本的预测概率和该锚点是负样本的预测概率。因此，将该锚点预测为正样本的置信度得分记为 score_i。对一幅图，计算预测为正样本的置信度得分之和：

$$s = \sum_{i=1}^{N} \mathrm{score}_i \tag{4-15}$$

公式（4-15）中，N 表示该图生成的锚点的总数目。与基于密度图的目标计数原理类似，假设所有锚点间没有重叠且紧密分布，则 s 可用来近似表示预测到的图像中的目标数量。但事实上，该假设是不成立的，锚点间往往存在严重重叠。但是，实验发现，对于所有目标尺度相同的测试图像，RPN 算法生成的锚点总数目 N 相同；此外，初始的锚点尺度和位置相同，则测试图像中目标个数越多，s 越大。综上，可以得出一个合理的假设，s 与图像中目标数量呈现正的线性相关关系。

原 Faster R-CNN 算法框架中，在 RPN 候选区域层（proposal layer），当所有锚点经过位置微调计算后，筛选掉长或宽过小的锚点，剩余的所有锚点作为候选区域。将所有候选区域按预测为正样本的置信度得分降序排序，取前 L 个（Faster R-CNN 中，L 默认取 6000）进行非极大值抑制处理（NMS）。将经过 NMS 后保留下来的前 M 个候选区域作为 RPN 中最终生成的 M 个候选区域。

本书所提的基于线性相关关系确定候选区域数目的选择方法直接在 RPN 候选区域层（proposal layer）进行。依照原 Faster R-CNN 算法中的步骤，本书依然将所有候选区域按预测为正样本的置信度得分降序排序，取置信度最大的前 L 个候选区域的置信度值由公式（4-16）计算其累加和 s'。

$$s' = \sum_{i=1}^{L} \text{score}_i \tag{4-16}$$

其中，L 可以选择为较大的值（远大于图像中的目标数量）。对比公式（4-15）和（4-16）可见，将 N–L 个置信度得分较小的候选区域的置信度得分舍弃。由公式（4-16）计算得分 s' 与图像中目标数量依然存在线性正相关关系，表示为：

$$s' = v_2 \times n \tag{4-17}$$

由公式（4-14）和公式（4-17）可推导得出理想的候选区域数量与得分 s' 之间的关系如下：

$$M = \frac{v_1}{v_2} \times s' = w \times s' \tag{4-18}$$

由公式（4-18）可见，理想的候选区域数量 M 与 s' 呈线性关系，其中 w 为线性权重参数。综上，本书提出的候选区域总数（M）可以通过公式（4-18）计算得到。

4. 自适应候选区域数目选择方法

上述基于线性关系计算候选区域数目的方法，解决了设定候选区域数目（M 值）的问题，但引入了另外一个需要确定的线性权重超参数 w，见公式（4-18）。对于不同数据集，每一幅图像存在的目标的数量是不确定的，其变化范围和不平衡程度也是不同，因此公式（4-18）中线性权重参数 w 的确定也需要进行参数调优。为了避免这一调参过程，本小节提出一种新的自适应候选区域总数确定方法。

与基于线性关系的候选区域总数确定方法相同，自适应候选区域（adaptive number of proposals，AP）总数（M）的确定也在候选区域层进行。在 RPN 网络的候选区域层中，将所有候选区域按预测为正样本的置信度得分进行降序排序，取前 L 个候选区域进行 NMS 处理。本小节将经过 NMS 处理后返回的各候选区域置信度得分与其序列号（index）的对应关系表示为散点图。需要注意，在 NMS 处理后保留多少候选区域数目（P）尚未确定。图 4-16 展示了 BSBDV 2017 数据集中不同鸟类目标数目的图像与其候选区域层中置信度得分的降序排序序列构成的散点图。从上到下的三组图像分别列举了待检目标分布的稀疏、中等和密集三种情况。观察图 4-16 中右侧散点图可见，置信度得分越是接近 1，则候选框为正样本（待检目标）的概率越大，置信度值越是趋近于 0，则候选框为负样本（背景）候选区域的概率越大。此外，从图中可以看到，候选区域置信度得分在 1 附近的下降速度缓慢，而后下降速度变快，在散点图中形成"拐点"，最后置信度得分在 0 附近变化速度又趋缓。同时，对比三组目标分布不同的图像形成的散点图可知，置信度得分的下降速度与图像中目标数目有相关性，即"拐点"出现的位置与图像中目标的数量有相关性。如图 4-16（a）所示，该图像中目标数目仅仅是 1，生成的高置信度得分的候选区域数目也小；同理，如图 4-16（c），当图像中目标分布密集，生成的高置信度得分的候选区域数目多。由于目标的遮挡重叠、背景复杂等原因，生成的候选框中很大一部分多置信度得分位于 0—1 的中值附近，表现为置信度得分值下降相对缓慢。综上，由实验发现，如图 4-16 所示，在置信度得分-目标数目散点图中"拐点"位置与图像中的目标数目正相关，候选区域数目的确定可以通过分析上述散点图得出。

(a) 稀疏目标图像

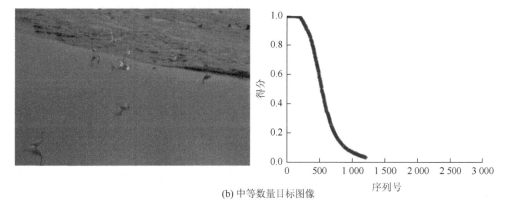

(b) 中等数量目标图像

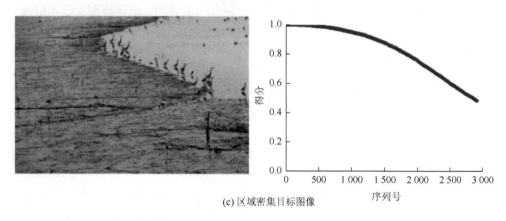

(c) 区域密集目标图像

图 4-16　不同目标数目的图像与其候选区域置信度得分的降序序列散点图

　　基于上述散点图，本小节提出了一种有效寻找"拐点"的方法，即确定一定区间内置信度得分下降最快的位置，也就是确定前景与背景候选区域的数目的临界位置，利用拐点的计算来确定目标检测算法中候选区域数目（即 M 值）。具体地，本小节通过计算置信度得分序列中每一小段相邻区间内置信度得分的平均变化差值来表征该区间内置信度得分的下降速度，取平均变化差值最大的序列号作为最终的候选区域数目 M 值。同时，该序列位置对应的置信度得分也应处于前景与背景的置信度得分的临界值（0.5）附近。因此，本节将这个临界位置的置信度范围设置为 $\text{score}_i \in [0.5, 0.9]$，满足该范围的序列号区间记为 S。实验表明，score_i 的范围参数对最终目标检测结果的影响不大。综上，本节提出的自适应生成的候选区域数目可由下式计算：

$$M = \begin{cases} \underset{i \in S}{\arg\max}\left(\text{score}_{i+\frac{d}{2}} - \text{score}_{i-\frac{d}{2}}\right) & \text{if } \min(\text{score}) < 0.9 \\ P & \text{if } \min(\text{score}) \geqslant 0.9 \end{cases} \tag{4-19}$$

其中，超参数 P 为经 NMS 处理后保留的候选区域数目，$\min(\text{score})$ 为上述置信度得分序列中的置信度得分最小值。

　　5. 动态候选区域的 FPN 目标检测（LP-FPN 和 AP-FPN）

　　通过上述分析，红树林湿地鸟类数据集中鸟类目标数量差异大且分布不平衡，在此条件下，基于固定候选区域数目的深度目标检测模型不能同时取得较优的检测准确率和检测效率。本节在传统的 FPN 目标检测方法基础上提出了基于线性相关信息的候选区域数目确定的 FPN 目标检测算法（feature pyramid network with linear number of proposals，LP-FPN）和基于自适应候选区域数目确定的 FPN 目标检测算法（feature pyramid network with adaptive number of proposals，AP-FPN）。
LP-FPN 和 AP-FPN 鸟类目标检测算法具体实现步骤如算法 4-1 和算法 4-2 所示：

算法 4-1　LP-FPN 鸟类目标检测算法中候选区域层的算法流程	
	输入：所有 anchor 的置信度得分 score，所有 anchor 的位置回归偏移量 delta，输入图像的尺度 w 和 h，特征图
	For P_j in j
1	在特征图的每一个位置 i，生成 A 个 anchor，并将 anchor 的位置回归偏移量 delta 加入 anchor 的位置坐标
2	若 anchor 的位置坐标超过图像的尺度边界，则将 anchor 置于图像尺度边界内；
3	删除长度或宽度过小（小于一定阈值）的 anchor；
4	将所有候选区域按预测为正样本的置信度得分降序排序；
5	取置信度得分最大的前 L 个候选区域进行 NMS 处理 按照公式（4-16），计算出 s'；
6	按照公式（4-18）计算 M 取按置信度得分排序的前 M 个候选区域；
7	**输出**：候选区域数量 M，M 个候选区域坐标

算法 4-2　AP-FPN 算法中候选区域层的算法流程	
	输入：所有 anchor 的置信度得分 score，所有 anchor 的位置回归偏移量 delta，输入图像的尺度 w，h，特征图 P_2, P_3, P_4, P_5, P_6
1	For P_i in $\{P_2, P_3, P_4, P_5, P_6\}$
2	在特征图的每一个位置 i，生成 A 个 anchor，并将 anchor 的位置偏移量 delta 加入 anchor 的位置坐标
3	若 anchor 的位置坐标超过图像尺度边界，则将 anchor 置于图像尺度边界内；
4	删除长度或宽度过小（小于一定阈值）的 anchor；
5	将所有候选区域按预测为正样本的置信度得分降序排序；
6	取前 L 个候选区域进行 NMS 处理；在经过 NMS 后的剩余 P 个候选区域中，计算满足要求的临界置信度得分对应的位置区间 S，按照公式（4-19）计算候选区域总数 M；
7	**输出**：候选区域数量 M，以及 M 个候选区域坐标

上述 LP-FPN 算法中候选区域层的算法流程，对于任意一张测试图像，将生成的所有 anchor 的总数记为 N，N 与测试图像的输入尺度 $w \times h$，特征图上每一位置生成的 anchor 数量 A，以及特征图的数量都成正相关关系。

6. LP-FPN 和 AP-FPN 性能分析

在介绍了 LP-FPN 和 AP-FPN 目标检测算法后,我们对 LP-FPN 和 AP-FPN 进行算法性能测试,下文从算法复杂度和不同类型数据下的实际性能表现来对 LP-FPN 和 AP-FPN 目标检测算法进行性能评测。

(1)算法复杂度

本节将分析本章所提出的 LP-FPN 和 AP-FPN 算法在候选区域层中计算过程的时间复杂度,并进行对比分析。

对于提出的 2 个算法(算法 4-1 和算法 4-2)其涉及的主要计算复杂度分析如下:

①对于候选区域层第 1-3 步的操作,需分别遍历每个 anchor,算法复杂度均为 $O(N)$;

②对于第 4 步对所有 anchor 的置信度得分进行降序排序,算法在实现上采用 numpy 库中的 argsort()函数,默认选择快速排序算法,因此,该步骤算法复杂度为 $O(M\log N)$;

③对于第 5 步前 L 个候选区域置信度得分的累加操作,算法复杂度为 $O(L)$;

④对于第 6 步的非极大值抑制处理(NMS),对于 L 个候选区域框,NMS 计算的算法复杂度为 $O(L^2)$;

⑤第 7 步的操作为常数时间复杂度。

综上,基于算法原理,有 $N>L$,因此 LP-FPN 算法在候选区域层的时间复杂度为 $O(N) + O(M\log N) + O(L) + O(L^2)$,近似为 $O(M\log N + L^2)$。

原 FPN + Faster R-CNN 算法中候选区域层的操作流程相比于本书提出的 LP-FPN 算法,公式(4-18)的计算引入的复杂度很小,为 $O(L)$,其他步骤的计算复杂度相同。因此,本书提出的 LP-FPN 目标检测算法的时间复杂度与基线 FPN 目标检测算法时间复杂度相近。

同理,本书提出的 AP-FPN 目标检测算法与 FPN 基线目标检测算法相比,公式(4-19)引入的计算复杂度也为 $O(L)$。因此 AP-FPN 目标检测算法在候选区域层的时间复杂度与基线 FPN 目标检测算法复杂度相近。

(2)不同类型数据集下的算法性能对比分析

本小节旨在测试本书提出的 LP-FPN 和 AP-FPN 目标检测算法的性能。对比算法包括主流而先进的 YOLOv2、SSD 和 Faster R-CNN 目标检测算法。在 BSBDV 2017 数据集上的鸟目标检测性能如表 4-4 所示。表 4-4 的结果表明:AP-FPN 目标检测算法在检测准确率(AP)、检测时间和平均检测帧率的三个性能指标上表现最佳;

表 4-4 BSBDV 2017 数据集上不同目标检测算法的检测性能

算法	基础网络	候选区域数量	平均精度(AP)/%	检测时间[S]	平均检测帧率
YOLOv2	Darknet	—	34.6		
SSD500	VGG-reduce	—	42.0		
Faster R-CNN	VGG16	300	58.0	—	
FPN	ResNet-50	300	61.2	0.459	2.18
FPN	ResNet-50	600	61.3	0.498	2.01
FPN	ResNet-50	1200	66.9	0.617	1.62
LP-FPN	ResNet-50	Linear variation	67.3	0.476	2.10
AP-FPN	ResNet-50	Adaptive variation	67.1	0.467	2.14

①相比于 YOLOv2、SSD、Faster R-CNN 这些具有代表性的目标检测深度模型，FPN 基线目标检测算法表现出更优的检测精度。

②LP-FPN 目标检测算法在检测准确率优于 FPN 基线目标检测算法，劣于 AP-FPN 目标检测算法；在时间计算复杂度指标上与 FPN 基线目标检测算法相当。

③对于 FPN 基线目标检测算法，其检测准确率性能随着候选区域数量的增加而提升，其计算复杂度也随之增加，FPN 算法在候选区域数目为 300 时，检测效率最高，但检测准确率最差。

④由表 4-4 可见，FPN-300、FPN-600、LP-FPN 和 AP-FPN 四个目标检测算法的检测时间相近，但相对于 FPN-300 和 FPN-600，LP-FPN 的检测准确率提高约 6%，而 AP-FPN 的检测准确率提高约 5.8%。另外，我们注意到，相对于 FPN-900 算法，LP-FPN 和 AP-FPN 的检测准确率分别提高约 0.4%和 0.2%，而且其平均检测帧率分别提高了 29.6%和 32.1%。

综上所述，由于 BSBDV 数据集中存在图像目标数量差异大且分布不平衡的问题，本章所提出的两个目标检测算法表现出了更强的适应性，有效地解决了 FPN 框架下目标检测精度和检测效率之间的矛盾，从而获得最优的目标检测性能。为了直观展现目标检测结果，图 4-17 展示了 FPN-600 和 LP-FPN 在 BSBDV 2017 数

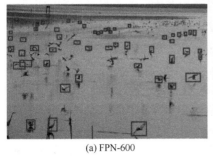
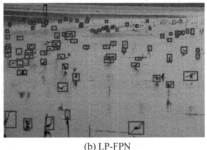

(a) FPN-600   (b) LP-FPN

图 4-17 鸟类目标检测结果对比示例图

据集上的鸟类目标检测结果示例。如图 4-17 所示，本书提出的 LP-FPN 目标检测算法的鸟类目标漏检率明显低于 FPN-600 目标检测算法。

4.2.3 基于密度图和显著性估计的目标检测算法（DMSE-SOD）

本节主要研究湿地环境中鸟类目标密集分布状态下的目标检测。该项目任务目前具有较大的技术挑战：①场景密集鸟类分布情况下遮挡严重，基于现有主流目标检测深度模型的鸟类目标检测算法性能不佳；②湿地场景鸟类目标空间分布尺度大，在远景处，存在诸多鸟类小目标，如图 4-17，现有主流目标检测深度模型的鸟类小目标检测算法性能不佳，一方面深度神经网络的高层特征图上对应于小目标的响应信息较弱（Lin et al.，2016），另一方面是现有目标检测深度模型对空间分布信息的利用不充分；③目标检测深度模型需要大量的训练数据，而目前并未有大型湿地鸟类数据集。

综上，在湿地鸟类密集分布的场景下，受数据集规模小、目标分布密集、鸟类目标尺度小、鸟类目标间重叠遮挡现象严重等因素的影响，主流的目标检测深度模型在小样本数据集条件下检测性能不佳。因此，针对湿地鸟类密集目标的检测任务，需要另辟蹊径，开展创新研究。文献调研表明，基于密度图的目标检测方法在目标密集分布场景下对小目标有较高的检测性能，其优点在于密度图较好地保留了目标的空间分布信息，其缺点是密度图并不保留每个目标轮廓信息。

基于上述分析，本节针对湿地密集鸟类目标检测任务，开展新方法研究，提升鸟类目标检测性能。本研究的基本思想是：采用密度图获取鸟类目标的空间分布信息，借助超像素层次的显著性图获取鸟类目标的轮廓信息，达到提升鸟类小目标检测性能的目的。为此，本节提出了基于密度图和显著性图估计的小目标检测方法 DMSE-SOD（small object detection method via density map aided saliency estimation，DMSE-SOD）算法，并分析了 DMSE-SOD 算法的时间复杂度，最后通过大量实验和对比，验证了 DMSE-SOD 算法的有效性，相比于其他对比小目标检测算法，DMSE-SOD 算法可以获得更加准确匹配小目标轮廓的矩形检测框。

基于上述原理分析，本节提出的方法主要分为四个部分，包括基于实例学习的密度图估计、基于密度图估计的小目标定位、基于显著性图估计的目标检测框估计和基于密度图的目标检测框后处理。

本节提出方法的整体框架图如图 4-18 所示，在训练阶段实现密度图估计。考虑到训练集数据量不足，本节提出采用基于实例学习的密度图估计方法获取目标的空间分布信息。需要说明的是，密度图估计训练数据的标注与常用目标检测训练数据的矩形框标注不同。面向目标密度图估计任务，训练图像中目标采用点标注方式，即在目标个体上中心位置标注一个单点。初始的小目标位置通过计算密度图上的局部极大值获得。其次，本节提出在原图像空间，借助包含目标前景的超像素实现显著性图估计来获得目标的轮廓信息。该方法将包含前景目标位置的超像素块称为前景种子（foreground seed），为适应前景种子的多样性，本节采用 K 均值聚类算法在颜色特征空间实现前景种子聚类。在每一子类中，分别生成显著性子图。然后将所有显著性子图上的前景超像素块进行聚合，依据聚合超像素的轮廓估计鸟目标的轮廓。最后，借助密度图进行后处理，消除某些冗余和不完整的轮廓。

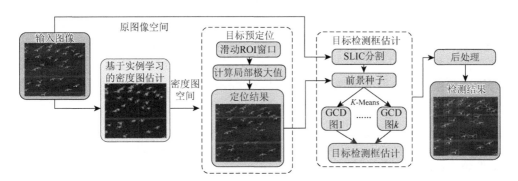

图 4-18　基于密度图和显著性估计的小目标检测算法框架图

1. 基于实例学习的密度图估计

为了解决使用少量标注样本来完成准确的小目标检测的问题，本节采用基于实例学习的密度图估计（example-based density map estimation，E-DME）方法来估计密度图（Wang et al.，2016；Wang and Zou，2016）。首先，回顾传统的密度图估计方法：第一步为原始图像 I_i 产生相应的密度图 D_i，形成训练数据对 $\{I_i, D_i\}$，$i = 1, \cdots, N$（$N \gg 10$）；第二步，通过机器学习的方法，训练从原始图像到其对应密度图之间的映射模型。近年来有很多密度图估计算法被相继提出。这类基于学习映射函数的方法有一个显著的缺点：场景泛化能力差。为了适应不同场景，则每一个场景都需要标注大量的训练样本。很显然，采用基于学习映射函数的密度图估计方法不适合湿地鸟类目标检测任务，一方面是缺少大量的训练数据，另一方面湿地背景复杂多变。因此本节放弃了传统的通过学习映射函数来估计密度图的技术路线，采用基于实例学习的密度图估计。这种方法是以图像块的流形假设为前提，通过图像块形成的流形空间和图像块对应的密度图块形成的流形空间共享相似的局部几何结构，以此来实现对图像密度图的估计。因此，对于待测图像块 T_j，可以由训练集中的某些图像块进行线性表示。而 T_j 对应的密度图 d_j 则可以由这些线性表示系数和对应的密度图块来重构。基于这样的原理，该方法对训练样本量的需求不大。该密度图估计方法（E-DME）已经应用于解决密集场景且仅有小样本训练集条件下的目标计数问题。鉴于 E-DME 估计的密度图能够很好地表征目标的空间位置分布，本节将应用 E-DME 完成小目标训练集的鸟类目标定位。

由 E-DME 原理可知，基于实例学习的密度估计是基于图像块作为系统的输入。为了清楚解释本节提出的密集鸟类目标检测算法，下面首先进行问题的数学描述：给定 N 张训练图像 $I_1, I_2, \cdots, I_N$，对于每幅训练图像 I_i，$i \in \{1, 2, \cdots, N\}$，使用固定大小的滑动窗口从中提取图像块 y。图像块构成训练集合记为 $Y = \{y_1, y_2, \cdots, y_M\}$（$y_i \in \mathbb{R}^{n \times 1}$）。对应于训练图像 I_i，其生成的训练密度图记为 I_i^d，$i \in \{1, 2, \cdots, N\}$。采用生成图像块 y 相同的方法，生成相应的密度图块，构成训练密度图块集合，记为 $Y^d = \{y_1^d, y_2^d, \cdots, y_M^d\}$。注意，上述数学描述，是将图像块写为列向量形式，原始图像块向量 y_i 与密度图块向量 y_i^d 一一对应且具有相同维度（n 维）。

从原理上来说，图像中的目标空间分布和基于点标注图像产生的密度图的目标空间分布具有较高的空间分布相似性，如图 4-19 所示。换句话说，密度图很好地保留了目标的空间分布信息。

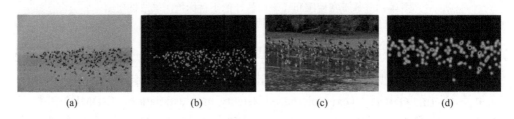

(a)　　　　　　　(b)　　　　　　　(c)　　　　　　　(d)

图 4-19　　（a）和（c）原始图像（b）和（d）点标注生成的密度图

E-DME 方法是基于局部线性嵌入（locally linear embedding，LLE）的相关理论（Cantrell，2000）。LLE 属于流形学习的一种，"流形"是在局部与欧氏空间同胚的空间。换言之，它在局部具有欧氏空间的性质，能用欧氏距离来进行距离计算。假设样本点 x_i 能通过它的邻域样本 x_j, x_k, x_l 进行线性表示，即

$$x_i = w_{ij} x_j + w_{ik} x_k + w_{il} x_l \tag{4-20}$$

基于 LLE 理论，具有相同流形性质的样本点 y_i 可通过 x_i 的表达系数 w_i 以及其对应的相邻数据点 y_j, y_k, y_l 重构，即 $y_i = w_{ij} y_j + w_{ik} y_k + w_{il} y_l$。

基于 LLE 的理论可知，图像块形成的流形空间和图像块对应的密度图形成的流形空间共享相似的局部几何结构。这从图 4-20 中也可以看出。因此，对于任意图像块的线性表达系数可以用于重构所对应的密度图块。

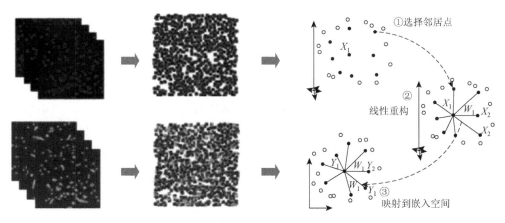

图 4-20　图像空间到密度图空间的局部线性嵌入映射示意图

具体地，输入一张测试图片 $\boldsymbol{X}$，用固定大小的滑动窗口从中提取图像块，本节中滑动窗口大小设置为 4×4，步长设置为 2。对于待测图像块 $\boldsymbol{x}$，基于距离测度函数 D(.)和 K 近邻算法（K-nearest neighbor，KNN），从训练样本集 $\boldsymbol{Y}$ 中选择和 $\boldsymbol{x}$ 最相似的 l 个图像块，构成近邻图像块集合 $\tilde{\boldsymbol{Y}}=\left\{\boldsymbol{y}_{t_1},\boldsymbol{y}_{t_2},\cdots,\boldsymbol{y}_{t_l}\right\}$。对应的，这些近邻图像块对应的密度图块构成的密度图块集合表示为 $\tilde{\boldsymbol{Y}}^d=\left\{\boldsymbol{y}_{t_1}^d,\boldsymbol{y}_{t_2}^d,\cdots,\boldsymbol{y}_{t_l}^d\right\}$。对于待测图像块 $\boldsymbol{x}$，基于最小化重构误差准则，可计算出 $\boldsymbol{x}$ 基于其 l 个近邻图像块 $\boldsymbol{y}_{t_1},\boldsymbol{y}_{t_2},\cdots,\boldsymbol{y}_{t_l}$ 的最佳线性表示权重系统 $\boldsymbol{w}^*$：

$$\boldsymbol{w}^* = \arg\min_{\boldsymbol{w}} \| \boldsymbol{x}-\tilde{\boldsymbol{Y}}\boldsymbol{w} \|_2^2 \tag{4-21}$$

设 $\boldsymbol{x}^d$ 为 $\boldsymbol{x}$ 对应的密度图块，则 $\boldsymbol{x}^d$ 可以基于最佳线性表达系数 $\boldsymbol{w}^*$ 和其 l 个近邻密度图块来 $\boldsymbol{y}_{t_1}^d,\boldsymbol{y}_{t_2}^d,\cdots,\boldsymbol{y}_{t_l}^d$ 估计：

$$\boldsymbol{x}^d \cong \tilde{\boldsymbol{Y}}^d\boldsymbol{w}^* \tag{4-22}$$

公式（4-21）是最小二乘形式，因此存在最佳权值 $\boldsymbol{w}$ 具有解析解：

$$\boldsymbol{w} = (\tilde{\boldsymbol{Y}}^T\tilde{\boldsymbol{Y}}+\lambda\boldsymbol{I})^{-1}\tilde{\boldsymbol{Y}}^T\boldsymbol{x} \tag{4-23}$$

将公式（4-23）代入公式（4-22），得到公式（4-24）：

$$\boldsymbol{x}^d \cong \tilde{\boldsymbol{Y}}^d(\tilde{\boldsymbol{Y}}^T\tilde{\boldsymbol{Y}}+\lambda\boldsymbol{I})^{-1}\tilde{\boldsymbol{Y}}^T\boldsymbol{x} = \boldsymbol{E}\boldsymbol{x} \tag{4-24}$$

公式（4-24）中的 $\boldsymbol{E}$ 为嵌入矩阵，可以表示为：

$$\boldsymbol{E} = \tilde{\boldsymbol{Y}}^d(\tilde{\boldsymbol{Y}}^T\tilde{\boldsymbol{Y}}+\lambda\boldsymbol{I})^{-1}\tilde{\boldsymbol{Y}}^T \tag{4-25}$$

由公式（4-25）可见，计算 $\boldsymbol{E}$ 矩阵只涉及到近邻原图像块 $\tilde{\boldsymbol{Y}}$ 和近邻密度图块 $\tilde{\boldsymbol{Y}}^d$。因此，计算 $\tilde{\boldsymbol{Y}}$ 是该方法的一个重要步骤。如果样本块的数量较大，基于 $\boldsymbol{x}$ 去穷尽搜索相似的 l 个图像块的过程是非常耗时的。受文献（Rodriguez et al.，2011）启发，虽然图像块的数量可能很大，但图像块模式数是有限的。因此，本节采用以下策略来减小计算近邻原图像块 $\tilde{\boldsymbol{Y}}$ 的耗时（Wang and Zou，2016）：

在训练阶段，对训练样本集 $\boldsymbol{Y}$ 中的 M 个图像块进行 K 均值聚类（K≪M），得到 K 类图像样本块簇，分别记为 $\{\boldsymbol{C}_1, \boldsymbol{C}_2, \cdots, \boldsymbol{C}_i, \cdots, \boldsymbol{C}_K\}$；对应地，对于任一个类别 i，$\boldsymbol{C}_i$ 中的所有图像块对应的密度图块形成的簇记为 $\boldsymbol{C}_i^d$。通过 $\boldsymbol{C}_i$ 和 $\boldsymbol{C}_i^d$，基于公式（4-25），第 i 类的嵌入矩阵可以表达为：

$$\boldsymbol{E}_i = \boldsymbol{C}_i^d (\boldsymbol{C}_i^{\mathrm{T}} \boldsymbol{C}_i + \lambda \boldsymbol{I})^{-1} \boldsymbol{C}_i^{\mathrm{T}} \tag{4-26}$$

其中，λ 设置为 0.001。由于上述嵌入矩阵都在训练阶段计算完成，测试阶段的近邻样本集选择过程中，对于一个待测样本块 $\boldsymbol{x}$，仅需确定 $\boldsymbol{x}$ 属于哪一类簇（即近邻集合），即转化为针对 K 个近邻集合的相似性搜索问题，$\boldsymbol{x}$ 所属类别计算如下式所示：

$$i^* = \arg \min_{1 \leqslant i \leqslant K} D(\mathrm{centroid}(\boldsymbol{C}_i), \boldsymbol{x}) \tag{4-27}$$

其中，i^* 是与样本 $\boldsymbol{x}$ 最相似的近邻集合的序号，距离测度函数 $D(.)$ 采用欧氏距离，则公式（4-27）可进一步表达为：

$$i^* = \arg \min_{1 \leqslant i \leqslant K} \| \mathrm{centroid}(\boldsymbol{C}_i) - \boldsymbol{x} \|^2 \tag{4-28}$$

由公式（4-28）计算出近邻集合序号 i^* 后，即可获 $\boldsymbol{E}_{i^*}$，根据公式（4-24）求得 $\boldsymbol{x}$ 对应的密度图块 $\boldsymbol{x}^d$。综上所述，密度图估计部分的算法框架如图 4-21 所示，图中右侧为训练阶段流程，左侧为测试阶段流程，其中特征提取器 $f(x)=x$，即采用原图像空间的特征。

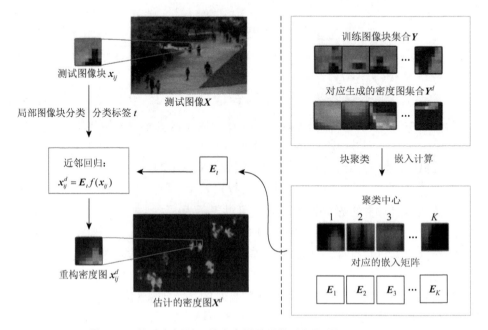

图 4-21　基于实例学习的密度图估计算法框架图（E-DME）

2. 基于密度图估计的小目标定位

从密度图的定义可知，密度图中各像素的值可近似估计图像中该像素点位置上目标分布的数量密度。密度图估计方法是基于图像块展开的，即在每个局部小区域内，密度图块和图像块共享相似的几何结构，因此每个密度图块对应到整个图像中后，使得该方法估计所得的密度图可以更准确地表达目标的空间分布信息。由此，在得到测试目标的密度图后，可通过密度图上的局部极大值点获取目标位置。本书利用滑动窗口和求窗口内局部极值的方式对估计的密度图进行简单的目标定位。

具体地，再由 E-DME 算法可以得到图像 I 对应的密度图 I^d，然后根据定义一系列滑动窗口 $S_1, S_2, \cdots, S_M$ 来计算各窗口中的局部极大值，从而实现特定目标的定位任务，窗口大小设为特定目标的目标个体平均大小，步长通常设为窗口尺度的一半。窗口 $S_i (1 \leqslant i \leqslant M)$ 中的密度图块记为 z_i^d，$z_i^d(p) = x^d(p)(p \in S_i)$。如公式（4-29），$S_i$ 中的目标数量 n_i 即为中的各密度值积分：

$$n_i = \sum_{p \in z_i^d} z_i^d(p) \qquad (4\text{-}29)$$

对于窗口 i，当 $n_i > c_b$ 时（其中 c_b 为依据经验预先设定的阈值，其值通常设置在 0.7 到 1.0 之间），则认为该窗口中含有至少一个目标个体，接着就可以在该窗口中计算局部极大值来估计目标位置：

$$p_i^* = \arg\max_{p \in z_i^d} z_i^d(p), \text{s.t.} n_i > c_b \qquad (4\text{-}30)$$

其中，求得的 p_i^* 所在的坐标即为目标定位过程中得到的目标位置。在小目标密集分布的场景下常有重叠遮挡问题的出现，由密度图极大值确定的目标定位结果准确度可能有偏差。但在本节的方法中，基于密度图的目标定位仅是目标检测任务的一个步骤，该目标定位结果能够落在目标区域范围即可。

3. 基于显著性图的鸟类目标检测框估计

密度图获取了目标的空间分布信息，但却缺少原始图像中目标个体的轮廓和形状信息。受人类视觉注意机制的启发，在目标检测框估计阶段，本节在基于密度图获得的目标前景位置的基础上，利用超像素来获取目标边界信息，提出了一种基于前景的显著性图估计方法，并由此获得目标的检测框，所提算法示意图如图 4-22 所示。

首先，本节采用 SLIC 超像素分割算法（Achanta et al., 2010）将输入图像分割成一定数量的超像素块，基于密度图估计获得的目标位置所在的超像素块构成前景种子图，利用 K 均值聚类算法将前景种子进行聚类，在每一类别中，根据该类别前景种子计算图像的显著性子图，最后根据每个显著性子图估计目标个体的检测框，并将它们汇总输出。下面介绍每一部分细节：

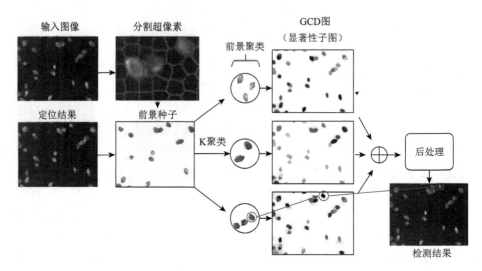

图 4-22　基于显著性图的边界框估计算法示意图（后附彩图）

（1）SLIC 超像素分割

SLIC 超像素分割方法是一种简单的线性迭代聚类算法（Achanta et al., 2010），能生成紧凑、近似均匀的超像素，在运算速度、物体轮廓保持、超像素形状方面具有较高的综合性能，比较符合人们期望的分割效果。本节采用 SLIC 将输入图像分割为 N 个超像素，其中，N 为超参数，应设置为足够大。本节提出的鸟类小目标检测算法中，SLIC 超像素分割相当于目标检测一般框架中的候选区域搜索过程。因此，为确保目标检测的准确率，考虑 N 的值大于整个图像面积相对于小目标平均面积的比值，使得各超像素的平均尺度略小于目标的平均尺度，以防止距离过近和有重叠遮挡的多个小目标落入一个超像素内。

（2）显著性图的计算

对于湿地密集鸟类小目标检测任务，鸟类小目标空间分布呈现离散随机分布特性，需要重新设计基于超像素分割的显著性计算方法。文献（Qin et al., 2015）提出的基于整个图像的边缘超像素块作为种子的方法不适用于该任务。本书提出利用密度图估计的小目标位置信息（即前景位置），在色彩特征空间对各超像素的显著性值进行计算。

在获得目标位置信息后，本方法采用所有包含目标位置 $p_i^*(1 \leqslant i \leqslant M)$ 的超像素作为前景种子，并记为 E。为了适应前景种子的多样性和算法的鲁棒性，本节在 CIE-LAB 色彩特征域对所有前景种子进行 K 均值聚类，所有前景种子被分为 K 类。对第 k 类（$k = 1, 2, \cdots, K$）前景种子，遍历图像中的所有超像素，在 CIE-LAB 色彩通道计算全局色彩距离（global color distinction，GCD）图。对于输入图像，显著性值 $s_{k,t}$ 也称为超像素 t 的 GCD 值。因此，K 类前景种子生成的 GCD 图，可以

用来表示图像的 K 个显著性子图。对于任意超像素 $t\,(t=1,\cdots,N)$，显著性值 $s_{k,t}$ 具体计算如下：

$$s_{k,t} = \frac{1}{p^k} \sum_{j=1}^{p^k} \frac{1}{e^{-\frac{\|c_t,c_j\|}{2\sigma_1^2}} + \beta} \tag{4-31}$$

公式（4-31）中，p^k 表示第 k 类前景种子的数量，$\|c_t,c_j\|$ 表示 CIE-LAB 特征域中超像素 t 和超像素 j 之间的欧氏距离。平衡参数 σ_1 和 β 设置为 $\sigma_1 = 0.2$ 和 $\beta = 10$。前景类别数 K 通常为小于等于 3 的常量。

（3）基于显著性图的目标检测框生成

上文所介绍的对所有超像素块的显著性值计算，其实质类似于在目标检测框架下分类器对每个候选区域输出的置信度得分计算。与主流有监督的分类模型不同的是，上文对每个超像素块计算的显著性值表示的是它们与前景种子的相似程度，见公式（4-31）。因此，在得到图像的显著性图后，下面讨论计算目标相关超像素构成集合生成以及依据超像素集合轮廓信息来估计目标检测框的方法，具体步骤如下：

①在第 k 个 GCD 图中，计算所有前景种子显著性值 $s_{k,t}\,(t \in \boldsymbol{E})$ 的均值 m_k 和方差 σ_k。

②遍历第 k 个 GCD 图，计算显著性值满足 $s_{k,q_n^k} \in [m_k - \sigma_k, m_k + \sigma_k]$ 的所有超像素，构成目标超像素集合记为 $\boldsymbol{q}^k$。

③重复 $k = 1,\cdots,K$，将目标超像素集合 $\boldsymbol{q}^k$ 进行并集，即同一个超像素块只能出现一次，得到最终的目标超像素集合，记为 $\boldsymbol{q}$。

④$\boldsymbol{q}$ 中的超像素即为所需检测的最终目标，这些目标的目标检测框根据超像素的边界进行计算：

$$\boldsymbol{C} = (x_1, y_1, x_2, y_2) = (\min(\boldsymbol{x}_t), \min(\boldsymbol{y}_t),\ \max(\boldsymbol{x}_t), \max(\boldsymbol{y}_t)) \tag{4-32}$$

其中，$(\boldsymbol{x}_t, \boldsymbol{y}_t)$ 表示超像素 t 中所有像素的坐标值，$\boldsymbol{C} = (x_1, y_1, x_2, y_2)$ 表示预测得到的矩形目标检测框的四个顶点坐标。

综上所述，基于显著性图的计算原理可知 GCD 图中超像素区域的颜色越深，代表该超像素区域与前景种子的相似度越高，即被判定为目标区域的可能性越高。

4. 基于密度图的目标检测框后处理

上一小节介绍了计算图像的超像素边界坐标作为目标的候选区域坐标的方法。值得注意的是基于 SLIC 的超像素分割是无监督完成的。这个技术可能导致一个完整的目标被分割为多于一个超像素的情况，则该目标个体会被多于一个目标检测框分别部分框出。为了避免目标被分割的问题，本研究借助密度图信息对基于显著性图的目标检测框估计结果进一步进行后处理。基本思路即，当一个完整的目标被两个目标检测框分别部分检测，则将这两个目标检测框进行融合输出一个完整的目标检测框。

基于密度图计算的原理，感兴趣区域（region of interests，RoI）内密度值的积分值即为该区域内的目标个数值。本节通过计算目标检测框对应的密度图积分来确定目标检测框中的目标个数，进而确定是否进行后续处理。基于密度图的检测框后处理方法如图 4-23 所示。

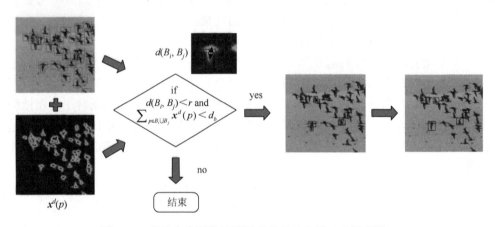

图 4-23　基于密度图的检测框后处理示意图（后附彩图）

由图 4-23 可见，左上图为基于显著性图的目标检测框的估计输出（绿色框为目标候选框），左下图为密度图。根据目标的密集程度，设定一个距离超参数 r，然后计算确定所有目标检测框的中心点之间的距离，如第 i 和 j 个目标检测框，其中心点分别记为 B_i 和 B_j，两者之间的距离记作 $d(B_i, B_j)$。假设 B_i 和 B_j 之间的距离小于 r 且 i 和 j 两个目标检测框的并集区域内的密度值积分小于阈值 d_b（计数阈值超参数 d_b，其值设置为 $1 \pm \Delta$）。满足上述条件，则第 i 和 j 个目标检测框认为是由一个完整目标分割而成的两个不完整的超像素构成的目标检测框，可以采用下式进行合并：

$$\boldsymbol{C} = (x_1, y_1, x_2, y_2) = (\min(x_{i1}, x_{j1}), \min(y_{i1}, y_{j1}), \max(x_{i2}, x_{j2}), \max(y_{i2}, y_{j2}))$$

$$\text{s.t. } d(B_i, B_j) < r, \sum_{p \in B_i \cup B_j} x^d(p) < d_b \tag{4-33}$$

$\boldsymbol{C}$ 表示最终输出的目标候选框的位置坐标，$(x_{i1}, y_{i1}, x_{i2}, y_{i2})$ 表示第 i 个目标检测框中心点 B_i 的位置坐标，$(x_{j1}, y_{j1}, x_{j2}, y_{j2})$ 表示第 j 个目标检测框中心点 B_j 的位置坐标。$d(B_i, B_j)$ 表示第 i 和第 j 个目标检测框中心点之间的欧氏距离。若不满足上述条件，则不做任何操作。

上述小目标检测算法就是 DMSE-SOD 算法（small object detection method via density map aided saliency estimation）（Wang and Zou，2016）。

5. DMSE-SOD 算法复杂度

本节将分析 DMSE-SOD 算法的预测阶段的时间复杂度，给出其计算过程，并分析其性能。DMSE-SOD 算法为四阶段算法：

第一阶段为密度图的估计。由于训练过程中对训练样本集中的图像块进行了 K 均值聚类，得到 K 类图像样本块簇，以及 K 个聚类中心。因此在测试阶段只需遍历 K 个样本簇的聚类中心进行相似性搜索，对于每一个测试图像块，其时间复杂度为 O(K)。测试图像中样本块的总数记为 P，则密度图估计的时间复杂度为 O(KP)。

第二阶段为基于滑动窗口的目标定位。该过程中，滑动窗口的总数记为 M，在每个窗口中进行的求和和极值计算均为常量计算，因此目标定位计算复杂度为 O[M]。

第三阶段为基于密度图的检测框估计：①图像进行 SLIC 超像素分割，该算法的时间复杂度为 O(Q)，其中 Q 为图像中的像素点总数；②假设有 K 类前景种子和 N 个超像素块，基于公式（4-30）的超像素块显著性值计算时间复杂度为 O(KzN)，其中 z 为每个类别中的前景种子个数。本方法中，通常设置 $K \leqslant 3$，计算超像素显著性时间复杂度约为 O(zN)。最后，由超像素显著图获得目标检测框的时间复杂度为 O(N)。综上，该阶段的时间复杂度约为 O($Q + zN$)。

第四阶段为基于密度图的检测框后处理。该后处理过程需要判断任意两个超像素中心点之间的欧氏距离和密度积分之和，时间复杂度为 O(N^2)。

综上所述，在同一幅图中，参数的关系如下：$Q > N > z$，$Q > M$。因此，在 O($KP + Q + N^2$)量级。本章所提出的 DMSE-SOD 算法时间复杂度为 O(KP) + O[M] + O($Q + zN$) + O(N^2)。

6. DMSE-SOD 算法在密集场景下的目标检测性能对比与分析

为了评测 DMSE-SOD 算法的性能，本小节采用三类目标检测算法对几个数据集进行对比实验。对比算法包括：基于人工特征的滑动窗口类代表算法（HOG + SVM）（Dalal and Triggs，2005）、基于候选区域的深度学习类代表算法（Faster R-CNN）（Ren et al.，2015）和基于密度图的小目标检测的基线算法 SW（Ma et al.，2015）和 LM（Ma et al.，2015）。

实验设置说明：本实验的训练集的标注信息是在每个鸟类目标的中心位置的点标注信息，然而 HOG + SVM 和 Faster R-CNN 算法都需要矩形目标检测框标注。于是，本实验通过以标注点为中心生成尺度为目标平均大小的正方形目标检测框作为 HOG + SVM 和 Faster R-CNN 算法训练集的标签。对于 HOG + SVM，分类器采用线性核函数。对于 Faster R-CNN 算法，采用在 ImageNet 数据集上的预训练模型 ZF net（Zeiler and Fergus，2014）作为基础网络，ZF net 含有 5 层卷积层和 3 层全连接层。此外将训练集中的图像分为两部分，3/4 数量的图像用于训练，1/4 数量的图像用于验证。对于基于密度图的小目标检测方法（LM，SW 和本书提出的 DMSE-SOD 算法），均采用基于实例学习的方法实现密度图估计完成目标定位。

　　考虑到计算资源，上述算法仅在 2 个公开的样本量相对较小的密集分布鸟数据集上进行评测。实验结果如表 4-5 所示。实验结果表明：基于密度图的目标检测性能总体优于其他对比算法；且本书提出的 DMSE-SOD 算法取得最优性能。对于训练数据量小且存在较严重遮挡情况的 Snipe 数据集，DMSE-SOD 算法的 F_1 得分超出其他对比算法的 F_1 得分≥21.05%。这个实验验证了 DMSE-SOD 充分利用了目标的空间分布信息以及由超像素分割提供的局部信息（Yan et al.，2015），检测结果受目标重叠现象的影响较小。另一方面也说明了 DMSE-SOD 算法受训练数据集规模的影响较小。

表 4-5　Seagull 和 Snipe 数据集下不同目标检测算法的检测性能

算法	Seagull			Snipe		
	R/%	P/%	F_1/%	R/%	P/%	F_1/%
HOG + SVM	53.15	33.77	41.30	59.42	27.94	38.01
RPN + ZF/300 proposals	22.05	70.82	33.63	15.04	36.32	21.27
RPN + ZF/3000 proposals	57.61	75.40	65.31	31.70	36.50	33.93
SW/density map	55.38	27.81	37.02	36.59	19.71	25.62
LM/density map	74.80	88.20	80.59	56.52	58.63	57.56
DMSE-SOD	82.81	84.27	83.53	77.72	79.53	78.61

　　另外，Seagull 数据集和 Snipe 数据集和都属于目标密集型数据集，即在一个图像中存在大量的鸟类目标。从表 4-5 中，可以分析不同候选区域（proposal）数量对 Faster R-CNN 算法的影响。很显然，Faster R-CNN 算法的性能受候选区域数量参数影响很大。如观测 RPN + ZF/300（候选框参数 = 300）和 RPN + ZF/3000（候选框参数 = 3000）的性能可见，仅仅因为候选框参数的不同，在 Seagull 数据集上，RPN + ZF/300 的 F_1 性能指标比 RPN + ZF/3000 相差近 50%。因此，在密集分布的小目标检测问题中，主流的 Faster R-CNN 算法在小样本训练集下检测效果不佳，且检测性能严重依赖于预先设定的候选区域数量。

　　图 4-24 展示了对两张鸟类目标密集分布的图片的目标检测结果。仔细查看鸟类目标检测框结果，可以清楚看到可见，DMSE-SOD 算法不仅漏检情况相比于 LM 和 RPN + ZF/300 少，且得到的检测框更能准确匹配小目标的轮廓。

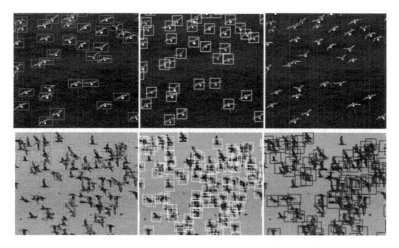

图 4-24　密集鸟类目标检测结果示例（后附彩图）

绿色框、黄色框、红色框分别是 DMSE-SOD、LM 和 RPN + ZF/300 的检测结果。第一行图片来自 Seagull，第二图片来自 Snipe

4.2.4　基于特征融合和区域对象网络的多尺度目标检测算法

如图 4-25 所示的湿地鸟类检测图片存在以下特性：①待检测的鸟类目标在图像中尺度相对较小；②远景处存在大量的小尺度鸟类目标；③近景处存在相对尺度较大的待检测鸟类目标。因此，待检测鸟类目标分布具有大尺度和密度分布不均匀特点。此外，湿地鸟类数据集规模偏小。主流目标检测算法和本研究提出的基于增强 Faster R-CNN 的鸟类目标检测方法（见 4.2.2 和 4.2.3 节）在实拍湿地鸟类数据集上的测试性能都需要进一步提升。

图 4-25　滨海湿地多尺度鸟类检测示例

实验结果表明 Faster R-CNN 类算法在湿地鸟类数据集上的鸟个体目标检测存在较为严重的小尺度目标漏检问题。究其原因，主要存在两方面问题：①在 Faster R-CNN 算法中，CNN 预训练模型的高层特征图分辨率要比原图小得多。高层特征图有效地捕获了图像的高层语义信息，却以丢失图像的细节信息为代价。因此，CNN 预训练模型的高层特征图对小尺度目标的特征响应较弱，甚至完全丢失，基于这样的特征图带来小尺度目标检测的困难。②对于有较多小尺寸目标存在的多尺度目标检测任务（例如，滨海湿地多尺度鸟类目标检测任务），背景区域像素点数目要远大于前景区域像素点数目。基于 Faster R-CNN 算法目标检测框架，其 RPN 会生成较多冗余的背景候选框（称为背景区域候选框或者负样本）。背景候选框与目标候选框（正样本）数量失衡，会导致后续 RCN 训练时的数据不平衡问题。

本书基于 Faster R-CNN 算法框架，针对上述第一个问题，引入特征融合模块，利用 CNN 预训练模型的中间层特征图与高层特征图进行融合，达到增强小尺度目标特征响应的目的，降低小尺度目标的漏检率。针对上述第二个问题，提出一个消除冗余背景区域候选框的策略，设计了一个新的区域对象网络，通过监督学习生成目标对象图，识别出前景和背景区域，从而提前消除在背景区域的候选框。

本书提出的基于特征融合和区域对象网络的多尺度目标检测算法设计了 2 个独立模块，因此新方法可以分别记为①Faster R-CNN + Fuse（仅增加特征融合模块）；②Faster R-CNN + Fuse + RON（增加了特征融合和区域对象网络）。

本章提出的新的鸟类目标检测方法是在 Faster R-CNN 目标检测框架下重新设计完成，新旧方法的对比如图 4-26 所示。对比（a）和（b）可见，本章提出的 Faster R-CNN + Fuse + RON 目标检测框架主要包括了 5 个部分：CNN 预训练特征提取网络、特征融合模块（feature fusion module，FFM）、区域对象网络（region objectness network，RON）、区域推荐网络（RPN）和区域推荐分类网络（RCN）。其中，新增 FFM 和 RON 两个网络［如图 4-26（b）灰字灰线部分］。本章采用 101 层的残差网络（ResNet-101）预训练模型实现特征提取，其参数如表 4-6 所示。除了表 4-6 中所给出的网络参数外，在所有的卷积层和全连接（FC）层后都包含 1 个非线性激活层，采用线性整流函数（rectified linear unit，ReLU）非线性激活函数。RON、RPN、RCN 均利用第一层卷积层（conv1）至第四层卷积层（conv4）的计算结果。RCN 采用从第五层卷积层（conv5）至特征图（feat）层的计算结果。本设计与传统 ResNet-101 网络结构不同之处在于增加了一个 $1×1×256$ 的卷积层（new conv）用于提取各个候选框的特征。最后的特征图层是一个全连接层，用于输出最终的各个候选框的特征表示，特征图层的神经元个数由检测的类别决定。

表 4-6　**ResNet-101 网络参数**

网络层	类型	输出大小	卷积核大小，特征图数量
conv1	Convolution	—	7×7，64，stride 2
pool1	Maxpool		3×3，stride 2
conv2	Convolution	—	$\begin{bmatrix} 1×1,\ 64 \\ 3×3,\ 64 \\ 1×1,\ 256 \end{bmatrix} ×3$
conv3	Convolution		$\begin{bmatrix} 1×1,\ 128 \\ 3×3,\ 128 \\ 1×1,\ 512 \end{bmatrix} ×4$
conv4	Convolution	—	$\begin{bmatrix} 1×1,\ 256 \\ 3×3,\ 256 \\ 1×1,\ 1\,024 \end{bmatrix} ×23$
conv5	Convolution	7×7	$\begin{bmatrix} 1×1,\ 512 \\ 3×3,\ 512 \\ 1×1,\ 2\,048 \end{bmatrix} ×3$
new conv	Convolution	7×7	1×1，256，stride 1
fc1	FC	1 024×1	1 024−d fc
fc2	FC	1 024×1	1 024−d fc
feat	FC	num_classes×1	num_classes

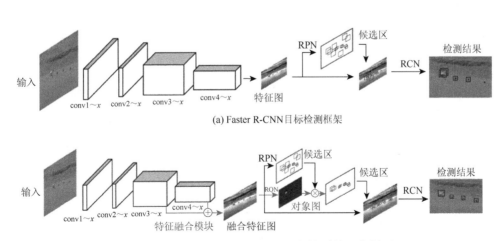

(a) Faster R-CNN目标检测框架

(b) Faster R-CNN + Fuse + RON目标检测框架（本书提出）

图 4-26　目标检测框架对比

1. 特征融合模块设计

基于 CNN 的深度模型理论可知，高层级的特征层有较大的感受野（receptive field）和高阶语义信息，且对目标形变、光照、旋转等不敏感，但高层特征图分辨率相对小，并且丢失了目标的细节信息。反之，低层级的特征图有较小的感受野和保留了丰富的目标细节信息，且低层特征图分辨率相对大，对语义信息较不敏感。

针对尺度变化大的鸟类目标检测任务，本节设计特征融合模块来保留小尺度待检测目标的细粒度信息，实现尺度不敏感的目标特征有效表示。

本节提出的特征融合模块如图 4-27 所示。本节设计采用 ResNet 网络的第 3 阶段最高层输出特征图（conv3～4）和第 4 阶段最高层输出特征图（conv4～6）作为特征融合模块的输入。在图 4-27 中，可以清楚看到第四层卷积层至第六层卷积层（conv4～6）和第三层卷积层至第四层卷积层（conv3～4）具有不同的分辨率和不同的维度。为了保留低层特征信息，在第四层卷积层至第六层卷积层后设计了一个 2×2×1024 反卷积层（deconvolutional layer）并对其进行上采样 2 倍操作，实现与第三层卷积层至第四层卷积层相同分辨率。本设计采取了最常用的双线性插值法实现上采样。为了保留第四层卷积层至第六层卷积层维度，在第三层卷积层至第四层卷积层后设计了一个 1×1×1024 的卷积层，将第三层卷积层至第四层卷积层的维度增加至与第四层卷积层至第六层卷积层一致。基于上述网络设计，特征融合采用简单的等权重相加策略（点对点相加操作）。很显然，上采样操作会带来一定的信息噪声，为了缓解该问题，设计一个 3×3×1024 卷积层进行处理，输出最终融合特征图，特征融合模块输出的融合特征图分辨率为原图的 1/8。

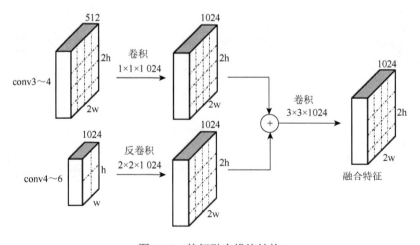

图 4-27　特征融合模块结构

2. 区域对象网络设计与背景候选框消冗

如图 4-25 所示的滨海湿地场景，鸟类目标分布非常不均衡，在远景处，存在大量的小目标，而近景处存在相对尺寸较大的目标，导致 RPN 会产生大量的冗余候选框。为了解决这个问题，本节设计了一个新的区域对象网络（region objectness network，RON）来消除冗余背景候选框的不良影响，其网络结构如图 4-28 所示。RON 的作用是预测输入图片中每个区域为前景或者背景的置信度，即输出对象图（二值图），如图 4-29 所示。可见，对象图上的前景像素点只有输入图片中的管理区域（governing region）。本设计采用全卷积网络（fully convolutional network，FCN）方式构建模型。图 4-28 中，RON 以主干网络最后一个共享的卷积网络输出特征图为输入，通过一个 $1 \times 1 \times 2$ 卷积层来产生每一个管理区域的概率值，即属于前景还是背景的概率值，基于估计的概率值输出对象图。

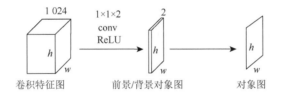

图 4-28　区域对象网络结构

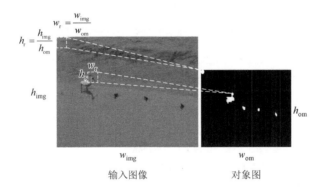

图 4-29　由 RON 生成的对象图（对象图中白色像素点代表为前景，黑色像素点代表背景）

下面介绍 RON 的训练。RON 采用有监督训练方式，设 N_{cls} 代表输入图片中管理区域的总数，i 为管理区域索引。如果第 i 个管理区域为前景，则其标签设为 $p_i^* = 1$，相应地，p_i 是 RON 输出的概率值，则训练损失函数为

$$L(\{p_i\}) = \frac{1}{N_{cls}} \sum_i L_{cls}\left(p_i, p_i^*\right) \tag{4-34}$$

其中，L_{cls} 定义为两类的交叉熵损失。RON 网络采用端到端的方式学习，采用随机梯度下降法（stochastic gradient descent，SGD）进行训练。

为了标注数据，确定第 i 个管理区域是前景还是背景，采用与 IoU（intersection over union，IoU）类似的方法，引入 IoR（intersection over region，IoR）的概念。如图 4-30 所示，IoR 为管理区域与真实标记框重叠面积所占管理区域面积的比率。在本节中将 IoR 大于 0.7 的管理区域标记为正样本（前景管理区域），IoR 小于 0.3 的管理区域标记为负样本（背景管理区域），其余的管理区域在训练时不予考虑。

$$IoR = \frac{\text{管理区域与真实标记框重叠面积}}{\text{管理区域面积}}$$

图 4-30　IoR 示意图

RPN 生成初始待检测候选框，根据初始待检测候选框的坐标信息、原图与对象图的比例对应关系，将初始待检测候选框中心点映射至对象图中的像素点，计算该对象图像素点是前景（含有待检测物体）的概率值，当此概率值大于 0.5 时，判定对应的初始待检测候选框为前景区域候选框，进行保留；否则，丢弃。重复所有初始待检测候选框过程后，在很大程度上降低了背景候选框总数，即消除冗余背景候选框。综上所述，基于区域对象网络的冗余候选框消除方法流程如算法 4-3 区域对象网络的冗余候选框消除算法流程所示。

算法 4-3	区域对象网络的冗余候选框消除算法流程
	输入：对象图，所有 anchors 的位置偏移量 *delta*，所有 anchors 的置信度得分 *score*，输入图像的尺度 w，h，共享特征图 P
1	在 P 每个位置 i，生成 A 个 anchor，并将 anchor 的位置偏移量 *delta* 加入 anchors 的位置坐标
2	若 anchor 的位置坐标超过图像边界，则将其置于图像尺度边界内
3	计算每个 anchor 的中心位置 (x, y)
4	判断每个 anchor 的中心位置 (x, y) 在对象图中的值 r，若 $r<0.5$，则将此 anchors 的置信度得分 $score_i$ 置 0
5	删除长度或宽度过小（小于一定阈值）的 anchor
6	将所有 anchors 按照置信度降序排序
7	取前 L 个 anchors 进行 NMS 处理
	输出：M 个候选区域的位置坐标与置信度

3. 实验结果及分析

本节介绍基于特征融合和区域对象网络的多尺度目标检测算法的性能测试结果和对比分析。

相关实验采用自建 BSBDV 2017 鸟类数据集。如图 4-31 所示，在 BSBDV 2017 中，鸟类目标的尺寸差异大，从 18×30 到 1274×632，这给目标检测任务带来了很大的挑战。在实验中，随机 1421 张图片用于训练阶段，剩余的图片用于测试阶段。

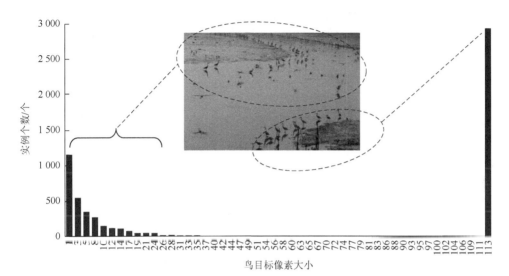

图 4-31 　 BSBDV 2017 数据集中物体实例尺度分布图

考虑到滨海湿地鸟类目标检测任务为单类别目标检测任务，因此，本节采用根据精度和召回率计算的平均精度（average precision，AP）和检测速度（frame per second，FPS）作为鸟类目标检测器性能的评价指标。AP 和 FPS 的定义分别见公式（3-6）和公式（3-11）此处不再赘述。

本节实验采用开源的 MXNet 深度学习平台架实现。

（1）实验设置

本节实验中 Faster R-CNN 类算法其主干网络皆采用 ResNet-101 网络如表 4-6 所示。第一层卷积层至第二层卷积层的网络作为通用特征提取器，不参与学习更新参数。目标检测模型采用端到端的方式训练，使用 SGD 学习算法。在 ImageNet 上预训练的 ResNet-101 模型参数用于目标检测模型的参数初始化，对新设计模块的卷积层的参数采用高斯初始化。训练策略方面，最初的 1000 次迭代采用更小的学习率，如 0.000 05，每次迭代的数据子集（mini-batch）包含一张图片。之后训练学习率设置为 0.005，采用多阶段学习率调整方法，在 4.83 epoch 时，学习率减少到原来的十分之一，共训练 7 个 epoch。对该任务，设置 12 个锚点，锚点的尺度大小分别为 32×32、64×64、128×128、256×256，长宽比为 0.5∶1、1∶1、2∶1。在 RPN 阶段和 RCN 阶段都采用 NMS 对候选框进行后处理，NMS 阈值设置为 0.7。经过 NMS 处理后，保留 RPN 得分高的 1200 个候选框作为 RCN 的输入，进行类别分类。RCN 中每个数据子集含有 128 个候选区域，并采用 OHEM 训练方法（Shrivastava et al., 2016），数据子集大小为 128。对于 BSBDV 2017 数据集，输入图像的大小约束在 600×1000，不固定图像的大小。

（2）实验结果和实验结果分析

本节提出方法以及对比算法的实验结果如表 4-7 所示。

表 4-7　BSBDV 2017 数据集上的鸟类目标检测结果

方法	基础网络	候选框	平均精度(AP)/%	时间/s
YOLO-V2（Redmon and Farhadi, 2017）	Darknet-19	—	34.6	—
SSD500（Liu et al., 2016）	VGG-reduce	—	42.0	—
YOLO-V3（Redmon and Farhadi, 2018）	Darknet-53	—	56.04	—
Faster R-CNN（Ren et al., 2015）	ResNet-101	1 200	56.7	0.781
R-FCN（Dai et al., 2016）	ResNet-50	1 200	61.5	0.403
RelationNetwork（Hu et al., 2018a）	ResNet-101	300	48.64	—
FPN（Lin et al., 2016）	ResNet-50	300	61.2	0.459
FPN（Lin et al., 2016）	ResNet-50	600	61.3	0.498
FPN（Lin et al., 2016）	ResNet-50	1 200	66.9	0.617
LP-FPN	ResNet-50	Linear	67.3	0.476
AP-FPN	ResNet-50	Adaptive	67.1	0.467
Faster R-CNN + Fuse	ResNet-101	1 200	71.4	0.32
Faster R-CNN + Fuse + RON	ResNet-101	1 200	71.9	0.36

由表 4-7 可见，本节提出的方法 Faster R-CNN + Fuse 和 Faster R-CNN + Fuse + RON 在该鸟类数据集上获得最优性能。相比于基线算法 FPN-1200，本节提出的 Faster R-CNN + Fuse-1200 方法的 AP 提升了 4.5%，与本节提出的基于动态候选框的鸟类目标检测方法（LP-FPN 和 AP-FPN）AP 也分别提升了 4.1%和 4.3%。从每帧平均所需检测时间来看，本节提出的 Faster R-CNN + Fuse + RON 算法计算代价略高于 Faster R-CNN + Fuse，远低于 Faster R-CNN 基线算法以及 FPN-1200。实验结果表明基于 Faster R-CNN 框架下，本节提出的特征融合方法（Faster R-CNN + Fuse 和 Faster R-CNN + Fuse1 + RON）在计算复杂度减少的情况下获得了更好的目标检测性能，不仅仅反映了特征融合对小尺度目标的细节信息进行了保留，也说明 RON 采用监督学习方式的能够较好地学习到小尺度目标的位置信息，降低了小尺度目标的漏检率。

为了直观展示鸟类目标检测效果，给出了在 BSBDV2017 数据集上的鸟类目标检测结果。对比图 4-32（b）和（c）可见，Faster R-CNN + Fuse + RON 在远景处的小目标检测性能高于 Faster R-CNN。从图 4-32（d）可见，RON 生成的对象图较好地学习到了前景和背景信息。

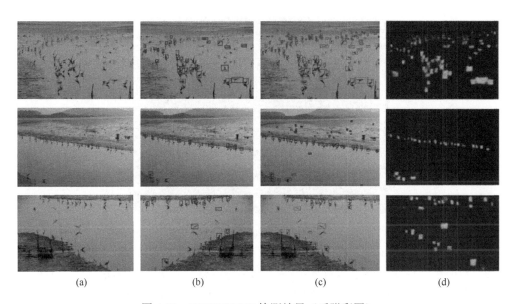

（a）　　　　　　　　　（b）　　　　　　　　　（c）　　　　　　　　　（d）

图 4-32　BSBDV 2017 检测结果（后附彩图）

（a）原图；（b）Faster R-CNN 检测结果；（c）Faster R-CNN + Fuse + RON；（d）RON 生成的对象图

4.3　智能鸟种类识别

鸟类物种识别是一项典型的图像分类识别任务，涉及粗粒度和细粒度图像分类识别。由于鸟类属于非刚体，该任务具有非常大的技术挑战。受益于深度学习的发展，现有的深度图像分类模型皆可以应用于粗粒度鸟种类识别，如 LeNet（LeCun，2015）、AlexNet（Krizhevsky et al.，2012）、VGGNet（Simonyan and Zisserman，2015）、GoogleNet（Ioffe and Szegedy，2015；Szegedy et al.，2014，2015，2016）和 ResNet（He et al.，2015b）。采用在大规模图像数据集 ImageNet 上获得的预训练模型，以及目标鸟类分类数据进行微调训练，可以获得较好的鸟种类粗粒度分类结果。然而基于上述预训练模型 + 微调的鸟类细粒度分类识别性能尚不能达到较为满意的结果，需要开展进一步的研究。

研究表明鸟类物种的细粒度类别之间存在强相关性，在生物学分类上属于同一科物种，同科鸟类之间细粒度类别间差异细微，区别往往体现在局部细节。针对鸟种类细粒度识别问题，研究人员已提出了诸多方法。借鉴人类注意力机制的图像分类方法是主流技术之一。如图 4-33 所示，人类通过观察鸟的某些部位来判断鸟的种类。如公开研究型数据集 CUB（Wah et al.，2011）就提供了鸟类细粒度类别的局部信息标注。

图 4-33　CUB 数据集中有标注框的鸟的头部和脚（后附彩图）

利用额外标注的信息来提升分类识别准确率是重要的研究思路之一，有两大类代表性工作思路：①引入额外的标注框，如 Part-based RCNN（Zhang et al.，2014a），增加的额外标注信息用以训练部件检测器，通过学习局部特征来增强全局特征；②提取感兴趣区域，如 RA-CNN，不引入新的标注框，利用神经网络自动定位兴趣（显著性）区域，再将提取的兴趣区域进行信息加工处理形成局部细节信息表征，用以辅助分类识别。很显然，采用引入额外标注框技术路线，需要进行大量的数据标注，使得所提方法的泛化性依赖于目标任务的数据库标注情况，不利于该方法的推广应用。此外，研究表明对于细粒度分类识别问题，影响分类准确率的核心兴趣区域有可能与预先标注的信息不匹配。采用检测感兴趣区域和信息处理技术路线，需要进行局部感兴趣区域的检测和局部细节特征表示，最后将局部特征与全局特征进行级联，提升细粒度鸟种类识别性能。

上述技术路线存在以下问题：①细粒度标注时间成本大，训练所得细粒度鸟种类识别模型在其他数据上的泛化能力弱；②基于注意力机制的局部感兴趣区域检测和特征学习方法，需要定义和设计注意力机制模块，这个工作往往非常复杂且不能保证其效用；③原理上孤立地处理局部特征与全局特征，级联方式的特征融合仅发生在网络的最后一层，也不能很好地支持鸟种类细粒度识别性能。因此，本节平衡考虑鸟种类识别准确率和实际应用泛化性两方面问题，重点研究局部细节特征的有效提取方法和局部特征与全局特征融合的有效机制。下面我们分别介绍基于注意力机制的图像类识别模型以及融合局部与全局信息的细粒度鸟类识别模型。

4.3.1　鸟种类识别基线模型

卷积神经网络在计算机视觉领域最早的应用是 LeCun 等（1998）在 1998 年提出的 LeNet 模型，这个模型在手写体数字识别方面取得了非常高的准确率，并且广泛应用于邮政系统进行邮件包裹的分拣，产生了巨大的商用价值。LeNet 模型的提出成为了日后卷积神经网络发展的重要基石。近年来，卷积神经网络的发展与 ImageNet 数据库上 ImageNet 大规模视觉识别挑战赛结果的突破紧密相关。ImageNet 大规模视觉识别挑战赛的历次比赛冠军方法几乎都是图像分类领域的重要里程碑，如图 4-34 给出了 2010～2017 年比赛的 top5 错误率的结果情况。

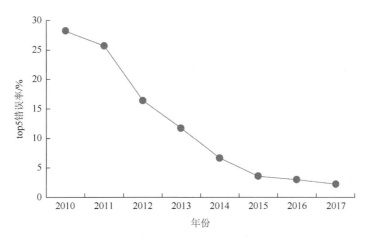

图 4-34　ILSVRC 2010～2017 年错误率结果

2012 年 Hinton 教授的团队提出了 AlexNet（Krizhevsky et al.，2012），AlexNet 采用了多层卷积层和全连接层的结构。相比采用传统图像分类方法的团队，AlexNet 在准确率上比第二名团队的方法的准确率高出了十多个百分点，极大超越了传统的图像分类方法，而该网络也带动了深度学习进入高速发展阶段。在此之后，2014 年的 VGGNet 在网络中使用更小的卷积核，并且增加了网络的深度，使得卷积神经网络向着更深的方向发展（Simonyan and Zisserman，2015）。2014 年 Google 提出的 Inception 网络，通过在网络中引入 Inception 模块，借助不同尺度的滤波器增强网络性能，并在之后发展出多个升级的版本来减少计算资源（Loffe and Szegedy，2015；Szegedy et al.，2014，2015，2016）。2015 年的 ResNet 则通过引入残差单元来有效缓解梯度消失问题（He et al.，2015b），在深度方面，相比于 VGGNet，残差网络因为残差单元的引入，其结构能够拓展更深，可以达到上百层。2017 年的 DenseNet 网络（Huang et al.，2017a）则受 ResNet 的启发，增加了网络的宽度，来改善网络的分类性能。ImageNet 大规模视觉识别挑战赛最后一届比赛的冠军是 SENet，通过引入注意力模块，改善分类性能。下面，将对上述网络做一个简单的介绍。

（1）AlexNet

AlexNet 是由多伦多大学 Hinton 教授和他的学生 Alex Krizhevsky 和 Ilya Sutskever 提出，该网络在 2012 年 ImageNet 大规模视觉识别挑战赛中获得了最好的成绩。AlexNet 的提出是深度学习发展的重要里程碑，它在 ILSVRC2012 竞赛的图像分类项目中，获得了 15.3% 的 top5 错误率，极大超越了第二名的 26.2%，将计算机视觉的发展带向深度学习的大方向，产生了深远的影响，AlexNet 的结构如图 4-35 所示。

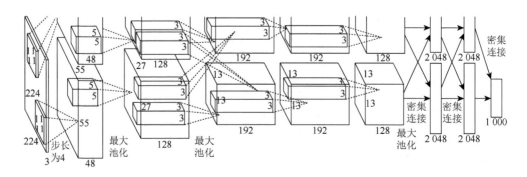

图 4-35　AlexNet 结构

AlexNet 由五层的卷积层和三层的全连接层组成，在 2012 年提出的 AlexNet 中，创作者将 AlexNet 分为上下两支，以方便 GPU 进行并行训练，这主要受限于当时 GPU 的大小，单个 GTX580 GPU 仅有 3 GB 显存。此外，创作者引入了诸如 ReLU 激活函数、Dropout 操作来增强网络的学习能力。在训练时候，通过对数据集的图片减去均值、翻转、剪裁等数据增广操作，进而扩大训练数据量。这些因素综合起来使得 AlexNet 取得了很好效果，其中涉及的诸多技巧，也成为后面几乎所有卷积神经网络的基础。

（2）VGGNet

VGGNet 由牛津大学的视觉几何组（visual geometry group，VGG）团队提出，在 2014 年 ImageNet 大规模视觉识别挑战赛的定位项目和分类项目分别获得第一和第二名。相比 AlexNet，VGGNet 考虑通过增加网络的深度来提升分类性能，VGGNet 通常具有 16-19 层。在 VGGNet 中，使用 3×3 的小卷积核；在卷积操作时，设置步长为 1，上下左右填充一个单位的零值。这使得经过卷积操作的特征图，可以保持大小不变，且能很好地保留特征图的边缘信息。VGGNet 开创了卷积神经网络在深度上的探索，且 VGGNet 本身具有良好的特征提取能力，这使得 VGGNet 成为日后神经网络发展的基础框架。在细粒度图像分类中，VGGNet 是很多算法使用的基础网络框架，例如 Bilinear CNN、RACNN 等等。

（3）Inception 系列网络

Inception 系列网络主要是由 Google 公司提出的，在 2014 年的 ImageNet 大规模视觉识别挑战赛的分类项目获得第一名。在这之后根据 2014 年提出的版本做了改进，到目前为止 Inception 系列的网络分别提出了 Inception v1 模块到 Inception v4 模块，另外有 InceptionResNet v1 模块和 InceptionResNet v2 模块。最早提出的 Inception v1 模块，其主要特点是引入了 Inception 模块，并在增加网络深度宽度的同时，尽量优化网络占用的计算资源，以实现卷积神经网络从学术界到实际应用的转变。

在 Inception v1 模块中，创作者认为在设计网络时，可以不按照先前的顺序叠加不同层，所以设计了一个 Inception 模块（图 4-36），在这个模块中，对于输入的特征图进行卷积或者池化操作。Inception 模块中对一个输入采用不同大小的卷积核进行运算，如使用 3×3 和 5×5 的卷积核，这样网络可以学到不同尺度的特征。而在 Inception 模块的输出阶段，对不同操作得到的特征图进行连接，以形成最终的输出特征图。另外，考虑到直接进行卷积带来的参数量过大，创作者在进行卷积操作前，对输入的特征图使用 1×1 的卷积核进行卷积操作，再进行不同尺度卷积核的卷积操作，这样可以很好地减少网络的参数量。

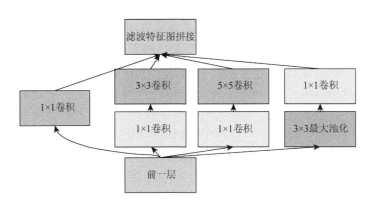

图 4-36　Inception v1 模块

Inception v2 的主要改进体现在引入了 Batch Normalization 操作，作者发现在训练过程中，由于网络模型参数几乎每一次迭代都变化，导致网络每一层的输入数据的分布发生变化，这使得训练阶段需要更小的学习率以及更精准的模型初始化，这些因素增加了训练时间。作者提出的解决方案是对数据做归一化操作，即将每一层的输出都规范化到一个标准的正态分布。归一化后面加了尺度变换和平移变换，进一步增强了模型的非线性表达能力。

此外，Inception v3 的主要改进是对卷积核进行分解，例如，用 2 个 3×3 的卷积核替代 5×5 的卷积核，3×3 的卷积核分解为 1×3 和 3×1 的两个卷积核，通过分解操作以减少网络的参数量。Inception v4 借鉴了残差网络中的残差连接，训练速度和特征提取能力都有了一定的提升。

（4）Residual 系列网络

残差网络是由微软研究院的何凯明博士等人提出，在 2015 年 ImageNet 大规模视觉识别挑战赛的分类和检测都获得第一名。残差网络最主要的特征就是引入了残差学习单元，并且极大地增加了网络的深度，使深度可以达到一千层以上。

残差网络的提出，是为了解决网络深度的增加而带来的一系列问题。创作者发现增加神经网络的深度对提高分类准确率有着很大的帮助，但简单地堆叠很多层也带来了梯度消失等问题，这会阻碍网络的收敛。一些已有的方法诸如正则初始化，可使十几层的网络可以很好地收敛，缓解了梯度消失问题。而当网络的深度更大时，这些方法的效果就大打折扣，创作者在实验中观察到，随着网络深度的增加，在训练时会出现准确率先升后降的现象，且准确率的变化是在训练集和测试集上同步的，显然不是训练数据过拟合。创作者认为如果一个比较浅的神经网络取得了一定的准确率，随着深度的增加，可以假设这些新增的层起到映射的作用，因此更深的神经网络获得的准确率不会低于浅层网络的准确率，但实际的情况并非如此，这表明实现对网络深度的增加不能简单地与之前方法进行类比。

为此，创作者提出了残差学习单元，详情见图 4-37，这个单元是由至少两个层堆叠组成，相比于先前网络简单的堆叠层，残差学习单元的主要特征即是引入了近路连接（shortcut）。具体来说，假设一个残差学习单元的输入为 x，输出为 y，则这个残差学习单元可以表示为：$y = F(x,\{W_i\}) + x$。其中，函数 $F(x,\{W_i\})$ 代表这个单元要学习的内容，以图 4-37 为例，有两个卷积层和相应的 ReLU 激活函数，则函数 F 可以表示为 $F = W_2\sigma(W_1 x)$，这里 σ 代表 ReLU 激活函数和 bias 偏置等辅助细节。经过函数 F 后得到的值，随后与这个单元的输入 x 中对应元素相加，这个相加的过程是通过近路连接实现的。在相加之后，通过一个 ReLU 非线性变换，得到最终的输出结果。

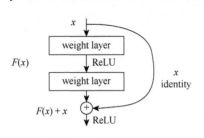

图 4-37　残差学习单元

通过对比 VGGNet 与 ResNet，不难发现 ResNet 的基础网络是来自于 VGGNet。多层的 ResNet 相当于把 VGGNet 的层数增加，但是 ResNet 引入了残差学习单元，使得层数的大幅度增加变得可能。另外，VGG 在经过卷积层后，使用多层全连接层进行分类；而 ResNet 则使用了对特征的全局平均池化，以代替 VGGNet 中的多层全连接层，这极大地降低了参数量。这些设计在之后的网络得到了广泛应用。

（5）DenseNet

DenseNet 是对 ResNet 的改进，解决网络在增加深度时，如何在层与层之间更有效传递信息。残差网络的设计思想是每一层与前一层相连；而 DenseNet 的设计思想是，每一层与前面所有层相连。相比于一般神经网络采用最后一层的输出作为全局特征，DenseNet 通过每一层与前面所有层相连更好地保存了浅层特征，如图 4-38 所示。

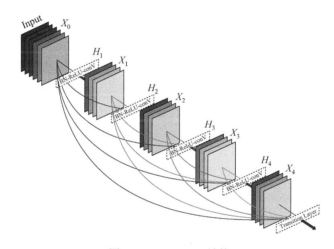

图 4-38　DenseNet 结构

（6）SENet

SENet 是 2017 年 ImageNet 大规模视觉识别挑战赛的分类冠军，而这也是最后一届比赛。从 2012 年的 AlexNet 在 ImageNet 大规模视觉识别挑战赛获得最好成绩，到最后一届的冠军 SENet，卷积神经网络在常规图像分类领域取得了长足的进步。SENet 的主要创新点是引入了 SE（squeeze-and-excitation）模块，SE 模块的结构如图 4-39 所示；将此模块加入到之前的神经网络中，如 Inception 系列的网络、ResNet 系列的网络，这些网络在引入 SE 模块后，准确率获得了进一步的提升。

SENet 的设计思想是从特征图通道的角度，来增强网络的分类能力。图片经过卷积神经网络的卷积层提取特征后，变成由一个个通道组成的特征图。SE 模块的主要作用是通过对特征图的各个通道进行处理，使对分类有帮助的通道得以加强，同时使对分类没有帮助的通道的影响力减少。从实现细节来看，SE 模块对特征层各个通道的相关性和重要性进行量化加权，得到最终输出的特征图。

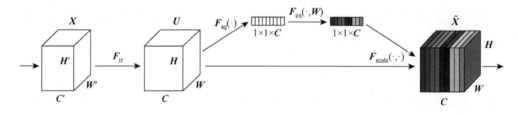

图 4-39　SE 模块

　　SE 模块在具体实现上主要有两个阶段：压缩（squeeze）和激励（excitation），这里以 Inception 系列的 SE 模块为例进行阐述，详细的结构如图 4-40 所示。假设输入 SE 模块的特征图大小为 $H \times W \times C$，其中 H 代表高度、W 代表宽度、C 代表通道数。在压缩阶段，是对特征图进行压缩；作者通过对特征图进行全局平均池化，将 $H \times W \times C$ 的特征图压缩为 $1 \times 1 \times C$。在激励阶段，对于压缩后的特征，通过学习一个转换矩阵 $W \in \mathbf{R}^{C \times C}$，来对各个通道的相关性、重要性进行编码，得到大小为 $1 \times 1 \times C$ 的各个通道权值；转换矩阵 W 没有简单地使用两层维度为 C 的全连接层，而是先将特征维度降低为 $C/16$，接着使用 ReLU 激活，再连接到维度为 C 的全连接层，然后使用 S 形激活函数进行归一化操作；这样不仅极大地减少了全连接层的参数量，且通过 ReLU 操作使得网络有更多的非线性，进而更好地拟合通道间的相关性。最后，将特征图各个通道与对应权值相乘，得到最终的输出特征图。

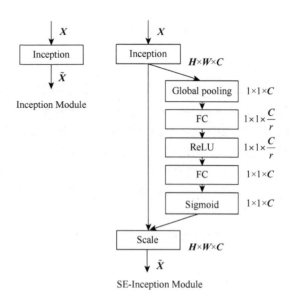

图 4-40　SE 模块在 Inception 系列网络中的应用

SENet 通过对特征图通道的加权,使对分类影响大的通道获得更大的关注。在 SENet 中有三个主要特征:第一,使用特征图各通道的全局平均池化值作为初始权值,这比从零开始学习初始权值无论是速度上还是效果上都有很大的提升;第二,对特征图各通道的相关性进行编码,在编码时没有直接采用一层的全连接层,而是引入一个中间层和 ReLU 激活,这不仅极大地减少了参数,也增加了对特征图各个通道非线性相关性的学习;第三,对权值使用 S 形激活函数,使权值的重要性归一化。

4.3.2　融合局部与全局信息的细粒度鸟类识别模型

分析细粒度图像分类模型产生的错分样本,我们发现错分来源于相似度很高的类别之间,譬如 Aircraft 数据集中波音 737(737-200 到 737-900)系列机型其差异仅在于飞机长度不同,而数据集 CUB 中不同类别的麻雀其差异仅体现在非常小的局部区域,对这些仅存在细粒度差异的类别的分类对人类和机器智能都是极大的挑战。因此需要研究如何更有效地提取局部细节特征以及如何更有效地实现局部特征与全局特征的融合。本节基于卷积神经网络模型,提出基于注意力机制来自动挖掘不同通道和不同级别的特征图信息的有效利用。

本节采用流行的并行架构,实现图片全局特征提取、局部特征提取和全局与局部的融合特征提取,整体架构如图 4-41 所示。如图三路并行的结构,用来分别获取全局特征、局部特征和全局-局部融合特征。其中采用著名的预训练模型 DenseNet161 为主干网络。该主干网络包括 3 个 Dense blocks,每一个 Dense block 皆为一个复杂的子网络,本节选择从每一个 Dense block 的最后一层输出特征图,获取不同粒度的信息表征,即 Dense block1~Dense block4 输出的信息粒度是由细到粗(底层特征到抽象语义特征)。具体设计思想如下:

(1)全局特征提取子网络:采用最后一个 Dense block 输出的特征图作为输入,进行全局均值池化后连接一个全连接层,输出全局特征,见图 4-41 的中间分支;

(2)细粒度特征提取网络:鉴于 DenseNet161 对特征提取的优秀能力,本节直接采用 Dense block 2 的输出特征图作为输入,采用多个 1×1 的小卷积核对输入特征图进行卷积(见图 4-42)和最大池化操作,后接一个全连接层输出细粒度特征向量,如图 4-41 中最下分支;

(3)局部-全局融合特征子网络:传统的特征融合采用独立提取局部特征和全局特征之后再进行级联融合,这样的方法无法实现局部特征与全局特征之间的关联和增强关系建模。本节创新地设计局部-全局融合特征子网络,以 Dense Block 3 的输出特征图(低阶特征图)和 Dense block 4 的输出特征图(高阶特征图)为输入,通过设计特征图转换和融合模块来实现特征融合,后接一个全连接层输出融合特征,见图 4-41 的上分支;

（4）最终分类特征获取子网络：首先将上述三个分支输出的特征向量进行特征级联，输入到一个全连接层实现分类器输出鸟种类预测标签。

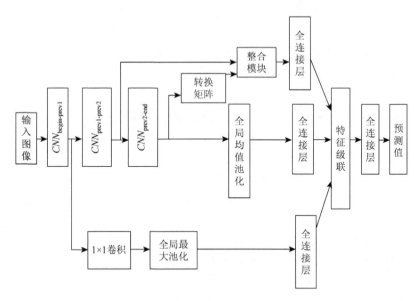

图 4-41　鸟类细粒度分类网络架构

下面分小节介绍主要子网络的设计细节：

1. 细粒度特征提取子网络的设计

研究表明，对于不同的鸟类类别，影响分类准确率的关键区域主要在于鸟的翅膀、脚部、头部等区域的细微差异。由此可见，对于鸟类细粒度分类识别任务，无法依靠定义一个感兴趣区域来完成，采用数据集事先标定额外标注框的方法存在较大的局限性。本节采用基于数据驱动、网络自动学习细粒度特征的研究技术路线。如上述，主干网络的 Dense Block 2 已有效地提取了图像的粗细粒度特征，其输出的特征图包含了足够的局部细节信息。因此，本节以在 Dense Block2 输出特征图为输入，在其后设计一个卷积网络来实现细粒度特征提取。为了保留细粒度信息，本节采用 1×1 的小卷积核进行卷以及全局最大池化操作。1×1 的卷积核最早是在 NIN 网络中提出（Lin et al., 2014a），在 Inception 模块中，用来实现输入特征图降维，以减少模型参数量。在卷积神经网络进行卷积运算时，假设输入的特征图尺寸为 $H×W×C$，其中 H 为特征图的高度，W 为特征图的宽度，C 为特征图的通道数。图像分类中使用的卷积通常是 2D 卷积，即卷积操作只在高度和宽度这两个维度进行遍历，而不在通道维度进行遍历，卷积核在某一区域的运算体现为所有特征图对应的所有通道同步进行。因此，对特征图使用 1×1

卷积核进行卷积运算，相当于在通道维度上对特征图进行了线性组合，具体操作如图 4-42 所示。假设输入的特征图尺寸为 $H_1 \times W_1 \times C_1$，特征图内某一位置的表示为 (h_i, w_i)，其中 $h_i = 1, 2, \cdots, H_1$，$w_i = 1, 2, \cdots, W_1$；使用 C_2 个 1×1 卷积核进行卷积操作时，设置步长为 1，不使用额外的补零，这样对于经过所有卷积核输出的特征图尺寸均为 $H_1 \times W_1 \times C_2$。注意，采用不同卷积核，其输出的特征图具有不同的响应特性。举例说明，假设新输出的特征图的在第一个通道和第二个通道的最大响应的坐标分别为 (h_1, w_1) 和 (h_2, w_2)，这两个最大响应对应着原图的不同坐标，以及对应不同的局部细节特征。因此，本节采用全局最大池化来获得特征图各通道的最大响应，并生成图像的局部特征表示向量。

图 4-42　基于 2 个滤波器进行 1×1 卷积核操作示意图

2. 局部-全局特征融合子网络设计

如前述，为了获得更加有效的局部与全局融合特征，本节设计了如下子网络来实现。如图 4-41 所示，局部与全局融合特征模块有 2 个输入特征图，即高阶特征图和低阶特征图。其中，高阶特征图尺寸为 $H_{\text{end}} \times W_{\text{end}} \times C_{\text{end}}$，低阶特征图尺寸为 $H_{\text{prev}} \times W_{\text{prev}} \times C_{\text{prev}}$。由于高阶特征图包含全局特征，且特征图大小与低阶特征图不同，需要进行尺度转换。为此本节设计一个子网络模块（高-低阶转换矩阵网络）来实现信息转换，见图 4-43 所示。该转换矩阵网络用来实现编码高阶特征图各通道与低阶特征图各通道之间的关系，输出高阶特征图对低阶特征图各通道的加权信息。

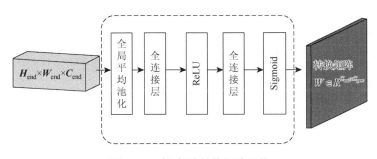

图 4-43　高-低阶转换矩阵网络

该设计没有直接采用 $C_{end} \times C_{prev}$ 的全连接层实现，而是借鉴了 SENet（Hu et al.，2018b）中的特征加权方法。首先是对输入的特征图进行全局平均池化得到长度为 C_{end} 的特征向量，作为第一个全连接层的输入，全连接层神经元个数设置为 $C_{end}/16$，使用 ReLU 激活函数；第二个全连接层神经元个数为 C_{prev}，使用 S 形激活函数，输出向量维度为 $C_{prev} \times 1$，输出向量可以作为低阶特征图通道的加权值。基于上述方法，本子网络模型参数量少且模型可以编码不同阶段特征图各通道之间的非线性关系。

对于高低阶信息融合部分，本节设计了一个融合模块实现，如图 4-44 所示。基于高-低阶转换矩阵网络输出的 $C_{prev} \times 1$ 权值特征向量增加两个额外的维度，转换为大小为 $1 \times 1 \times C_{prev}$ 的矩阵，如图 4-44 中绿色块；再与大小为 $H_{prev} \times W_{prev} \times C_{prev}$ 的低阶特征图进行点乘，输出加权后的局部特征图，其大小保持为 $H_{prev} \times W_{prev} \times C_{prev}$；局部特征图沿通道维度进行求和生成 2D 兴趣区域掩膜矩阵，其大小为 $H_{prev} \times W_{prev}$，该掩模矩阵融合了高阶（全局）和低阶（局部）信息。最后，将该掩模与大小为 $H_{prev} \times W_{prev} \times C_{prev}$ 的低阶特征图相乘，输出维度为 $C_{prev} \times 1$ 的特征融合向量，作为后继全连接层网络的输入。

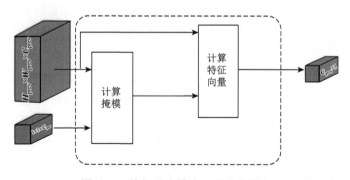

图 4-44　特征融合模块（后附彩图）

基于上述设计，本节形成融合局部与全局信息的细粒度图像分类算法，如算法 4-4 所示。

算法 4-4　融合局部与全局信息的细粒度图像分类算法

　　输入：训练集 D_1，测试集 D_2；训练集对应的细标签 $label_1$，测试集对应的细标签 $label_2$，神经网络参数 θ，训练超参数 h，prev1 层参数、prev2 层参数。

　　Begin

1　　For epoch = 1：total_epoches do

2　　随机打乱训练数据，根据网络超参的设定，得到 total_batches 个训练批次；

3　　For i = 1：total_batches do

4	将训练批次送入神经网络,根据 prev1 参数,先计算结果 $CNN_{\text{begin-prev1}}$ 后得到的特征图 FM_{prev1},然后继续将此特征图经过 $CNN_{\text{prev1-prev2}}$,得到特征图 FM_{prev2},再将此向量经过 $CNN_{\text{prev2-end}}$,得到特征图 FM_{end},将此特征图经过全局平均池化得到全局特征向量 W_1
5	将多个小卷积核应用于 FM_{prev1},并结合全局最大池化,得到局部特征向量 W_2
6	利用 FM_{end} 经过转换矩阵计算权值,再将权值与 FM_{prev1} 共同计算融合全局与局部的特征向量 W_3
7	对 W_1、W_2、W_3 进行特征级联,共同计算网络的预测值
8	根据代价函数计算结果,通过反向传播调整网络参数;
	End for
9	将测试集 D_2 送入神经网络,得到预测标签;将此预测标签与测试集对应的细标签 $label_2$ 共同计算测试集的准确率;
	End for
	End
	输出:测试集的准确率

3. 实验及性能分析

(1)数据集及实验设置

为了验证所提方法的有效性,本节采用 NABirds 数据库进行性能评估,NABirds 数据库有 555 种鸟,23 929 张训练图片和 24 633 测试图片;采用在 ImageNet 数据集上预训练的 DenseNet161 网络作为主干网络;实验在 NVIDIA GeForce GTX TITAN X 显卡(GPU)上进行,该 GPU 的显存为 12 GB,使用的 CPU 为 INTEL E5 2686 V4 服务器级 CPU,主频为 2.3~3.0 GHz。软件平台方面,采用 Ubantu14.04 操作系统,Pytorch 框架。

(2)细粒度图像分类数据库的实验结果及分析

这里为了方便表示,把全局特征、局部特征、全局与局部的融合特征分别记为 G、P、GP,如果同时使用全局特征与局部特征,则记为 G + P,如果同时使用这三种特征,则记为 G + P + GP。

第一步实验是仅使用全局特征,对于全局特征的测试其实就是使用 DenseNet161 对数据集进行微调。微调时候设置初始学习率为 0.001,每 10 次迭代学习率乘以 0.5,总计迭代 50 个 epoch。结果见表 4-8,表格中 G 列代表只使用全局特征得到的结果。

表 4-8 NABirds 数据集上使用全局特征、局部特征、全局与局部融合特征以及各种组合特征下的准确率

数据集名称	G	G + P	G + GP	G + P + GP
NABirds	80.26%	81.94%	81.42%	80.76%

第二步实验是使用全局特征与局部特征，使用和第一步相同的学习率与迭代方法，在表 4-8 中的 G + P 这一列。将全局特征与局部特征进行共同训练，这里采用的是特征级联的方式，即把全局特征与局部特征连接成一个特征向量，用这个新的特征向量表示网络的最终输出特征，再送到分类器进行分类。第一步与第二步这两组实验的结果见表 4-8，不难发现在引入 1×1 的小卷积核作为局部特征提取器后，网络的准确率有了显著的提升。

第三步是使用全局特征、全局与局部的融合特征，使用和第一步相同的学习率与迭代方法，在表 4-8 中的 G + GP 这一列。这两个特征的共同训练采用和第二步一样的方法，即使用特征级联的方式。通过表格的数据可以看出，在引入全局与局部的融合特征以后，分类准确率也有很大的提升，但是提升的效果相对第二步略有下降。

第四步是将这三种特征进行共同训练，将三种特征共同训练涉及到如何把这些特征组合在一起。本节的实验采用集成学习的思想，即把网络最终输出的预测向量相加，作为特征的融合方式，具体结果见表 4-8 G + P + GP 列，使用集成学习的方法在数据集上的分类精度略有提升，但低于第二步、第三步这两个子方法的性能，没有实现一加一大于二的效果，这表明所提出的集成学习框架仍尚有改进空间。

4.3.3　鸟种类迁移学习

迁移学习（transferlearning）是在任务数据量有限的情况下采取的一种学习策略，通过借助任务外的其他数据来帮助提高该任务的工作质量。由于现有数据集中一些种类的鸟个体数量很少，故本节基于 ResNet-101，借助迁移学习方法用于鸟个体识别。

ResNet-101 具有超过 100 层的网络层数，并且残差网络结构解决了鸟个体识别中网络过深导致的性能退化问题，并且提高了对不同尺度鸟个体的识别性能，因此具有很好的鸟个体分类性能，我们将应用于鸟个体识别的该网络定义为 ResNet-Bird。

在 ResNet-Bird 中，为进一步减少计算成本，我们将同一残差块中相邻的两个卷积操作进行了简化，即两个相邻的 3×3 的卷积层替换为了 1×1 卷积、3×3 卷积和 1×1 卷积。这样能够保持网络具有替换卷积操作之前的精度，但减少了网络的计算量。

残差单元结构中，激活层存在于网络的主干部分，若将激活层融合到残差结构的支路中，同时使用 ReLU 预激活残差单元，不仅可以满足原有结构的性能，还可以使特征具有更好的非线性特性。预激活残差单元如图 4-45 所示。可以看到，预激活的残差单元在残差支路中每次卷积进行之前完成激活，之后使用矩阵元素间加法进行合并，这样既完成了激活，也使得支路外不再需要额外的激活操作。

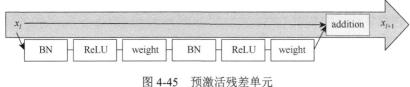

图 4-45　预激活残差单元

1. Fine-tuning 策略

在 ResNet-Bird 训练中，受硬件成本和时间限制等条件影响，需要降低训练次数，减少训练批量，这使得深度模型得不到充分训练，难以达到预期精度。并且，在单一数据上训练也可能使得最终模型的泛化能力受到限制，甚至出现过拟合现象。

迁移学习通俗上可以理解为首先在任务外的大规模相关数据中训练模型，之后将学习到的特征迁移到目标任务中以帮助该任务进一步学习。例如，ImageNet 是当前图像识别领域最大的图像数据库，ImageNet 包含了 22 000 多类别的图片，每类包括 500 到 1 000 左右的图像数据。科研工作者在进行专业领域图像识别任务时，由于专业领域的数据量相对较小，往往采用在 ImageNet 上训练过的网络模型作为其训练网络的初始化参数，此时将 ImageNet 上训练过的网络模型称为预训练模型（pretrained model），在预训练模型上训练自己数据的过程称为微调（finetune），整个过程就是迁移学习的一种方式。

综上，微调是迁移学习的一种常见形式，指的是使用其他数据集训练好的模型来作为自己训练模型的初始化参数，以通过在预训练模型上对参数进行微调的方式来充分利用从大量数据中得到的特征。微调的学习方式可以使自身任务在数据量小、数据单一和训练次数有限（硬件条件受限等导致）等情况下使模型尽可能充分收敛，达到较好的检测精度。本节同样采用微调的学习方式进行数据训练，下面将介绍本节使用的预训练模型。

2. 基于 PASCAL VOC 和 MSCOCO 的预训练模型

为在有限的硬件资源条件下提高训练模型的精度，本节使用在 PASCAL VOC 数据集和 MSCOCO 数据集上训练得到的模型作为本节鸟类识别的预处理模型。

PASCAL VOC 数据集是一个包含生活中 20 类常见事物的图像数据集，包括人类；动物（鸟、猫、狗、羊、马、牛）；交通工具（自行车、摩托车、小轿车、公共汽车、火车、轮船、飞机）和家居用品（瓶子、盆栽、电视、餐桌、椅子、沙发）。目前的数据集有 PASCAL VOC 2007 和 PASCAL VOC 2012。MSCOCO 数据集是由微软发布的图像数据集，包含 91 类常见事物。MSCOCO 2015 含 165 482 张训练图像，81 208 张验证图像以及 81 434 张测试图像，共计约 328 000 张图片和 2 500 000 个标签。本节使用在以上两个数据集中充分训练得到的模型作为鸟识别的预训练模型。

3. 训练集与训练参数

本节使用的训练集数据取自 BSBDV 以及互联网，为了提高模型实用性和泛化能力，本节将训练数据的鸟种类增加至 13 类，分别为鸬鹚、红嘴鸥、黑嘴鸥、白颈鸦、黑脸琵鹭、白琵鹭、池鹭、苍鹭、白鹭、琵嘴鸭、林鹬、黑翅长脚鹬和反嘴鹬。图 4-46 展示了训练数据中的部分图片。训练集共包含数据 2877 张，剩余 328 张在实验中作为测试集。即训练集和测试集以 9∶1 进行设置，数据的具体情况如表 4-9 所示。

图 4-46　鸟类种类识别图片数据集示例

表 4-9　鸟种类数据集 ResNet_Bird 数据情况

科	鸟种类	数据量
鹚	鸬鹚	288
鸥	黑嘴鸥	256
	红嘴鸥	255
鸦	白颈鸦	271
鹭	白鹭	262
	白琵鹭	193
	苍鹭	232
	池鹭	239
	黑脸琵鹭	256
鸭	琵嘴鸭	203
鹬	反嘴鹬	213
	黑翅长脚鹬	262
	林鹬	292

本节模型训练的最大迭代次数为 20 000 次，初始学习率（learning rate）设置为 0.001。学习率衰减在训练次数（步长）达到 10 000、20 000、30 000 时分别进行一次学习率衰减，每次衰减为之前学习率的 0.1 倍。

梯度下降（gradient descent，GD）是深度学习中优化损失函数的常用方法，采用整个数据集进行损失函数的计算来求解全局最优解。但绝大部分情况下，深度学习训练的硬件条件不足以支撑全数据集作为一个迭代批次。其演化出的批量梯度下降（batch gradient descen，BGD）方法通过最小化小批量训练样本的损失函数来求解全局最优解。随机梯度下降（stochastic gradient descent，SGD）方法通过最小化单个样本的损失函数来求得全局最优解。本节考虑到计算硬件资源有限，采用随机梯度下降的优化策略进行网络训练。本节随机梯度下降中的更新策略采用动量（momentum）更新，动量系数设置为 0.9。训练过程中的权值衰减系数（weight decay）设置为 0.0001。

在收敛性方面，ResNet-Bird 层数有所增加，但性能并未出现退化，而是得到了一定程度的性能提升。ResNet-Bird 相比其他网络具有更低的收敛损失值，并且不存在过拟合的问题。ResNet-Bird 浅层的特征在任务性能上并不具有突出优势，这也显示出较深的网络层数对其性能起到关键的支持作用。

分类性能上，ResNet-Bird 使用残差结构作为极深度网络架构的前提支撑，并且层数高于其他网络模型，使得其分类性能高于其他各种的网络模型。此外，ResNet-Bird 自身在试验中显示出性能随着网络层数的增加而提升的特性。

在网络响应方面，ResNet-Bird 中大部分层的响应方差都处于较低水平，并且响应方差较低的层具有较为固定的响应，有时权重近似于零。这说明响应方差较低的层对应的残差结构近似于单位映射，网络中的实际有效层要更少。基于以上原因，ResNet-Bird 在较深的网络结构中仍然能够提升分类性能，并且没有带来更大的训练难度。

ResNet-Bird 建立的鸟类物种分类模型，完成 13 种湿地常见鸟类的种类识别，识别正确率达 97.9%，平均单张图片的测试时间为 45 ms。

4.4　智能鸟类目标计数

视觉目标计数（visual object counting，VOC）旨在自动地计算出视觉场景中感兴趣目标的个数，可实时获得目标物体数量的变化趋势。目前主流的视觉目标计数方法是基于机器学习方法，通过研究主流 VOC 方法的优缺点和适应性，本书针对湿地鸟在数据分布上的不平衡、数据集训练样本不充分和背景复杂等问题，采用代价敏感策略、局部低秩约束特性、图像和密度图的局部几何结构相似性以及图像块的结构性等新方法，提出了多个有效鸟类目标计数方法，进行了实验测试和对比分析。

　　针对个体计数任务中训练数据不平衡带来的性能下降问题，本书创新地提出了基于代价敏感稀疏约束的线性回归视觉目标计数算法（cost-sensitive sparse linear regression，CS-SLR）（Huang et al.，2016）。首先学习一个稀疏线性回归模型，并得到了每个训练样本的模型误差，然后为了消除由于不平衡数据分布给稀疏线性回归模型带来较高模型误差的影响，我们利用第一阶段的模型误差作为先验知识，并针对每个训练样本设计了不同的权重因子，继而得到一个代价敏感稀疏线性回归模型。实验结果表明，在数据分布不平衡的条件下，CS-SLR 视觉目标计数算法能够有效提高视觉目标计数的性能。

　　针对小样本以及复杂背景计数问题，本书提出了基于实例和局部低秩约束的视觉目标计数算法（local low-rank constrained example based VOC，LLRE-VOC）（Huang et al.，2017b）：通过分析和利用图像和密度图的局部几何结构相似性以及图像块的结构性，使在密度图重构阶段，被用来重构的样本块是来自于同一个子空间，从而保证了即使是复杂的图像块结构，LLRE-VOC 选择的样本块和测试样本仍然具有相似的结构。实验结果表明，在小样本、背景复杂的条件下，本书提出的 LLRE-VOC 算法更加具有优越性。

4.4.1　稀疏约束的线性回归计数（SLR）方法

　　本小节介绍基于线性回归理论的鸟类目标计数基线算法以及本书提出的新的计数方法。在实际生活中，当目标场景中前景所占比例较大时，目标物体的数量也会较大，目标前景的边缘和纹理较为复杂时，物体的数量也是呈现一个较高的趋势。文献（Chan et al.，2008）指出大量研究发现，目标计数的特征和目标个数存在较强的线性相关性。

　　为了进一步说明特征和目标个数存在相关性，同时线性回归可以很好地解决目标计数的问题，Chen 等（2012b）将不同线性回归算法进行了比较，比较结果如表 4-10 所示。其中 RR（ride regression）是岭回归（Chen et al.，2012b）是线性回归中的一种方法，GPR（gaussian processes regression）为高斯过程回归（Chan et al.，2008），MLR（multiple localised regressors）为多重局部回归（Wu et al.，2006）以及 MORR（multi-output ridge regression）的多输出岭回归（Chen et al.，2012b）。从图中可以看出岭回归和多输出岭回归达到了最好的效果，而 RR 和 MORR 都属于线性回归，从而说明特征和目标个数确实存在线性相关性，同时 RR 作为一种线性回归方法可有效地解决视觉目标计数的问题。

表 4-10　不同线性回归算法的性能比较表（Chen et al.，2012b）

算法	特征级别		学习方式		UCSD			Mall		
	全局	局部	全局	局部	MAE	MSE	MDE	MAE	MSE	MDE
RR	√	—	√	—	2.25	7.82	0.110 1	3.59	19.0	0.110 9
GPR	√	—	√	—	2.24	7.97	0.112 6	3.72	20.1	0.115 9
MLR	—	√	—	√	2.60	10.01	0.124 9	3.90	23.9	0.119 6
MORR	—	√	√	—	2.29	8.08	0.108 8	3.15	15.7	0.098 6

由于岭回归算法在视觉目标计数中良好的性能，本书采用岭回归作为基本的线性回归模型。考虑到多域融合特征一定程度上会产生相关性特征，为了选择更加具有代表性的特征，本节选择具有稀疏约束的线性回归模型。

假设给出 n 个训练图像样本，x_i 代表提取的第 i 个图像样本的 m 维特征向量，y_i 为图像标签，即标记的对应的目标物体的个数。通过求解下面的优化问题可获得 RR 模型：

$$\arg\min_{\beta}\sum_{i=1}^{n}\|y_i - x_i\beta\|_2^2 + \lambda\|\beta\|_2^2 \tag{4-35}$$

其中，λ 为正则参数，β 是 RR 模型参数向量。由于特征提取阶段融合了前景特征、边缘特征和纹理特征，该融合特征 x_i 提高了图像信息表达有效性同时也产生了特征相关性，而且 m 维特征成分对于线性回归模型并不是同样重要的，因此非常有必要去选择可区分性的特征。我们通过下面的稀疏约束优化问题，得到一个更好的可解释的线性回归模型，称之为稀疏线性回归（sparse linear regression，SLR）模型：

$$\arg\min_{\beta}\sum_{i=1}^{n}\|y_i - x_i\beta_1\|_2^2 + \lambda_1\|\beta_1\|_1 + \lambda_2\|\beta_1\|_2^2 \tag{4-36}$$

其中，λ_1 和 λ_2 分别为正则项参数，用来权衡模型的稀疏性和模型的稳定性，β_1 是稀疏线性回归模型的参数向量。显然，对比公式（4-35）和公式（4-36），β_1 的稀疏性高于 β，这样更加有利于选择重要的成分来表示训练样本。而且由于 L_1 模的特性，稀疏可以减少噪声变化的干扰，提高模型的可解释性，从而使得稀疏线性回归模型能够具有较好的准确性和鲁棒性。

求解公式（4-36）存在多种算法，本节采用弹性网络方法进行求解，可转化为如下形式

$$\arg\min_{\beta^*}\|y^* - X^*\beta^*\|_2^2 + \gamma\|\beta^*\|_1 \tag{4-37}$$

稀疏线性回归模型的参数向量可以通过以下公式计算

$$\boldsymbol{\beta}_{\mathrm{SLR}} = (1 + \lambda_2)\boldsymbol{\beta} = (1 + \lambda_2)\frac{1}{\sqrt{1 + \lambda_2}}\boldsymbol{\beta}^*$$
$$= \sqrt{1 + \lambda_2}\,\boldsymbol{\beta}^* \tag{4-38}$$

弹性网络方法求解公式（4-38）的具体细节可参考文章（Tibshirani，1996）。

4.4.2　引入代价敏感策略的 SLR（CS-SLR）

在不平衡分类问题中，使用标准的分类器其性能通常会很差，这是因为这些分类器只是追求整体误差的最小化，而忽略了样本量较少的类别的误差，因而导致分类器误分数据到样本量较大的类别。同样相似的问题也会发生在稀疏线性回归估计上。

研究表明 SLR 模型的鲁棒性不足，SLR 模型的代价函数是最小化总体误差，因此，在训练数据不平衡等条件下训练的 SLR 模型会对小类别测试样本产生较大的样本标签估计误差。为了获得鲁棒的人群计数，本节将代价敏感学习处理不平衡分类问题的思想引入到回归学习的框架，提出了一种新的代价敏感稀疏线性回归模型（cost-sensitive slr，CS-SLR），数学描述如下：

$$\arg\min_{\boldsymbol{\beta}} \sum_{i=1}^{n} c_i \left\| y_i - x_i\boldsymbol{\beta} \right\|_2^2 + \lambda_1 \left\| \boldsymbol{\beta} \right\|_1 + \lambda_2 \left\| \boldsymbol{\beta} \right\|_2^2 \tag{4-39}$$

其中，λ_1 和 λ_2 分别为正则项参数，c_i 为对应于第 i 个训练样本的相关权重因子。$\boldsymbol{\beta}$ 是代价敏感稀疏线性回归模型的参数向量。

本节的基本思想是约束小类别估计误差产生的负面影响。为此，本节采用如下指数函数决定每个训练图像样本的权重因子 c_i，并且遵循小类别获得更高权重因子的原则，即：

$$c_i = \exp\left(\left| y_i - x_i\hat{\boldsymbol{\beta}} \right| \right) / Z \tag{4-40}$$

其中，$\hat{\boldsymbol{\beta}}$ 是由公式（4-36）估计到的 SLR 模型参数向量，Z 是归一化因子。

值得注意的是本节假设大的估计误差对应大的 c_i，这种方法对异常值较敏感，为了减少异常值产生的负面影响，本节采用预处理方法来去除异常值，将置信区间都设为 95%，使置信区间之外的数据被认为是异常值，被剔除训练样本集，本节采用同样的置信区间。

为了求解 CS-SLR 模型，本节将公式（4-39）转换为如下优化问题求解

$$\arg\min_{\boldsymbol{\beta}} \sum_{i=1}^{n} \left\| \sqrt{c_i}\, y_i - \sqrt{c_i}\, x_i\boldsymbol{\beta} \right\|_2^2 + \lambda_1 \left\| \boldsymbol{\beta} \right\|_1 + \lambda_2 \left\| \boldsymbol{\beta} \right\|_2^2 \tag{4-41}$$

使得

$$V = \mathrm{diag}(c_1, c_2, \cdots, c_n)$$
$$V^{1/2} = (V^{1/2})^T = \mathrm{diag}(\sqrt{c_1}, \sqrt{c_2}, \cdots, \sqrt{c_n}) \tag{4-42}$$

并且

$$X^* = \frac{1}{\sqrt{1+\lambda_2}}\begin{pmatrix} V^{1/2}X \\ \sqrt{\lambda_2}I \end{pmatrix}, y^* = \begin{pmatrix} V^{1/2}y \\ 0 \end{pmatrix}$$

$$\gamma = \frac{\lambda_1}{\sqrt{1+\lambda_2}}, \boldsymbol{\beta}^* = \sqrt{1+\lambda_2}\boldsymbol{\beta} \tag{4-43}$$

通过替换公式（4-43）到公式（4-41），得到和公式（4-37）类似的表示如下：

$$\underset{\boldsymbol{\beta}^*}{\arg\min} \left\| y^* - X^*\boldsymbol{\beta}^* \right\|_2^2 + \gamma \left\| \boldsymbol{\beta}^* \right\|_1 \tag{4-44}$$

这里的 X^* 和 y^* 是不同于公式（4-37）。很明显公式（4-44）是一个标准的最小绝对收缩和选择算法（least absolute shrinkage and selection operator，LASSO）问题，这就意味着可以很容易地通过最小角回归算法（least angle regression，LARS）算法解决（Zou and Hastie，2005）。类似于公式（4-37），通过下面的公式可得到 $\boldsymbol{\beta}_{\text{CS-SLR}}$

$$\boldsymbol{\beta}_{\text{CS-SLR}} = \sqrt{1+\lambda_2}\boldsymbol{\beta}^* \tag{4-45}$$

综上，为了解决不平衡数据分布问题，本节提出了一种基于代价敏感稀疏约束的线性回归视觉目标计数算法（cost-sensitive sparse linear regression，CS-SLR），并设计了一个两阶段的视觉目标计数框架。首先在训练阶段 1，特征提取模块会做视角归一化以及多特征的融合，考虑到稀疏约束所具有选择可区分性特征的特性以及线性回归在计数领域优秀的性能，本节基于训练数据集学习了一个稀疏线性回归模型，每个训练数据的模型误差可以相应地被计算出。在训练阶段 2，本节使用模型误差作为先验知识设计了一个样本相关的权重因子，从而得到了一个对代价敏感的稀疏线性回归模型，本节将其称之为代价敏感稀疏线性回归模型（CS-SLR）。在测试阶段，输入一张待测试图像样本，首先对其进行特征提取，然后使用提取的特征向量和训练得到的 $\boldsymbol{\beta}$ 预测测试样本的标签，具体的流程如图 4-47 所示。

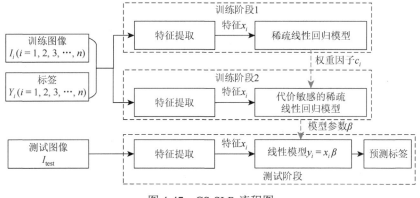

图 4-47　CS-SLR 流程图

4.4.3　CS-SLR 性能评测

下面则对 CS-SLR 进行算法性能评测。首先分析 CS-SLR 的算法复杂度，之后分别在不平衡数据集和平衡数据集中对 CS-SLR 进行性能评测。

1. CS-SLR 算法复杂度

本节首先分析 RR 算法的时间复杂度，然后给出 SLR 算法的时间复杂度的计算过程，最后给出 CS-SLR 算法的时间复杂度并分析其性能。

本节中 RR 算法是计算图像序列中目标物体的个数，假设图像的帧数为 n，则对每张图像经过特征提取后，特征的维数为 p。因为岭回归的解为 $(X^TX + K)X^Ty$，X 是 $n×p$ 矩阵，K 为常量矩阵，所以时间复杂度 $O(np^2)$。

由于本节将 SLR 模型转换为了 LASSO 问题，所以 SLR 的时间复杂度为 $O(p^3 + np^2)$。最后对于 CS-SLR 算法，本节也将其转换为 LASSO 问题，并使用 LARS 算法进行求解。由公式（4-43）可以发现，本节虽然将 X 和 y 进行了变形处理，但是 X 和 y 只是系数存在变化，其维度和运算并没有发生改变，因此 CS-SLR 的时间复杂度也是 $O(p^3 + np^2)$。又因为本节特征的维数 p 是固定的，因此 RR、SLR、CS-SLR 算法的复杂度均为 $O(n)$。

由此可以得知，相对于 RR、SLR 算法来讲，本节提出的 CS-SLR 算法提高目标计数算法的性能的同时，并不会增加算法的时间复杂度。

2. 不平衡数据集下不同视觉目标计数算法的性能对比与分析

本实验的目的是在两个公开的数据集 UCSD 和 Mall 上，比较本节提出的 CS-SLR 视觉目标计数算法与国际主流视觉目标计数算法的性能（表 4-11）。值得注意的是这些对比算法都是基于回归的方法实现的。

表 4-11　不同视觉目标计数算法性能比较

算法	UCSD			Mall		
	MAE	MSE	MDE	MAE	MSE	MDE
LSSVR（Van et al.，2001）	2.20	7.29	0.107	3.51	1.82	0.108
KRR（An et al.，2007）	2.16	7.45	0.107	3.51	18.1	0.108
RFR（Liaw and Wiener，2002）	2.42	8.47	0.116	3.91	21.5	0.121
GPR（Chan et al.，2008）	2.24	7.91	0.112	3.72	20.1	0.115
RR（Chen et al.，2012b）	2.25	7.82	0.110	3.59	19.0	0.110
CA-RR（Chen et al.，2013）	2.07	6.86	0.102	3.43	17.7	0.105

算法	UCSD			Mall		
	MAE	MSE	MAE	MSE	MAE	MSE
SLR	2.03	5.96	0.089	3.35	16.62	0.105
CS-SLR	1.83	5.04	0.079	3.23	15.77	0.104

从表 4-11 可以得出以下结论：

（1）我们提出的 CS-SLR 方法在两个公开数据集，三种不同的评价指标 MAE、MSE 以及 MDE 上均表现了良好的性能。

（2）通过比较基于支持向量回归的 LSSVR、核岭回归 KRR、随机森林回归 RFR、高斯过程回归 GPR 以及岭回归 RR 这五种算法，可以看出 KRR 是这五种算法中性能最好的，RR 的算法也是可比较的，因此岭回归是比较合适的模型。

（3）通过比较 RR 与累积属性模型（cumulative attribute rr，CA-RR），可以看出 CA-RR 算法的性能非常优越，在 UCSD 数据集上使用 MAE 的测度 CA-RR 算法减少了 0.18 个的平均绝对误差，在 Mall 数据集上同样使用 MAE 的测度 CA-RR 算法减少了 0.16 个的平均绝对误差。通过比较 RR 和 CA-RR 最直接的原因是因为使用了累积属性特征表示，因为这两种方法均使用融合的特征作为输入，相同的单输出岭回归模型，只是 CA-RR 将特征映射到了累积属性空间，因此通过这两种算法的比较可以看出，简单的融合特征仍然存在一定的缺陷，对特征进一步地处理可改进算法的性能。

（4）通过比较 SLR 算法和 RR 算法可以看出，对融合的低级特征进行可区分性的选择对于改进算法的性能有较大的帮助，使得预测的值更加接近真实的模型。

（5）通过比较 SLR 和 CS-SLR，可以看出本节提出的 CS-SLR 具有更好的性能，在 UCSD 数据集上使用 MAE 的测度 CS-SLR 算法相比于 SLR 算法减少了 0.2 个的平均绝对误差，在 Mall 数据集上同样使用 MAE 的测度 CS-SLR 算法减少了 0.22 个的平均绝对误差。而这两种算法的差别在于 CS-SLR 算法引入了代价敏感策略，由此说明了代价敏感学习策略对视觉目标计数的有效性。

图 4-48 展示了真实值和本节 CS-SLR 算法的预测值的比较。图 4-48（a）表示的是在 UCSD 上本节 CS-SLR 算法的预测结果，从图中可以看出在第 600 帧的突变处，CS-SLR 算法也可以较好地拟合真实值。图 4-48（b）为在 Mall 上本节 CS-SLR 算法的预测结果，虽然 Mall 的个数变化幅度较大，但是 CS-SLR 算法在每个小波峰和小波谷都可以较好地预测。因此总体上来讲真实值和预测值的大体趋势可以准确估计出。

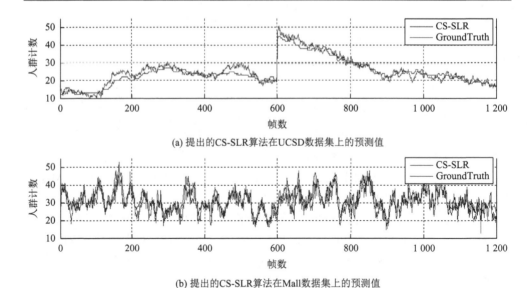

(a) 提出的CS-SLR算法在UCSD数据集上的预测值

(b) 提出的CS-SLR算法在Mall数据集上的预测值

图 4-48　真实值和预测值之间的比较　（后附彩图）

3. 平衡数据集下主流视觉目标计数算法性能对比与分析

为了评估本节提出的代价敏感稀疏线性回归对视觉目标计数的正确性和有效性，这里采用了大量在公开数据集上的实验进行验证，并将本节的工作与现在主流先进方法进行对比。本节将对这些实验所使用的平台和数据集、相关的参数设置、实验结果进行介绍和分析。

本书自建的鸟类数据集（BSBDV 2017）拍摄于深圳湾红树生态保护区，图 4-49（a）展示了数据集中鸟个体密集分布子集中的示例图。在鸟个体密集分布

(a) 鸟类示例图像　　　　　　　　　　(b) 鸟类数据分布

图 4-49　BSBDV 2017 中的鸟个体密集分布子集实例

的场景中，鸟个体数量变化范围在 147-184 只，大部分鸟类在静止休憩，鸟的数量变化不大，其数量分布图如图 4-49（b）所示，可以看出鸟个体密集分布子集中，目标分布是相对平衡的。同时图像中存在不同程度的光照、倒影、水波等干扰，这给本节的视觉目标计数问题带来较大的挑战。

为了验证本节提出的算法在平衡数据集下与主流视觉目标计数算法的性能对比，本实验采用了鸟类数据集（BSBDV 2017），从上图的鸟类数量分布图可以看出鸟个体密集分布子集中目标分布是相对平衡的，相邻图像的数量变化不是特别大，因此本实验采用前 1∶40∶1440 帧作为训练图像，后 1441∶40∶1720 帧作为测试图像，实验结果如图 4-49 所示。鸟类数据集下视觉目标计数算法 MAE 性能比较见表 4-12。

表 4-12　鸟类数据集下视觉目标计数算法 MAE 性能比较

算法	自建鸟类数据集（BSBDV 2017）		
	MAE	MSE	MDE
RR	11.38	182.29	0.07
SLR	9.88	134.50	0.06
CS-SLR	9.78	161.36	0.06

从表 4-12 可以得出以下结论：

（1）通过 SLR 和 RR 算法在 BSBDV 2017 数据集上的 MAE 性能对比，可以看出 SLR 算法性能更胜一筹，而这两个算法的区别在于 SLR 算法加入稀疏约束，亦可以说明多融合的特征确实存在一定程度的相关性，使用稀疏约束进行特征的可区分性选择有利于视觉目标计数算法的性能提升。

（2）相比于 SLR 模型，本节提出的 CS-SLR 算法的平均绝对误差为 9.78，比 SLR 算法的 9.88 个下降了 0.1，算法性能的改进不是很大，这是由于 BSBDV 2017 中的密集分布子集的鸟个体数量分布是相对平衡的，而当数据集的分布是平衡时，CS-SLR 算法就退化为 SLR 算法，因此本实验也证明了这一点。点标注图像密度图生成与近邻候选样本选择。

4. 点标注图像密度图生成与近邻候选样本选择

基于密度估计的视觉目标计数的核心是计算目标图像和对应密度图的关系，而点标注图像的密度图生成是学习这种关系的重要基础，因此本节主要介绍点标注图像的密度图生成。

假设给定了 N 个训练样本图像 $\boldsymbol{I}_1, \boldsymbol{I}_2, \cdots, \boldsymbol{I}_N$，每张图像 $\boldsymbol{I}_i$ 中的每个像素点 p 对应的特征向量为 $x_p^i \in \mathbb{R}^k$。每张训练图像 $\boldsymbol{I}_i$ 被标记了一系列二维的点 $\boldsymbol{P}_i = \left\{ P_i, \cdots, P_{C_i} \right\}$，

C_i 是用户标注的总共物体的个数。因此，对于每个像素 p 的密度函数定义为基于标注点的 2D 高斯核函数之和：

$$F_i^0(p) = \sum_{P \in P_i} \mathcal{N}(p; P; \sigma^2) \tag{4-46}$$

其中 p 代表一个像素点，$\mathcal{N}(p; P; \sigma^2)$ 表示在 p 处的归一化 2D 高斯核的值，其中 2D 高斯核的均值在用户标记点 P 处，σ 是平滑程度参数，它的值比较小，通常只有几个像素。在这样的定义下，基于点标注图像的整个密度图之和 $\sum_{p \in I_i} F_i^0(p)$ 和图像中实际点的个数 C_i 并没有精确的匹配，这是因为存在部分点非常靠近图像的边缘而他们的高斯概率分布部分出现在了图像之外。在大部分应用中，这种现象是自然的并且更加真实的结果，因为处于边界的物体不应该算作一整个完整的物体，而应该是物体的一部分。如图 4-50 所示，图 4-50（a）是手工标注的图像，图中细胞的位置采用红色的点标注，图 4-50（b）是 3D 标注图，密度图的生成过程就是对标注点图进行光滑处理的过程，图 4-50（a）生成的密度图如图 4-50（c）所示。

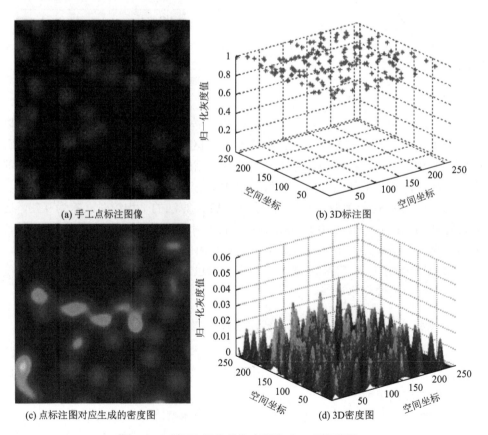

(a) 手工点标注图像　　　　　　(b) 3D标注图

(c) 点标注图对应生成的密度图　　　　(d) 3D密度图

图 4-50　点标注图像的密度图生成（后附彩图）

根据公式（4-46）的定义，训练图像 I_i 的密度图 I_i^d 定义为：

$$\forall p \in I_i^d, \ I_i^d(p) = F_i^0(p) \tag{4-47}$$

本节中训练数据是以块的形式出现的，因此从训练图像 I_i，$i = \{1, 2, \cdots, N\}$ 提取了一系列对应的图像块 $\boldsymbol{Y} = \{\boldsymbol{y}_1, \boldsymbol{y}_2, \cdots, \boldsymbol{y}_M\}$（$\boldsymbol{y}_i \in \mathbb{R}^{n \times 1}$）。从密度图图像 I_i^d，$i = \{1, 2, \cdots, N\}$ 提取的对应块的密度图的集合为 $\boldsymbol{Y}^d = \left\{\boldsymbol{y}_1^d, \boldsymbol{y}_2^d, \cdots, \boldsymbol{y}_M^d\right\}$。所有来自于 $\boldsymbol{Y}$ 和 $\boldsymbol{Y}^d$ 的块可以分别认为是两个特征空间的特征向量。

完成以上内容后，我们可以得到切分后的密度块 $\boldsymbol{Y}^d = \left\{\boldsymbol{y}_1^d, \boldsymbol{y}_2^d, \cdots, \boldsymbol{y}_M^d\right\}$ 和样本块 $\boldsymbol{Y} = \{\boldsymbol{y}_1, \boldsymbol{y}_2, \cdots, \boldsymbol{y}_M\}$。因此对于一个待测试块 $\boldsymbol{x}$，本节需要在样本块集合 $\boldsymbol{Y}$ 中找到和测试块 k 个近邻的样本块。由于样本块的数量较大，维数较高，因此可以将 k 近邻样本块的选择问题归结为通过距离函数 $D(.)$ 在高维矢量空间进行相似性检索的问题。

为了解决这个高维矢量空间的相似性搜索问题，本节采用 K-D 树（Bentley J L，1975）进行候选样本的搜索。K-D 树（k-dimension tree）是对数据点在 k 维空间中划分的一种数据结构，主要用于多维空间关键数据的搜索，基于 K-D 树的最近邻搜索算法步骤如下：

（1）在 K-D 树中找出包含测试块 $\boldsymbol{x}$ 的叶结点：从根结点出发开始寻找，递归地向下搜索 K-D 树。若测试块 $\boldsymbol{x}$ 当前维的坐标值小于切分点的坐标值，则将测试块移动到左子结点，否则将测试块移动到右子结点，直到搜索到叶结点为止。

（2）将该叶结点作为"当前最近块"，递归地向上回溯，在每个结点进行以下操作：

①如果该结点保存的样本块比当前最近块距离目标块更近，则更新"当前最近块"，也就是说以该样本块为最新的"当前最近块"。

②当前最近块一定存在于该结点的一个子结点对应的区域，因此需要检查兄弟结点对应的区域是否有更近的样本块。具体做法是，检查兄弟结点对应的区域是否以目标样本块为球心，以目标样本块与"当前最近块"间的距离为半径的圆或超球体相交。如果相交，可能在兄弟结点对应的区域内存在距目标样本块更近的图像块，移动到兄弟结点，接着继续递归地进行最近邻搜索；如果不相交，向上回溯。

③当回退到根结点时，搜索结束最后的"当前最近块"即为测试块 $\boldsymbol{x}$ 的最近邻块。

4.4.4　密度图重构

本节将介绍密度图重构的方法，密度图重构是基于密度估计的视觉目标计数的重要步骤。本节首先探索了目标图像块和密度块的几何结构的相似性，然后利用这种局部几何结构相似性，通过保留有标签的训练样本图像块所在流形空间的局部几何结构，重构出目标图像的密度图。但是这种重构的方法对于最后的目标计数是不稳定的，因此引入了稀疏约束，提出了稀疏约束下的密度图重构。然而稀疏约束下的密度图没有考虑图像块的结构性，无法处理复杂背景的情况，因此本节提出了局部低秩约束下的密度图重构方法。

1. 图像块和密度块的局部几何结构相似性

通过观察目标场景图和对应的密度图（图4-51）可以发现，在目标图像中目标物体密集的地方对应的密度图中也会相应的密集，如图4-51（a）所示，在目标图像中目标物体稀疏的地方对应的密度图中也会相应的稀疏，如图4-51（b）所示，以蜜蜂图像为例进行类比。所以无论目标对象是鸟类还是蜜蜂，数据集中的图像和对应基于点标注图像生成的密度图在物体的形状和空间分布上具有很高的相似性。因此，我们可以提出合理假设，从目标场景图像中提取的块形成的流形空间和密度图提取的块形成的流形空间具有相似的局部几何结构。

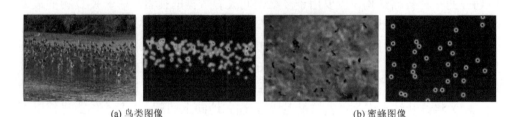

(a) 鸟类图像　　　　　　　　　　　　　　　　(b) 蜜蜂图像

图 4-51　目标图像和对应的密度图

对于本节的视觉目标计数，在目标图像块和密度图块两个特征空间内，局部线性嵌入可以通过邻域内特征向量间的关系来描述这种局部几何结构，最终目标场景图像的密度图块可以通过保留这种局部几何结构而被邻域内的密度块重构出来。

2. 有标签训练样本的密度图重构

为了在少量标注样本的情况下依旧能精确地进行目标计数，我们在之前的工作（Wang et al.，2016）中提出一种基于有标签训练样本的图像目标计数方法。它基于目标密度图估计，但不同于往常的通过计算映射函数来求密度图，而是通过从训练样本中选择的图像块对应的密度块来估计。该方法是通过对图像块的泛化来估计密度图，因此需求的样本量较少。

本节提出的方法是基于局部线性嵌入的相关理论，即通过对目标图像和对应密度图的观察，假设图像块形成的流形空间和图像块对应的密度块形成的流形空间共享相似的局部几何结构。通过这个有相关统计学支持的假设，本节可以利用有标签训练样本图像块和输入的测试图像块求出该测试图像块的局部几何结构，所以测试图像块对应的密度图可用样本图像块对应的密度图通过保留求得的局部几何结构来重构。例如，给定测试样本块 x，近邻样本在训练样本空间 Y 的重构系数可以通过最小化重构误差计算得到。然后将重构系数应用到近邻块的密度图上，得到测试块图像的密度图 x^d，这种使用泛化样本重构密度图的方法称为有标签训练样本的密度图重构方法，而基于这种密度图重构方法进行的目标计数被称为基于实例的视觉目标物体计数（example-based voc，E-VOC）。其公式化描述为：

$$\forall i \in \{1, 2, \cdots, K\}, w_i^* = \arg\min \left\| x - \sum_{\tilde{y}_i \in D_Y} w_i \tilde{y}_i \right\|_2^2 \quad (4\text{-}48)$$

$$\text{s.t.} \forall \tilde{y}_i \in D_Y, D(f(x), f(\tilde{y}_i)) \leqslant \varepsilon$$

$$\forall y \in Y - D_Y, D(f(x), f(y)) \geqslant \varepsilon; \sum_{i=1}^k w_i = 1 \quad (4\text{-}49)$$

$$x^d \cong \sum_{\tilde{y}_i^d \in D_Y^d} w_i^* \tilde{y}_i^d \quad (4\text{-}50)$$

其中 D_Y 是训练块的一个子集，它代表的是在 Y 空间中 x 的 k 个近邻。$\tilde{y}_i$ 是 D_Y 中的一个训练样本块，$f(\cdot)$ 是特征提取器。$\varepsilon > 0$ 并且它的值保证了 D_Y 只能包含 k 个元素，从而能够从 Y 空间中选择 x 的 k 个近邻形成近邻集合 D_Y。$D(.)$ 是相似度测量函数。$\tilde{y}_i^d$ 是 $\tilde{y}_i$ 的密度图。

公式（4-48）计算的是 x 的局部几何结构，公式（4-49）定义了选择的近邻样本，公式（4-50）通过保持相同的局部几何结构重构密度图 x^d。由于是最小二乘法形式的约束，因此公式（4-48）具有解析解，w 也可以通过公式（4-51）可以快速计算出来。

$$w = \left(D_Y^T D_Y + \lambda I \right)^{-1} D_Y^T x_f \quad (4\text{-}51)$$

公式（4-49）中约束条件的实现通常采用 K 近邻（k-nearest-neighbors，KNN）算法。

3. 稀疏约束下的密度图重构（ASE）

由于基于有标签训练样本的密度图重构是在泛化的训练样本块上估计密度，因此在小训练集下可以获得良好的性能。但是该算法的结果相比于特征回归的方法是不够稳定的。这是由于基于实例的密度重构虽然可以处理训练样本不充分的情况，但是近邻的大小 k 是预先设定的，k 的选择会影响算法的性能。受到稀疏表示的性能和其在领域学习的应用的启发（Olshausen，1997；Yang et al.，2009），本节之前的工作在公式（4-48）、公式（4-49）上改进了模型，在搜索近邻样本时同时加入局部和稀疏约束来自动选择近邻样本，其公式化描述如下：

$$\min \| x - Yw \|_2^2 \ \text{s.t.} \| d \lfloor w \rfloor_+ \|_2^2 \leqslant \varepsilon, \| w \|_0 \leqslant t, \mathbf{1}^T w = 1 \quad (4\text{-}52)$$

其中 $w = [w_1, w_2, \cdots, w_M]^T$，$d = [D(f(x), f(y_1)), D(f(x), f(y_2)), \cdots, D(f(x), f(y_M))]$，$\lfloor w \rfloor_+$ 是指设置 w 中所有非零元素为 1，t 是 w 中非零元素个数的最大值。值得注意的是公式中的优化问题是 NP-hard 问题，研究表明使用 L_1 模，稀疏系数 w^* 可以有效求解（Donoho，2016）。

$$\min \|x - Yw\|_2^2 \; \text{s.t.} \; \|d \lfloor w \rfloor_+\|_2^2 \leqslant \varepsilon, \|w\|_1 \leqslant t, \mathbf{1}^T w = 1 \tag{4-53}$$

使用拉格朗日乘数形式后其等效的公式化描述为：

$$w^* = \arg\min_w \|x - Yw\|_2^2 + \lambda_1 \|d \lfloor w \rfloor_+\|_2^2 + \lambda_2 \|w\|_1 \; \text{s.t.} \mathbf{1}^T w = 1 \tag{4-54}$$

其中 λ_1 和 λ_2 是权衡局部性和稀疏性的规则化因子，第二项的作用是迫使选择邻近的向量，第三项的作用是选择潜在的候选向量时迫使其 w^* 的稀疏性。在局部性和稀疏性的双重约束下，对于待测试样本块 x 可以保证自动地选择其邻近的样本。

SE-VOC 算法尽量选择少量的训练样本块来重构输入的块，但是公式（4-54）在整个样本空间搜索，是非常耗时的，我们在扩展版中提出了有效的 SE-VOC 算法的实现方法基于实例的近稀疏约束视觉目标计数算法（approximated sparsity-constrained example based voc，ASE-VOC）（Wang et al.，2016）。ASE-VOC 通过分别解决局部和稀疏约束来估计近邻块和重构系数。为了避免直接求解公式（4-54），本节首先从训练样本块中选择 k 个近邻样作为局部字典 D_Y，其中 $k \gg t$，然后求解稀疏系数 w：

$$w^* = \arg\min_w \|x - D_Y w\|_2^2 + \lambda \|w\|_1 \; \text{s.t.} \mathbf{1}^T w = 1 \tag{4-55}$$

其中 $w = [w_1, w_2, \cdots, w_k]^T$。

尽管这种方法不能同时做到局部和稀疏的约束，但是使用一个相对较大的近邻样本构造的字典 D_Y 已经在最后的稀疏解上表现了局部的约束。因此，ASE-VOC 算法计算的结果和 SE-VOC 算法的结果是类似的，而 ASE-VOC 算法具有更高的效率。

经典的 KNN 中 k 通常设置为 5，这里为了确保 w 的稀疏性，使用较大的 $k = 128$。在估计目标图像中物体的个数时，ASE-VOC 算法最耗时的是搜索部分。为了对这个部分加速，这里使用 K-D 树结构来加速搜索。算法 4-5 显示了完整的 ASE-VOC 算法流程。

算法 4-5　ASE-VOC 算法流程

输入：测试图像 X，训练样本集 Y 和对应的密度集 Y^d
输出：重构的密度图 X^d，估计的目标个数 $c(X)$
对于每个从测试图像 X 利用映射矩阵 P_{ij} 提取的输入图像块 x_{ij}，其中 P_{ij} 是一个从测试图像 X 提取第 (i,j) 个块的映射矩阵。

● 找到候选集合 $D_Y = \{y_{t_1}, y_{t_2}, \cdots, y_{t_k}\}$，$D_Y \subseteq Y$，候选集合中的元素是与输入图像块 x_{ij} 最相似的 K 个块。

密度图集合 $\boldsymbol{D}_Y^d = \left\{ \boldsymbol{y}_{t_1}^d, \boldsymbol{y}_{t_2}^d, \cdots, \boldsymbol{y}_{t_K}^d \right\}$ 是来自于 $\boldsymbol{D}_Y^d = \left\{ \boldsymbol{y}_{t_1}^d, \boldsymbol{y}_{t_2}^d, \cdots, \boldsymbol{y}_{t_K}^d \right\}$ 与候选集合 $\boldsymbol{D}_Y$ 对应的集合。

- 通过使用正交匹配追踪算法来求解公式（4-55），进而找到最终选择的样本块和其对应的权重 $\boldsymbol{w}$ 。
- 计算密度块： $\boldsymbol{x}_{ij}^d = \boldsymbol{D}_Y^d \boldsymbol{w}$ ，把块 $\boldsymbol{x}_{ij}^d$ 整合到图像 $\boldsymbol{X}^d$ 上。

得到测试图像的重构密度图： $\boldsymbol{X}^d$ 以及测试图像 $\boldsymbol{X}$ 的目标物体个数： $c(\boldsymbol{X}) = \sum_{p \in \boldsymbol{X}^d} \boldsymbol{X}^d(p)$ 。

4. 局部低秩约束下的密度图重构（LLRE）

在之前的 E-VOC 算法工作中，本节发现从图像中提取的样本块和对应的密度块具有相似的局部几何结构，因此通过保留这种局部几何结构，目标密度图就可以被重构出来。E-VOC 算法虽然可以处理训练样本较少的情况，但是 E-VOC 算法的结果是不稳定的，为了克服这个缺陷，在扩展版本上引入了稀疏约束并称之为 ASE-VOC 算法。实验结果显示 ASE-VOC 在背景干净或者前景是可提取的时候性能较好，但是当训练样本不充分的时候，尤其只有一张图像的时候，前景的提取是一项具有挑战性的工作。本节要解决不充分训练集下复杂背景的视觉目标计数问题。

由于 ASE-VOC 算法使用的是稀疏约束，没有考虑潜在的数据结构，因此当训练样本的背景是复杂的时候，稀疏约束不能保证选择的样本具有相似的结构，从而影响算法的性能。为了解决这个问题，本节提出了一个创新的基于实例和局部低秩约束的视觉目标计数算法（local low-rank constrained example based VOC，LLRE-VOC）（Huang et al., 2017b）。LLRE-VOC 算法不使用稀疏约束而是探索局部低秩约束在样本选择中的特性。Arpit 等（2012）发现在人脸识别中使用局部约束的低秩编码后算法的性能得到了较大的提升，这是由于对于给定的一个测试人脸，用来重构该人脸的样本只是来自于具有相似结构的同一个类别而不是混合的类别。受到该文的启发，本节应用局部低秩约束去选择具有相似结构的训练样本。图 4-52 给出了概念性的解释对于 ASE-VOC 和本节提出的 LLRE-VOC 在样本选择机制上的不同，具有同样颜色的块在相同的子空间具有相似的结构。图 4-52（a）

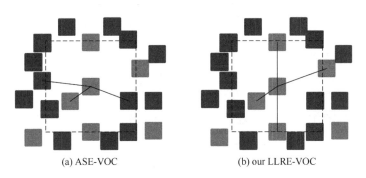

(a) ASE-VOC　　　　　　　　(b) our LLRE-VOC

图 4-52　样本选择机制的概念图

中稀疏约束可能会选择位于不同子空间的样本，图 4-52（b）中的 LLRE 约束则可以选择与测试块最相近的子空间。

基于上面的想法，本节引入了局部低秩约束到 E-VOC 问题中，然后提出了一个基于实例和局部低秩约束的视觉目标计数算法（LLRE-VOC），其公式化表达为：

$$\boldsymbol{w}^* = \arg\min_{\boldsymbol{w}} \| \boldsymbol{x}_f - \boldsymbol{D}_Y \boldsymbol{\omega} \|_2^2 + \lambda_1 \| \boldsymbol{D}_Y diag(\boldsymbol{w}) \|_* + \lambda_2 \| \boldsymbol{l} \odot \boldsymbol{w} \|_2^2 \tag{4-56}$$

其中 $\boldsymbol{w} \in \mathbb{R}^k$ 代表 k 个向量的权重，$\boldsymbol{D}_Y$ 为相对较大的近邻样本构造的字典，矩阵 $\boldsymbol{D}_Y diag(\boldsymbol{w})$ 代表用来重构输入样本 $\boldsymbol{x}_f$ 的训练样本。$\boldsymbol{l} \in \mathbb{R}^k$ 表示衡量从 $\boldsymbol{x}_f$ 到每个训练样本 $\boldsymbol{d}_i$ 的指数距离。l_i 的定义为：

$$l_i = \exp(\| \boldsymbol{x}_f - \boldsymbol{d}_i \| / \sigma) \tag{4-57}$$

这里将 $\boldsymbol{l}$ 的值归一化为 0 到 1。公式（4-56）中参数 λ_1 和 λ_2 是权衡结构相似性和局部性的规则化系数。

为了求解该优化问题，本节将公式（4-56）转化为以下形式：

$$\min_{\boldsymbol{w}} \| \boldsymbol{x}_f - \boldsymbol{D}_Y \boldsymbol{w} \|_2^2 + \lambda_1 \| \boldsymbol{Z} \|_* + \lambda_2 \| \boldsymbol{l} \odot \boldsymbol{w} \|_2^2$$
$$\text{s.t. } \boldsymbol{Z} = \boldsymbol{D}_Y diag(\boldsymbol{w}) \tag{4-58}$$

上述问题可以通过以下的增广的拉格朗日形式解决。

$$\min_{\boldsymbol{w},\boldsymbol{Z}} \| \boldsymbol{x}_f - \boldsymbol{D}_Y \boldsymbol{w} \|_2^2 + \lambda_1 \| \boldsymbol{Z} \|_* + \lambda_2 \| \boldsymbol{l} \odot \boldsymbol{w} \|_2^2 + tr[\boldsymbol{\Lambda}^{\mathrm{T}}(\boldsymbol{D}_Y diag(\boldsymbol{w}) - \boldsymbol{Z})]$$
$$+ \frac{\mu}{2} \| \boldsymbol{D}_Y diag(\boldsymbol{w}) - \boldsymbol{Z} \|_F^2 \tag{4-59}$$

其中 $tr(\cdot)$ 表示矩阵的迹，$\|\cdot\|_F$ 是弗罗贝尼乌斯范数（Frobenius norm），$\boldsymbol{\Lambda}^{\mathrm{T}}$ 是拉格朗日乘子，μ 是惩罚参数。算法 4-6 显示了采用交替方向乘子法（ADMM）求解公式（4-56）优化问题的步骤。算法中步骤 1 可以根据文献（Cai et al., 2010）中奇异值阈值化操作求解出来。步骤 2 中的 $\boldsymbol{w}$ 可以通过简单的代数计算得到。

算法 4-6　ADMM 算法求解 LLRE-VOC

输入：$\boldsymbol{x}_f$，$\boldsymbol{D}_Y$，λ_1，λ_2

输出：$\boldsymbol{w}$

初始化：$\boldsymbol{w} = 0, \boldsymbol{\Lambda} = 0, \mu = 10^{-3}, \rho = 3, u = 10^{10}, \varepsilon = 10^{-8}$

执行

固定其他不动，通过下面的式子更新 $\boldsymbol{Z}$

$$\min_{\boldsymbol{Z}} \frac{\lambda_1}{\mu} \| \boldsymbol{Z} \|_* + \frac{1}{2} \left\| \boldsymbol{Z} - \left(\boldsymbol{D}_Y diag(\boldsymbol{w}) + \boldsymbol{\Lambda}/\mu \right) \right\|_F^2$$

固定其他不动，通过下面的式子更新 $\boldsymbol{w}$

$$\boldsymbol{w} = (P + diag(p_1)) / p_2$$
$$P = 2\boldsymbol{D}_Y^{\mathrm{T}} \boldsymbol{D}_Y + 2\lambda_2 diag(\boldsymbol{l}) \odot diag(\boldsymbol{l})$$

$$p_1 = \mu(\boldsymbol{D}_Y \odot \boldsymbol{D}_Y)^\mathrm{T} 1$$

$$p_2 = 2\boldsymbol{D}_Y^\mathrm{T} x_f + \mu(\boldsymbol{Z} \odot \boldsymbol{D}_Y)^\mathrm{T} 1 - (\Lambda \odot \boldsymbol{D}_Y)^\mathrm{T} 1$$

更新拉格朗日和惩罚系数

$$\Lambda \leftarrow \Lambda + \mu(\boldsymbol{D}_Y diag(\boldsymbol{w}) - \boldsymbol{Z})$$

$$\mu \leftarrow \min(\rho\mu, \mu)$$

检查收敛条件

$$\left\| \boldsymbol{D}_Y diag(\boldsymbol{w}) - \boldsymbol{Z} \right\|_\infty < \varepsilon$$

直到步骤 4 收敛

4.4.5　基于局部低秩约束的密度图重构与目标计数（LLRE-VOC）

通过上述章节的分析，现有的主流视觉目标计数算法是假设背景干净或者前景可提取的，但是背景复杂时，或者训练样本不充分，尤其只有一张图像的情况下，前景的提取是非常困难的，视觉目标计数的性能受到很大的影响。针对小样本复杂背景的问题，本节通过观察样本块的结构特性和局部特性，提出了一种基于实例和局部低秩约束的视觉目标计数算法（LLRE-VOC），该算法主要包含 3 个步骤，数据的准备，近邻样本的选择以及密度图的重构，算法流程图如图 4-53 所示，其中虚线和实线框分别代表数据和操作。

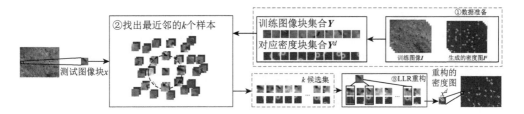

图 4-53　LLRE-VOC 算法的流程图（后附彩图）

首先在第一步数据准备阶段，对于训练图像 $\boldsymbol{I}$，根据上节点标注图像的密度图生成，可以得到训练图像对应的密度图 $\boldsymbol{I}^d$，此后的每个阶段，训练图像和对应的密度图都是成对出现的。得到训练图像和对应的密度图后，将其分成 1×1 大小的块，分别得到训练图像样本块集合 $\boldsymbol{Y} = \{y_1, y_2, \cdots, y_M\}\left(y_i \in \mathbb{R}^{n \times 1}\right)$ 以及密度块集合 $\boldsymbol{Y}^d = \left\{y_1^d, y_2^d, \cdots, y_M^d\right\}$，至此数据准备完毕。

在第二步近邻样本选择阶段，使用及切比雪夫距离测度来测量不同块之间的相似度进而定义近邻。并使用 K 近邻（KNN）算法找到与测试样本最相邻的 k 个候选样本 $\tilde{\boldsymbol{Y}} = \{\tilde{y}_1, \tilde{y}_2, \cdots, \tilde{y}_k\}$。

最后在密度图重构阶段，本节提出的 LLRE-VOC 算法使用了局部低秩约束，在候选样本中选择与测试样本块具有相似结构的训练样本块，对于选中的训练样本块 $\tilde{\boldsymbol{y}}_i$ 找到与其对应的密度块 $\tilde{\boldsymbol{y}}_i^d$，并利用这些密度块重构出待测试样本块的密度图 $\boldsymbol{x}^d$，最后利用每个密度块拼成完整的密度图。

4.4.6 LLRE-VOC 算法性能

下面在对 LLRE-VOC 算法进行的算法性能测试中，首先分析 LLRE-VOC 算法的算法复杂度，之后分别在简单背景和复杂背景的场景中对 LLRE-VOC 算法进行性能评测。

1. LLRE-VOC 算法复杂度

本小节将分析 LLRE-VOC 算法的时间复杂度，给出其计算的推导过程的计算，并分析其性能。分析整个 LLRE-VOC 算法流程，算法耗时主要在第二阶段 K 近邻候选样本的选择和第三阶段密度图重构。第二阶段中本节采用 K-D 树结构来加速候选样本的搜索过程，因此第二阶段的 K 近邻候选样本的选择的复杂度为 $O(k\log M)$，其中 M 为训练样本块的个数。下面将主要分析第三阶段的算法复杂度。

算法 4-6 给出了使用交替方向乘子法求解 LLRE-VOC 算法的过程，本节将分析每一阶段的复杂度，并给出最终的复杂度。其中 $\boldsymbol{D}_Y$ 是 $p \times k$ 的矩阵，k 是 K 近邻选择的样本个数，p 为特征的维度。

对于第 1 步更新 $\boldsymbol{Z}$，本节采用奇异值分解的方法（singular value decomposition，SVD）求解，因此算法的复杂度为 $O(k^2 p)$；

对于第 2 步更新 w，计算次数最多的是 P，$\boldsymbol{D}_Y^{\mathrm{T}} \boldsymbol{D}_Y$ 的计算次数为 $k^2 p$，所以第二步的算法复杂度为 $O(k^2 p)$；

对于第 3 步更新拉格朗日和惩罚系数，$\boldsymbol{D}_Y diag(w)$ 需要计算 $k^2 p$ 次，因此第三步的算法复杂度为 $O(k^2 p)$；

对于第 4 步检查收敛条件，只需要作减法判断，因此算法复杂度为 $O(1)$；

因此，LLRE-VOC 的算法复杂度为：

$$O(k\log M) + (O(k^2 p) + O(k^2 p) + O(k^2 p) + O(1)) = O(k^2 p) \qquad (4\text{-}60)$$

类似的 ASE-VOC 算法耗时也主要在第二阶段 K 近邻候选样本的选择和第三阶段密度图重构，第二阶段的复杂度为 $O(k\log M)$，第三阶段采用正交匹配追踪的方法，时间复杂度为 $O(kpl)$，其中 l 为稀疏度，因此 ASE-VOC 的算法复杂度为：

$$O(k\log M) + O(kpl) = O(kpl) \qquad (4\text{-}61)$$

由上述分析可知，LLRE-VOC 算法复杂度为 $O(k^2 p)$，ASE-VOC 算法复杂度

为 $O(kpl)$，虽然由于 $k>1$ 本节提出的算法比 ASE-VOC 算法的复杂度稍高，但是总体上来讲，这两个算法的复杂度都是同一级别的，都是三次方的运算，而且本节的算法可以处理小样本复杂背景的情况，因此本节的 LLRE-VOC 算法是更具有优势的。

2. 简单背景下 LLRE-VOC 算法与主流视觉目标计数算法性能比较

为了比较简单背景下不同视觉目标计数算法的性能，本实验采用了 Fly 数据集，Fly 数据集图片的背景为纯黑色，背景非常单一适用于本实验的要求。

本节采用前 32（1：6：187）张图像作为训练图像，后 50 张（301：6：600）的图像作为测试图像。为了比较在不充分数据集上本节算法的性能，本节分别使用前 N（$N=1, 2, \cdots, 32$）张图像作为训练集。ASE-VOC 算法和 LLRE-VOC 算法所用的特征都是基于原始灰度图像提取的密集 SIFT 特征，块步长设为 4。表 4-13 为本节 LLRE-VOC 算法在简单背景下与主流视觉目标计数算法的平均绝对误差比较。黑色背景，背景非常单一适用于本实验的要求。

表 4-13　Fly 数据集下 LLRE-VOC 与主流视觉目标计数算法 MAE 性能比较表

算法	$N=1$	$N=2$	$N=3$	$N=4$	$N=5$	$N=32$
密度学习（density learning）(Lempitsky and Zisserman, 2010)	20.19	19.02	19.17	18.55	18.59	17.52
ASE-VOC（Wang et al.，2016）	16.50	12.31	11.71	11.04	10.69	10.06
LLRE-VOC（Huang et al.，2017b）	11.84	9.39	9.31	8.97	8.59	8.58

从表 4-13 可以得出以下结论：

（1）相比于密度学习算法，本节提出的 LLRE-VOC 算法性能比较优越，在不需要提取复杂特征的情况下，无论训练样本数量的大小，LLRE-VOC 算法都可以表现出更好的性能。

（2）相比于 ASE-VOC 算法，本节的算法总体上提供一个更小的平均绝对误差，尤其在只有一个训练样本的时候，LLRE-VOC 算法的平均绝对误差为 11.84 个相比于 ASE-VOC 算法的平均绝对误差 16.50 减少了 4.66 个。由于 ASE-VOC 和 LLRE-VOC 只是在密度图重构过程中的样本选择机制不同，因此说明了即使背景比较简单，但是只要目标图像块存在一定的结构性，使用局部低秩约束来进行样本块的选择是具有优越性的。

（3）通过比较本节提出的 LLRE-VOC 算法和主流视觉目标计数算法可知，在背景简单时，LLRE-VOC 算法相比于主流视觉目标计数算法更加优越，尤其训练样本的数量不充分时，LLRE-VOC 算法其优越性能更加突出。复杂背景下 LLRE-VOC 算法与主流视觉目标计数算法性能比较。

为了比较复杂背景下不同视觉目标计数算法的性能，本实验采用了 Honeybee 和 BSBDV 2017 数据集，Honeybee 数据集的背景为杂乱的草丛，BSBDV 2017 数据集存在不同程度的光照、倒影、水波等干扰，背景相对 Honeybee 更加复杂，因此适用于本实验的要求。

Honeybee 数据集上，本节采用和 4.3.3 节相同的设置，前 32 张图像被用作为训练图像，后 50 张图像作为测试图像。为了比较在不充分数据集上本节算法的性能，本节分别使用前 N（$N = 1, 5, \cdots, 32$）张图像作为训练集。本节所用的特征都是原始的灰度图像数据，块步长设为 4。图 4-54 为本节 LLRE-VOC 算法在复杂背景下与主流视觉目标计数算法的平均绝对误差比较。

从中可以得出以下结论：

（1）相比密度学习算法，本节提出的 LLRE-VOC 算法的性能均要优于密度学习，尤其当训练样本 $N = 1$ 时，LLRE-VOC 算法的平均绝对误差只有密度学习一半。

（2）很明显从图中可以看出，ASE-VOC 算法在复杂背景下的计数的平均绝对误差较大，算法性能差，但是本节提出的 LLRE-VOC 算法无论训练样本数量的大小都能保持着较低的平均绝对误差，并且 LLRE-VOC 算法得到误差几乎只是 ASE-VOC 算法的一半，这也说明了本节提出的 LLRE-VOC 算法相比于 ASE-VOC 算法在复杂背景下的优越性。

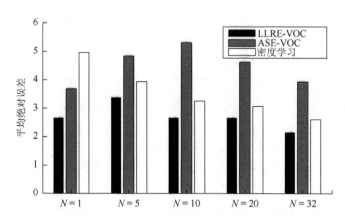

图 4-54　Honeybee 数据集下 LLRE-VOC 与主流视觉目标计数算法 MAE 性能比较

为了验证本节算法在块选择过程中具有突出优势，本节可视化了块选择的结果，如图 4-55 所示，从图中可以看到本节提出的 LLRE-VOC 算法选择了结构相似的块，但是 ASE-VOC 的方法选择了一些不相似的块。因此本节提出的方法对于复杂背景下的视觉目标物体计数是有效的。

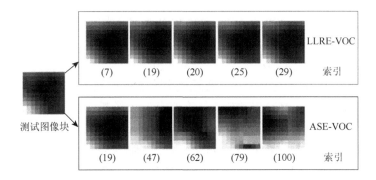

图 4-55　测试图像块的选择结果

BSBDV 2017 数据集上，本节将前 36 张图像作为训练集图像，后 8 张图像作为测试集图像，为了比较在不充分数据集上本节算法的性能，本节在 36 张训练集图像中随机抽取了 N（$N = 1, 5, \cdots, 30$）张图像作为训练集，并且采用 5 次交叉验证，得到平均绝对误差和标准差，其中所用的图像块大小为 4×4，LLRE-VOC 算法的块步长设为 4。表 4-14 为 BSBDV 2017 数据集上 LLRE-VOC 算法在复杂背景下与主流视觉目标计数算法的平均绝对误差比较。

表 4-14　BSBDV 2017 数据集下 LLRE-VOC 算法与主流视觉目标计数算法 MAE 性能比较

算法	特征	$N = 1$	$N = 5$	$N = 10$	$N = 20$	$N = 30$
密度学习（Lempitsky and Zisserman，2010）	（1）	17.54±7.68	13.43±2.75	12.25±2.62	11.13±1.92	10.11±1.02
CS-SLR（Huang et al.，2016）	（2）	28.93±7.77	11.18±1.07	10.64±2.43	10.40±3.18	9.82±2.08
ASE-VOC（Wang et al.，2016）（step＝4）	（3）	24.37±6.22	19.34±3.16	17.31±4.91	14.58±1.33	14.47±0.66
ASE-VOC（Wang et al.，2016）（step＝2）	（3）	16.84±5.15	12.57±2.48	8.85±2.18	8.69±1.10	8.47±0.30
LLRE-VOC（Huang et al.，2017b）	（3）	10.34±6.99	6.26±1.87	4.36±0.45	4.04±0.67	3.98±0.17

注：（1）Dense SIFT + Bag of words；（2）Fused feature；（3）Raw data

从表 4-14 可以得出以下结论：

（1）相比于密度学习算法，虽然两种算法都能随着训练样本的增加，平均绝对误差下降性能提升，但是本节 LLRE-VOC 算法的性能收敛得较快，在 N = 20 时平均绝对误差就稳定在 4.0 上下，而密度学习算法即使训练样本 N 增加到 30 其平均绝对误差仍然有 10.11 个。

（2）相比于本书第 3 章提出的 CS-SLR 算法，本节提出的 LLRE-VOC 算法性能表现更加优越，这是因为 CS-SLR 算法是处理不平衡数据集的情况。数据集

RSBDV 2017 的分布较为平衡，因此 CS-SLR 算法的性能并不突出，但是与其他算法相比也是具有可比性的。

（3）相比于 AS-VOC 算法，当步长和 LLRE-VOC 算法都设为 4 时，本节提出的 LLRE-VOC 算法无论训练样本数量的大小都能保持着较低的平均绝对误差，而 ASE-VOC 算法平均绝对误差较大，在复杂背景场景下性能遇到瓶颈。并且从表中可以看出 LLRE-VOC 算法得到误差几乎只是 ASE-VOC 算法的三分之一。

（4）当 AS-VOC 算法的步长设为 2 时，算法性能得到了较大的提升，算法的绝对误差可以收敛在 8.5 左右，但是相比于步长为 4，当步长设为 2 时相应的时间复杂度也增加为原来的 4 倍。而 LLRE-VOC 算法在步长为 4 的时候，性能就可以达到最优的效果，这说明了本节提出的 LLRE-VOC 算法在处理复杂背景的优越性。

（5）总体来说，LLRE-VOC 算法并不需要提取复杂的特征，只需要使用原始图像数据就可以在小样本复杂条件下获得较为优越的性能。

为了进一步说明本节提出的 LLRE-VOC 算法在处理复杂背景的优越性，本节可视化了测试集中两张图像在不同算法下的密度图重构结果，如图 4-56 所示，图 4-56（a）为原始的图像，图 4-56（b）为对应的点标注图像生成的真实密度图，图 4-56（c）为采用 LLRE-VOC 算法重构出的密度图，图 4-56（d）为采用 ASE-VOC 算法重构的密度图，图 4-56（e）为采用密度学习算法重构的密度图。

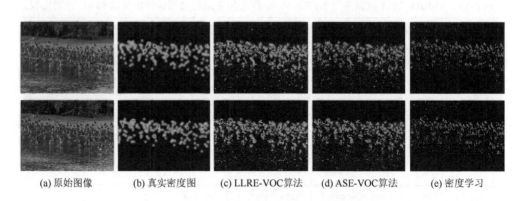

(a) 原始图像　　(b) 真实密度图　　(c) LLRE-VOC算法　　(d) ASE-VOC算法　　(e) 密度学习

图 4-56　测试集在不同算法下的密度图

从图 4-56 中可以看到 LLRE-VOC 算法在重构密度图的时候，可以较好地区分复杂的树木背景并且可以大致地重现出目标分布的信息，而 ASE-VOC 算法由于无法选择相似结构的块，因此存在较多块将树木的背景错认为是目标。至于密度学习算法，基本无法区分树木背景，而且从图中看出密度图的分布比较散乱，无法给出目标位置分布信息。因此本节提出的利用局部低秩约束选择具有相似结构块的算法对于复杂背景下的视觉目标物体计数是有效的。

第5章 基于视频的湿地鸟类生态智能监测平台

本章在第4章研发的鸟类生态参数自动获取技术基础上，设计和实现了基于视频的湿地鸟类生态智能监测平台。本章将从基于视频的湿地鸟类生态智能监测平台的平台设计、系统实现和系统演示三个方面进行细节介绍。

5.1 平 台 设 计

平台设计是平台开发的首要工作，本节内容完成了对湿地鸟类生态智能监测平台的功能设计、指标设计以及对其运行环境的设定。

5.1.1 功能设计

湿地是鸟类的栖息地，一方面湿地为鸟类提供了不可替代的生存环境，另一方面鸟类的分布、数量、繁殖、生理等特征可以直接反映湿地的环境状况，因而鸟类可以作为湿地生态系统监测与评价的指标。基于上个章节介绍的深度学习鸟类生态参数自动获取技术，本书开发了基于视频的湿地鸟类生态智能监测平台。该平台一方面实现了对鸟类活动记录的自动化，降低了观测和记录数据的劳动力成本，另一方面为湿地保护提供了新的科学方法和技术，具有积极的社会价值和重要的经济价值。

该平台共设计了 5 个核心功能，如图 5-1 所示，分别为鸟类检测、鸟种类分类、鸟类目标计数、图片搜索以及历史结果查询。依照以上功能需求，平台设计了 5 个功能模块，具体描述如下：

（1）鸟类检测模块：以视频、图片作为输入，检测出目标帧中的鸟个体，使用有色框标记鸟个体并记录鸟个体在目标帧中的位置信息，并将检测结果记录为文本文件；

（2）鸟种类分类模块：以视频、图片作为输入，识别出目标帧中鸟个体所属种类。该模块以深圳湾鸟类数据为样本，实现对 10 余种常见及珍稀鸟类的自动分类，其中包含黑脸琵鹭、红嘴鸥、海鸬鹚、白琵鹭和大白鹭等，并对识别结果进行记录；

（3）鸟类目标计数模块：以视频帧和图片作为输入，对目标帧中的鸟个体实现自动计数，并对计数结果进行记录。同时实现按照时间刻度显示监控地区出现的鸟类目标的数量变化曲线；

（4）图片搜索模块：用户可按照鸟的类别名称搜索系统识别过的鸟图片；

（5）历史结果查询模块：查询系统使用记录。

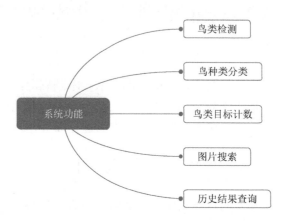

图 5-1　湿地鸟类生态智能监测平台功能结构

以上的 5 个核心功能中，鸟类检测、鸟种类分类和鸟类目标计数三个功能存在"自动"与"手动"两种模式。在"自动"的模式下，平台后台自动处理所拍摄的数据，并将运行结果进行保存；在"手动"模式下，平台配合用户人工操作，满足用户现场操控的需求。

除以上 5 个核心功能外，平台还实现了图像和视频数据载入、图像和视频数据显示和存储、数据查询等辅助功能。其中图像和视频数据载入功能实现了对平台输入数据的载入和存储，图像和视频数据显示功能实现了对载入数据的显示，支持"自动播放""下一张""上一张""暂停""加载图像、视频"等操作。

5.1.2　指标设计

基于视频的湿地鸟类生态智能监测平台以 3840×2748 的高清画质视频数据作为输入，技术指标概括如下：

该平台关注的鸟种类构成为："常见种" + "珍稀种"。种类的识别以候鸟（季节性迁徙鸟类）为主，同时兼顾留鸟（非季节性迁徙鸟类）。主要关注种类为深圳湾常见及珍稀鸟类共 10 种，包括黑脸琵鹭、黑嘴鸥、海鸬鹚、白琵鹭和黄嘴白鹭等。

（1）鸟类检测支持的最低鸟个体像素：120×120。在光照充足的条件下，检测平均准确率≥80%；

（2）鸟类种类识别支持的最低鸟个体像素：120×120。在光照充足的条件下，识别平均准确率≥80%；

（3）鸟类目标数量统计支持的最低鸟个体像素：50×50。在光照充足的条件下，数目统计平均准确率≥80%，即鸟类目标计数平均误差范围为±20%；

（4）鸟类种类和数量在线显示数据更新周期：20 s。

5.1.3　平台运行环境

平台的运作环境分为硬件和软件两部分，该两部分共同决定了湿地鸟类生态智能监测平台的运行基础。其中，硬件环境指的是平台运行的硬件配置，系统环境指的是平台运行的软件基础。湿地鸟类生态智能监测平台运行的参考硬件环境如表 5-1 所示。湿地鸟类生态智能监测平台运行的系统环境如表 5-2 所示。

表 5-1　平台运行的硬件环境及主要配置

项目	型号
CPU	Intel(R)Xeon(R)CPU E5-2620 v3 @ 2.40 GHz
内存	16 GB RAM
显卡	NVIDIA TITAN X(Pascal)
硬盘	200 G

表 5-2　平台运行的系统环境

项目	型号
操作系统	Ubuntu16.04 64 bit
语言环境	Python
软件环境	Caffe

5.2　系　统　实　现

对湿地鸟类生态智能监测平台系统实现的介绍分为研发环境、开发流程管理和研发周期等。

5.2.1　研发环境

研发环境主要包括硬件环境和软件环境。在软件环境中，深度学习框架是目前主流算法开发的基础工具，因此本节较为详细地介绍了本智能检测平台开发所使用的深度学习框架和依赖库。

1. 研发硬件与系统配置

本平台所有功能的开发均在一台图像服务器上进行，服务器配置如下：CPU为 Intel(R)Xeon(R)CPU E5-2620 v3 @ 2.40 GHz，GPU 为 TITAN X(Pascal)。服务器部分硬件配置信息如图 5-2 所示。

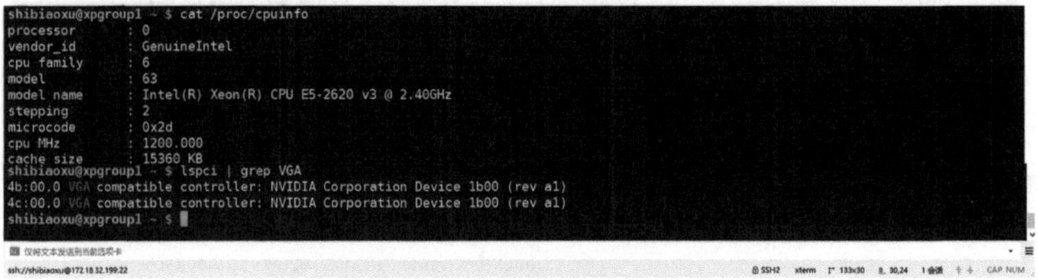

图 5-2　服务器部分硬件配置信息

服务器的操作系统是 amd64 架构的 Ubuntu16.04。Ubuntu 是一个开源的 GNU/Linux 操作系统，Ubuntu16.04 的默认程序编译器为 gcc 5.4，系统环境中默认包含了 Python 2.7 与 Python 3.5，符合本平台开发的系统要求。如图 5-3 所示。

图 5-3　服务器系统信息

2. 深度学习框架

随着深度学习热度提升，Google、Microsoft 和 Facebook 等互联网巨头都加入到深度学习框架的开发中，相继开源了自己的深度学习框架。当前市场中主流的深度学习框架有 Caffe、MXNet、TensorFlow、Torch、CNTK、Theano 和 Keras 等。这些框架被运用于计算机视觉、语音、自然语言处理以及生物信息学等领域。本平台的功能主要基于 Caffe 框架和 Torch 框架进行开发。

Caffe 框架由贾扬清最早开发，在 2013 年底发布，是第一个被主流接受的深度学习框架。Caffe 框架在视觉领域很受欢迎，但在构建递归网络以及语言建模等方面支持很差。Caffe框架基于C++/CUDA架构，支持在多设备上编译，具有pycaffe接口和 MATLAB 接口，模块化程度高且容易上手。Caffe 框架具有很好的开放社区，社区里存有大量的学习代码和训练好的模型可以直接使用。

Torch 框架是 Facebook 和 Twitter 等企业主推使用的科学计算框架，谷歌的 Alpha Go 项目也基于 Torch 框架开发。Torch 框架在近几年开源了大量深度学习扩展模块，其最大特点在于采用 Lua 作为编程语言，需要 LuaJIT 的支持。Torch 框架构建模型简单、模块化度高且提供了高效的 GPU 支持，与 C++、C#以及 Java等工业语言相比具有非常快的运行速度。

3. 依赖库

本平台的开发语言为 Python，算法基于 Caffe 框架和工具包以及 Torch 框架实现。用到的依赖库列举如下：

（1）Boost

Boost 是一个可移植的 C++库，内容涵盖字符串处理、正则表达式、容器、数据结构和设计模式实现等，使 C++更加高效。Boost 具有平台无关性，提供跨平台支持。Caffe 框架中的大量内容依赖于 Boost 库。

（2）ProtoBuffer

Google Protocol Buffer 是一种轻量效的结构化数据存储格式，用于结构化数据的序列化。Caffe 使用 ProtoBuffer 作为权值和模型参数的载体，开发者在使用时只需建立统一的参数描述文件（proto），之后利用 protoc 编译即可自动生成协议细节等关键部分代码。训练时，Caffe 首先读取 prototxt 文件，获得深度网络的配置数据，并据此设置内存中模型训练的参数变量。

（3）OpenCV

OpenCV 是计算机领域内最主流的视觉库，包含大量图像处理函数。Caffe 使用 OpenCV 完成一些图像存取、读写和预处理功能。

（4）LevelDB 和 LMDB

LevelDB 是一个基于 C/C++的高效 Key-Value 数据库，它提供单进程的高性能数据存储服务。LMDB 是一个提供极快、极小的 Key-Value 数据存储服务的库。LevelDB 和 LMDB 是 Caffe 支持的两个数据库。

（5）HDF5

HDF5 是一种高效存储的数据格式。它可以存储不同类型的图像和数据文件并在跨平台机器上传输，同时还提供了统一处理该文件格式的函数库。Caffe 训练得到的模型可保存为 HDF5 格式或默认的 ProtoBuffer 格式。

（6）GFlags

GFlags 是 Google 的一个开源处理命令行参数库，使用 C++开发。Caffe 采用 GFlags 库来开发命令行。

（7）Snappy

Snappy 是一个用于高速压缩和解压缩的 C++库。Snappy 比 Zlib 快，但压缩文件要相对大一些，Caffe 在数据处理时依赖 Snappy 库。

（8）GLog

GLog 是一个应用程序的日志库，提供与 Stream 类似的 C++风格的流日志接口以及各种辅助宏。Caffe 运行时的日志输出依赖 GLog 库。

5.2.2　开发流程管理

湿地鸟类生态智能监测平台的研发流程包括需求分析、可行性分析与项目开发计划、设计、编码、测试、发布维护等。由于涉及计算机软件著作权，开发流程文档不便公开，故此节仅介绍平台的流程管理概况。

（1）需求分析

该阶段明确平台要做什么，确定平台的功能、性能、数据和界面等要求。该阶段完成时产生平台的需求说明书。

（2）可行性分析与项目开发设计

这个阶段主要确定平台开发的目标及其可行性，明确要解决的问题及解决办法，以及解决问题需要的费用、资源和时间，进行问题定义和可行性分析，制定项目开发计划。该阶段产生平台的可行性分析报告和项目开发计划。

（3）设计

该阶段包括对湿地鸟类生态智能监测平台的概要设计和详细设计。首先设计软件的结构，明确软件系统的组成模块组成，模块的层次结构、调用关系以及功能，同时确定数据结构和数据库结构。之后对每个模块完成的功能进行具体描述，把功能描述转变为精确的结构化的过程描述，即该模块的控制结构或者逻辑结构。

该阶段结束时产生湿地鸟类生态智能监测平台设计说明书、数据库设计说明书和接口设计说明书等。

（4）编码

该阶段将湿地鸟类生态智能监测平台的模块控制结构转化为程序代码，即完成平台的代码开发。

（5）测试

该阶段是为了保证平台的运行质量，该阶段设置了具体的软件测试计划和测试用例文档，并将测试结果记录在软件测试报告中。

（6）发布与维护

该阶段将开发好的湿地鸟类生态智能监测系统进行部署和发布，完成平台开发，将其安装到客户的服务器上。维护是为平台客户提供培训、故障排除以及所需的软件升级。该阶段产生项目开发总结报告、用户手册、应用软件清单、源代码清单和维护文档等。

5.2.3　研发周期

按照以上开发流程，湿地鸟类生态智能监测平台的研发周期可以分为初始阶段、设计阶段、实施阶段和收尾阶段。

（1）初始阶段

主要确认平台需求，如图 5-4 所示。通过文献和项目调研，把握国内外最新研究动态，完成湿地鸟类生态健康监测与评价相关需求的调研报告。

图 5-4　初始阶段工作与相关文档

（2）设计阶段

主要完成平台的设计，如图 5-5 所示。对深圳湾红树林保护区进行考察，挑选视频图像数据的采集点，分析湿地鸟类群落组成特征、迁徙规律及其季节变化情况，并开展建立鸟类数据库的工作，研究深圳湾红树林保护区鸟类视频图像的统计特征等属性，完成湿地鸟类生态智能监测平台的概要设计和详细设计。

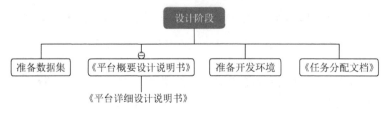

图 5-5　设计阶段工作与相关文档

（3）实施阶段

完成平台的算法研究、程序开发和测试，如图 5-6 所示。

在算法研究方面，首先跟踪国际学术界在目标检测、识别和计数方面的最新研究进展，之后结合平台需求提出自己的算法，分析鸟类数据并进行算法实验研究。算法研究过程中，将相关成果以学术论文、专利等形式进行发表。

程序开发方面，综合以上算法研究工作，按照任务分配文档进行湿地鸟类生态智能监测平台的工程开发。在遇到需求变更或开发问题时及时形成说明文档并逐一分析解决。在程序开发的同时编写平台测试计划。

在开发完成后，对平台功能进行单元测试和集成测试，形成测试相关文档。在测试不通过时，对测试问题进行分析，修改程序错误，优化平台功能。在测试全部通过，平台能够正常运行时申请平台的计算机软件著作。

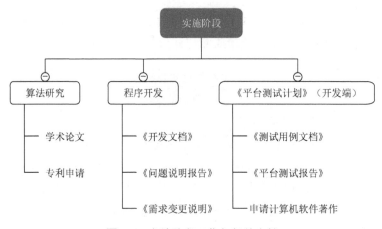

图 5-6　实施阶段工作与相关文档

（4）收尾阶段

完成平台的发布并提供维护，如图 5-7 所示。该阶段将实施阶段开发的平台程序移植到运行服务器，进行调试、发布和测试。在实地环境下测试鸟类目标检测、鸟种类识别和鸟类数量统计算法的稳定性与时效性，若平台算法存在缺陷，则对算法进行优化。

在平台正确运行的情况下，移交用户手册、代码清单和维护说明等文档，并跟踪平台的运行情况，提供维护支持。

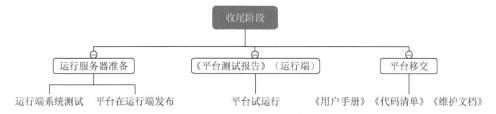

图 5-7　收尾阶段工作与相关文档

5.3　单 元 演 示

本节对湿地鸟类生态智能监测平台的功能进行演示，平台的功能界面以截图的形式展现。用户登录平台网址将进入平台首页界面，如图 5-8 所示。界面中包含"检测"、"分类"、"计数"和"图片搜索"等功能按钮，界面背景为湿地鸟类的真实视频动态画面。

图 5-8　湿地鸟类生态智能监测平台用户界面

单元演示完成了对每个功能模块的测试，其中包括鸟类检测模块、鸟个体识别模块和鸟类目标计数模块，以及图片搜索和历史结果查询的功能模块。

1. 鸟类检测模块演示

用户点击"检测"功能按钮，将进入鸟类检测模块。当以图片作为输入时，系统要求用户上传图片，用户按照提示选择待检测图片的上传路径和文件，完成上传，如图 5-9 所示。

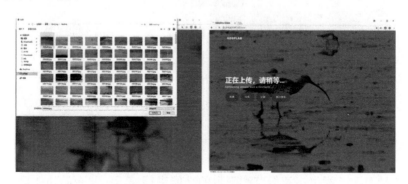

图 5-9　鸟类检测模块上传图片界面

图片上传成功后，系统将自动对图片中的目标（鸟）数据进行检测，并显示检测结果。在这里我们随机选取了一张图片，检测结果显示如图 5-10 所示。在检测结果界面上，系统显示了鸟个体在图片中的位置（有色矩形框）、鸟类目标的识别结果（具体数据显示在右边系统输出栏）。当用户点击检测结果界面的图像时，可放大查看图片的检测情况。用户点击"＞"按钮，可继续对其他数据进行检测，按"≫"，则跳转到最后一张图。

图 5-10　鸟类检测模块图片检测结果界面（后附彩图）

　　当以视频作为输入时，系统要求用户上传视频，用户按照提示选择待检测视频的上传路径和文件，完成上传。视频上传成功后将显示"上传成功"，并显示视频画面，如图 5-11 所示。

图 5-11　鸟类检测模块上传视频界面

　　用户点击视频左下方的"播放"按钮可在线播放视频，找到兴趣帧之后使用"截取图像"按钮进行视频帧的截取。完成视频帧的截取后，系统会自动对视频帧进行检测，如图 5-12 所示。

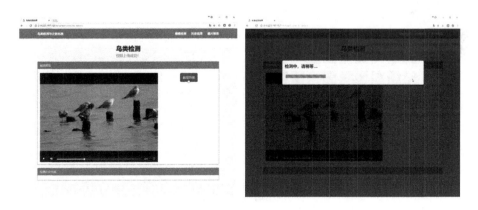

图 5-12　鸟类检测模块视频检测结果界面

　　系统对视频帧检测完成后会实时返回检测结果，同图 5-10 一样，系统在结果页面会显示鸟个体在图片中的坐标位置、图片文件名、类型和尺寸等信息。当用户点击检测结果界面的图像时，可放大查看图片的检测情况。其中被检测到的鸟个体将被使用有色框标记，如图 5-13 所示。用户可点击"保存结果"按钮保存所检测的数据，也可点击"关闭"按钮返回视频浏览界面。

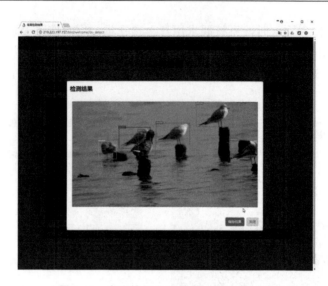

图 5-13　鸟类检测分类结果（后附彩图）

2. 鸟个体识别模块演示

用户点击"分类"功能按钮，将进入鸟个体识别模块。当以图片作为输入时，系统要求用户上传图片，用户按照提示选择待识别图片的上传路径和文件，完成上传，如图 5-14 所示。

图 5-14　鸟个体识别模块上传图片界面

图片上传成功后，系统将自动对图片数据进行识别，并显示识别结果。在这里我们随机选取了一张图片，识别结果显示如图 5-15 所示。在识别结果界面上，系统显示了鸟个体类别识别的结果、置信度、图片文件名、类型和尺寸等信息。当用户点击识别结果界面的图像时，同样可放大查看图片的识别情况。用户点击"继续分类"按钮，可继续对其他数据进行识别。

图 5-15　鸟个体识别模块图片识别结果界面

由于以视频数据作为输入时，识别模块的运行情况与检测模块类似，返回结果与以图片数据作为输入的情况类似，因此本节在此不再赘述，读者可阅读上文进行类比。

3. 鸟类目标计数模块演示

用户点击"计数"功能按钮，将进入鸟类目标计数模块。当以图片作为输入时，系统要求用户上传图片，用户按照提示选择待识别图片的上传路径和文件，完成上传，如图 5-16 所示。

图 5-16　鸟类目标计数模块上传图片界面

图片上传成功后，系统将自动对图片数据进行鸟类目标计数，并显示计数结果。在这里我们随机选取了一张图片，鸟类目标计数结果显示如图 5-17 所示。在计数结果界面上，系统显示了鸟类目标计数结果、执行时间、图片文件名、类型和尺寸等信息。用户点击"继续检测"按钮，可继续对其他数据进行鸟类目标计数。系统在默认情况下会在固定时间点自动进行鸟类目标计数，按照时间刻度显示监控地区出现的鸟类目标的数量变化曲线。

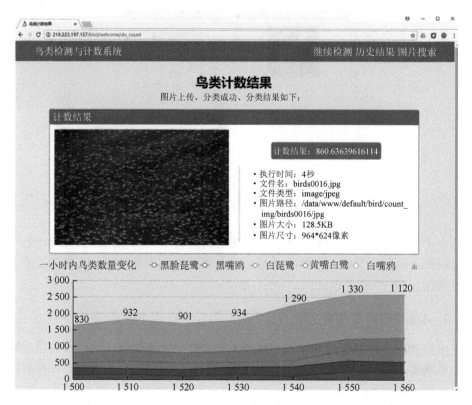

图 5-17　鸟类目标计数模块图片计数结果界面（后附彩图）

由于以视频数据作为输入时，计数模块的运行情况与检测模块类似，返回结果与以图片数据作为输入的情况类似，因此本节在此不再赘述，读者可阅读上文进行类比。

4. 图片搜索与历史结果功能演示

用户点击"图片搜索"功能按钮，将进入鸟图片搜索模块。"图片搜索"按钮存在于每个功能模块页面的右上方。在图片搜索界面中，用户在搜索框输入想查询的鸟类名称，系统将返回对应类别的鸟类图片，如图 5-18 所示。当用户点击结果界面的图像时，可放大查看图片情况。

"历史结果"按钮存在于每个功能模块页面的右上方。用户点击"历史结果"按钮，可查看在系统操作中所有存储的鸟类数据。当用户点击历史结果界面的图像时，可放大查看图片情况，如图 5-19 所示。

图 5-18　图片搜索界面

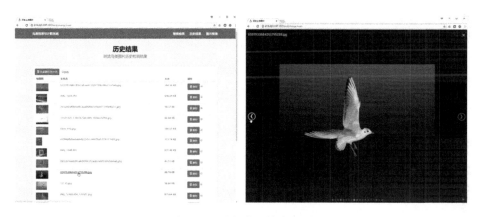

图 5-19　历史结果搜索界面

第三部分　鸟类生态评估方法与应用

第6章 红树林湿地鸟类生态评估现状

6.1 红树林湿地生态评估概述

自 20 世纪 90 年代末，随着国内对湿地生态系统认识及研究的不断加深，关于湿地生态系统健康的研究也得到相应发展，主要包括确定湿地生态系统健康的定义、探索评价方法、制定评价指标体系、尺度研究以及影响因素分析等。红树林湿地有着重要的生态功能和社会经济价值，对其的生态评估研究也在广泛展开。当前，红树林湿地生态评估主要包括：生态风险评价、生态系统健康评价和生态系统服务价值评估。

6.1.1 生态评估的目的与意义

生态风险评价源于环境风险管理政策，是评估、预测人为活动或自然界突发事件对生态环境产生危害和不利影响的可能性的过程，以及对该风险可接受程度进行评估的技术方法体系，是制定相关生态质量基准和污染物环境控制标准的基础依据（龙涛等，2015）。因此，对红树林湿地各类污染物进行生态风险评价可以确定风险源与生态效应间的关系，判断有毒有害物质对红树林湿地生态系统产生影响的概率，以及预测当前污染水平下对评价区域内多大比例的生态物种将产生影响，对红树林生态系统的修复和保护有重要的借鉴意义。

生态系统健康是新兴的生态系统管理学概念，在 20 世纪 80 年代由加拿大学者谢弗（Schaeffer）率先提出。Costanza 等（1992）定义生态系统健康如下：若一个生态系统是稳定的、可持续的、或有活力的，随时间推移可保持其组织力和自主性，且在胁迫下易恢复，那么它是一个健康的和远离胁迫综合征的生态系统。近年来，红树林湿地生态系统评价与管理已成为国际海洋环境领域热点。生态系统健康是保证生态系统功能得以正常发挥的前提，结构和功能的完整性、抗干扰和恢复能力（resilience）、稳定性和可持续性是生态系统健康的特征（孔红梅等，2002）。对湿地生态系统健康进行研究将加深人们对湿地健康现状的认识，促进受损湿地的恢复，有利于湿地生态系统的合理利用和可持续性管理，实现生态、社会、经济的整合及协调（崔保山和杨志峰，2001）。

生态系统的功能与效益是地球生命支持系统的重要组成部分，也是当前社会与环境可持续发展的基本要素（陈仲新和张新时，2000）。自 20 世纪 90 年代中期以来，针对生态系统服务价值的研究逐渐成为生态学与经济学领域研究的热点问题，并得以广泛开展（毛碧琦，2017）。生态系统服务是指生态系统及其生态过程所形成与维持的人类赖以生存的环境条件与效用，或人们从生态系统中获得的直接和间接利益（Assessment，2005）。对生态系统服务的价值评估是湿地开发、保护与利用的有效工具，是实现生态环境可持续发展的基础（熊帆帆等，2022），是使环境与生态保护引起社会重视的重要措施，也是政府和相关湿地管理部门制定湿地政策的重要科学依据。

6.1.2　生态评估的常用方法

1. 生态风险评价方法

生态风险评价方法分为化学污染类风险源生态风险评价方法（包括熵值法和暴露—反应法）、生态事件类风险源生态风险评价方法（包括物种入侵生态风险评价方法和遗传修饰生物体生态风险评价方法）及复合风险源类生态风险评价方法（包括概率损失模型方法、生态梯度风险评价方法和相对风险模型法）3 种（张思锋和刘晗梦，2010）。

深圳福田红树林因城市化和工业化影响受污染程度较为严重，有研究对深圳福田红树林保护区沉积物重金属污染情况进行了生态风险评价，结果表明福田红树林沉积物重金属含量处于中等偏高的水平，综合污染指数达"较高污染"等级，其中 Hg 和 Cd 的污染风险最大（邓利等，2014）。而同样地，有研究对深圳湾红树林湿地不同生境重金属生态风险进行评价的结果表明，深圳湾红树林湿地各种生境均存在高潜在生态风险，主要来自 Cd 的污染，Cu 次之（程珊珊等，2018）。另有研究表明，1970~2000 年间，随着深圳经济的发展，深圳湾沉积物中 Hg 和 Cu 的含量迅速增加，但尚处于低潜在生态危害（李瑞利等，2012）。深圳宝安的红树林重金属生态风险比福田要更加严峻，尤其是 Cu 的含量达到严重污染的程度（王冠森等，2017）。除了对于红树林沉积物的生态风险评价，对于福田基围鱼塘的生态风险评价显示的结果也并不乐观，其沉积物中 Cd 存在较高的潜在生态风险，Cu 也存在一定的潜在生态风险（柴民伟等，2015）。除了重金属以外，有机污染物的生态风险评价也非常重要。由于工业的快速发展，深圳红树林中有机污染物的含量在我国红树林中处于较高水平。有研究表明，福田红树林多环芳烃（PAHs）的污染严重，且远高于坝光红树林（Li et al.，2014）。整体而言，福田红树林生态风险较大，需要引起重视。

虽然香港米埔红树林的各项保护行动开展较早，保护措施较为完善，但仍存在一定的生态风险,主要是由多环芳烃、多氯联苯等污染导致的(张再旺等,2017)。传统的米埔基围鱼塘的沉积物中 p, p'-DDE 和狄氏剂的浓度分别比相应的美国环境保护局阈值效应水平高大约 12 倍和 15 倍(Wong et al.,2006),另有评估显示香港米埔红树林湿地沉积物的毒性较高,尤其是泥滩沉积物(Kwok et al.,2010)。香港米埔红树林湿地沉积物受到中度污染,其中 Zn、Pb 和 Ni 的平均浓度比深圳红树林的更高(Ong,1999)。

对淇澳岛红树林湿地鱼类重金属污染的生态风险研究表明:淇澳岛红树林湿地的鱼类重金属元素浓度大小依次为 $c(Zn) > c(Mn) > c(Cr) > c(Cu) > c(Pb) > c(Cd)$,其中 Cr 和 Pb 的生态风险较大,需要引起关注(刘金苓等,2017)。对广州南沙红树林湿地沉积物污染物风险评价结果显示:南沙湿地存在多种重金属严重富集的情况,多环芳烃的生态风险也较高(周锡振,2013)。

2. 生态系统健康评价方法

关于红树林湿地的生态系统健康评价,主要是对种群或群落水平的评估(王初升等,2010;陈子月等,2016)。冯建祥等(2017)从环境质量、生物群落结构及植物健康状况方面对深圳海上田园红树林种植-养殖耦合系统进行了评价,发现海上田园的修复工程改善了红树植物的群落结构和健康状况,但并未显著减缓湿地退化的趋势。对华侨城红树林湿地的研究主要集中在湿地生态系统服务功能评估(徐桂红等,2014)、鸟类多样性调查(徐桂红等,2015)、浮游生物调查(徐桂红等,2016)以及物种多样性保护(昝启杰等,2013)。孙毅等(2009)基于PSR 模型建立了深圳福田红树林湿地生态系统健康评价体系,对区域内的红树林生态系统的健康状况进行了多因子综合评价。丑庆川等(2014)将福田红树林的生态系统划分成 15 个功能组,通过构建 EWE 模型,对该红树林生态系统中不同物种的营养关系及健康状况进行了研究。张伟科(2015)利用生态系统模型对深圳福田红树林的动态监测结果表明,福田红树林湿地生态系统存在结构不平衡的问题,其中除红树外可利用的其他生物资源较少,食物网相对简单,食物链之间的联系松散,系统的自我修复能力弱。游克勤等(2015)基于 PSR 模型对深圳湾福田红树林系统进行健康评估预警,发现水质污染对红树林自然保护区的影响最大。陈子月等(2016)基于 PSR 模型构建了福田红树林生态系统评价体系,并对深圳市红树林 2008~2018 年的综合生态健康指数进行了研究。姜刘志等(2017)对福田红树林整体的生态环境现状进行了分析,并提出了相对应的红树林保护建议。胡涛等(2015)采用综合健康指数对福田红树林保护区生态系统进行健康评价,结果表明,保护区综合健康指数处于亚健康状态。福田红树林保护区受到较大压力,且以水污染、人工引种植物及病虫害三项为主。保护区的水质和土壤所受到的污染确实比较严重,而同时,由于保护区处于封闭状态,法律法规的执行效果较好。同时，近年来保护区受到越来越多的关注和重视，社会各界对保护区生态系统的退化作出了积极的响应。王树功等（2010）对淇澳岛红树林湿地生态系统进行了健康评价，认为淇澳岛红树林湿地生态系统的主要功能较完善，管理水平尚可，但也存在一定的潜在压力。孙敏等（2012）对珠海红树林湿地系统的生态健康评价结果显示：珠海近岸海域生态健康处于亚健康状态，其中近岸海域水环境质量较差，而沉积物和生物体质量较好。

（1）指标体系构建：湿地生态系统健康评价在指标选择方面主要有指标体系法和指示物种法。指标体系法是指通过构建系统的指标体系对各研究尺度及组织水平的生态系统健康水平进行评价。通常生态系统的指标要能够对生态系中其他属性的相应组分及变量进行揭示或推断，并对生态系统或组分的概况及综合特性进行说明，其内容主要包括生态特征指标体系、功能整合性指标体系以及社会政治环境指标体系三个方面。为了能够精准地反映生态系统的总体状况，达到实现评价及管理的目标，生态系统指标的选择需考虑到生态系统的结构及功能特性、扰动特性和生态系统变化特性等（崔保山和杨志峰，2002）。Costanza 等（1998）提出的生态健康指数从生态系统活力、组织多样性、恢复力以及连接性等方面对生态系统健康水平进行评价，得到了广泛认可。指示物种法是通过对指示物种类群或单个物种的研究，评价湿地生态系统的健康状况。研究表明，指示物种在数量或分布方面对湿地生态质量变化的响应较为敏感，因此通过对这些物种的各种特性进行研究，能够间接反映湿地的健康状况（孔红梅等，2002；罗跃初等，2003）。通常，硅藻、底栖动物、鱼类、鸟类以及大型无脊椎动物等都可作为反映湿地生态健康状况的指示物种（马克明等，2001；林波等，2009；芦康乐等，2017）。

（2）评估方法：湿地生态系统健康评价的方法主要有 PSR 模型（张永利等，2015；牛明香等，2017；徐浩田等，2017）、EWE 模型（咸义等，2015；2016）、模糊综合评判法（王秀明等，2010）、BP 神经网络（薛亮等，2009；王莹等，2010）和灰色关联法等。

PSR 模型，即压力（pressure）—状态（state）—响应（response）模型，拥有相应压力指标、状态指标和响应指标，最初用于分析环境压力、现状与响应之间的关系（王玉图等，2010）。目前，该模型已成为许多政府和组织用于组织环境指标及汇报环境现状的有效框架，在生态系统健康评价中该模型也得到了广泛运用。该模型的特点是因果关系清晰，即环境在人类活动过程中受到压力，使得环境状态发生变化，环境变化又促使人类对其做出回应，从而改善环境并防止环境退化，也体现了进行决策和制定对策及实施措施的整个过程。同时 PSR 模型也存在评价指标难以进行严格分类方面的不足，其在湿地生态系统健康评价中还需进一步完善。

EWE 模型，又称生态通道（ecopath with ecosion）模型，通过营养动力学原理对研究水域内的生态系统结构进行构建，从而对生态系统的能量流动进行描述，并确定生态参数（仝龄，1999）。该模型一方面能够对生态系统的状态、特征及营养关系做出快速反映，另一方面也可对生态系统管理措施的综合效益进行评价，为合理生态系统管理措施的实施提供前提条件。同时，该模型的建立是以系统中一整套相关联要素的数据为支撑的，而湿地生态系统的非线性特性表明了系统中各要素之间联系的复杂性，因此在建模过程中对数据收集方面的要求较高（丑庆川等，2014）。

模糊综合评判法，是通过模糊关系合成原理，以多个因素为依据，评判被评价对象本身形态或隶属上的亦此亦彼性，定量刻画和描述其所属成分。该评判法对生态系统内部关系的复杂性和模糊性给予了考虑，但未能解决评价指标间相关从而造成的评价信息重复问题，同时隶属度函数的确定带有一定的主观性，明确系统的方法尚未形成。

灰色关联法，是逐一分析安全要素因子层中的各因子与安全标准的距离，使各因子隶属于相应的生态安全等级。该方法在系统参数方面的要求不高，对尚未统一的生态安全系统非常适用，但在确定其分辨系数的过程中存有主观性，可能对评价结果有所影响。

BP 神经网络，是对数据中概括出来的知识进行网络训练，并以多组阈值或权值的形式分别储存于各神经元中构成网络知识，从而对相似的结果进行评价或预测。该模型不用确定指标体系中各评价指标的权重，克服了其他评价方法中存在的主观性，但其评价结果可能会受到数据处理方法的选择、训练函数的确定和学习样本个数等因素的影响（刘艳艳等，2011）。

上述评价方法在对湿地生态健康的评价过程中具有各自的优势，但也存有不足之处，如指标划分不明确，分辨系数的确定过程中存有主观性等，这些都会对评价结果产生影响。因此，在对湿地生态评价过程中，可将一些在功能上具互补性的评价方法相结合，从而弥补单一评价方法的不足。

此外，在湿地生态系统的研究中往往会涉及到尺度问题，需要做出相应的尺度分析。从维数角度讲，生态系统研究的尺度包括时间尺度、空间尺度以及组织尺度。时间尺度和空间尺度是指所研究生态系统动态变化的时间间隔及其面积的大小。组织尺度是指个体、种群、群落、生态系统和景观等生态学组织层次在自然等级系统中所处的位置（邬建国，2000）。在对湿地生态系统的研究中，对尺度的掌控至关重要，不同尺度范围内的生态系统具有很大的特征差异，小尺度范围内的生态系统往往表现出瞬变态特征或非平衡特征，而大尺度生态系统则往往具有很强的稳定性和可持续性（崔保山和杨志峰，2003）。所选择尺度的不同，可能会造成对生态学格局、生态学过程以及相互间作用规律不同程度的认识，从而对研究成果的科学性和实用性产生影响（吕一河和傅伯杰，2001）。在国外，尤其在美国，已将成熟的湿地健康 3 级评价体系与完善的数据共享平台相结合，使得对湿地生态健康的研究工作得以在不同的尺度下进行。

3. 生态系统服务价值评估方法

在过去的 20～50 年间，红树林已经减少了 35%，亟需保护（Millennium Ecosystem Assessment，2005）。对红树林生态系统服务价值的研究有助于提升人们的保护意识，因此越来越多的研究正在兴起（Barbier et al.，2011）。Salem 和 Mercer（2012）搜集了 62 个红树林价值评估的研究文献，对红树林经济价值进行了荟萃分析，但大部分文献发表于 20 世纪 80～90 年代。Vegh 等（2014）作了红树林生态系统服务价值研究文献的最新评论，引用了 72 项红树林价值评估研究。Himes-Cornell 等（2018）综述了近十年（2007～2016 年）蓝碳生态系统（包括红树林、海草床和盐沼）价值的相关研究。何磊等（2023）基于近些年来国内外对海岸带湿地蓝碳管理的研究进展，对海岸带湿地蓝碳的储量和分布情况进行了系统梳理，并总结了影响海岸带蓝碳生境及其碳库保存的主要因素。

主要的生态系统服务价值评估方法有 21 种：①基于产品的方法（如生物经济模型、要素收益、生产函数），将沿海资源的贡献作为生产在传统市场上买卖的消费品的投入；②基于成本的方法（如回避、兑换、赔偿、防范、机会、替换或恢复成本），估计由于保护工作而避免的其他经济活动（与沿海资源有关）造成损害的收益；③显示性偏好法（如市场价格、消费者盈余、净价、公共投资、替代品、享乐定价法和旅行费用法）；④叙述性偏好法（如估值、选择模型法、条件排序和参与式评估），通过向受访者提供假设情景来模拟生态系统服务的市场和需求实现（Teeb，2010）。尽管一些研究采用多种估值方法来评估红树林生态系统服务价值，但以效益转移和市场价格法为主（Himes-Cornell et al.，2018）。此外，部分研究引入了 Teeb（2010）未纳入的 4 种方法：估算碳固存的碳的社会成本法、边际减排成本法、评估养分循环的能值分析法以及评估遗传多样性的专家打分法（Himes-Cornell et al.，2018）。

Teeb(2010)的生态系统服务功能框架包括 4 类，即：①供应（如食物、水、原材料、药用资源、基因资源和观赏资源）；②调节（如气候调节、极端事件调节、水净化、维持营养物质循环、调节水文、生物控制、空气净化、传粉和海岸保护）；③栖息地功能（例如鱼类产卵场、维持遗传多样性等）；④文化和美学功能（如娱乐、旅游、设计灵感）。进一步地，可分为直接使用价值和间接使用价值。直接使用价值来源于人类直接使用的服务。这些服务可以是消费（即食物）或非消费（如娱乐）服务。间接使用价值来源于除生态系统本身之外提供利益的服务，且不涉及人类行为（如固碳、海岸带保护功能）。总经济估值还考虑非使用价值，或者存在但并未使用的服务的价值，以及未来潜在用途的备选价值（Millennium Ecosystem

Assessment，2005）。食品和原料的供应以及娱乐和旅游机会的价值评估研究较广泛，且使用的评价方法也最多样化（Himes-Cornell et al.，2018）。效益转移法适用于所有生态系统服务功能的价值评估；市场价格法常用于评估食物和原材料供应、气候调节（通过碳封存）以及娱乐和旅游服务的价值；避免成本和重置成本法适用于评估净化功能和缓和极端事件的价值；产品功能法最常用于食品和育苗场服务价值的评估（Himes-Cornell et al.，2018）。

6.2　红树林湿地鸟类研究现状

6.2.1　全球红树林湿地鸟类研究现状

红树林栖息地在全球范围内拥有中等种类数的鸟类（Nagelkerken et al.，2008）。其中，澳大利亚昆士兰州红树林鸟类多样性最高，拥有 186 种鸟类（Noske，1996），马来西亚半岛红树林有 135 种（Nisbet，1968），西非几内亚比绍有 125 种（Altenburg and Van，1989），澳大利亚西北部 104 种（Noske，1996），南美洲苏里南 94 种（Haveerschmidt，1965），特立尼达岛 84 种（French，1966）。

国外的学者对红树林区鸟类区系做过研究。Haveerschmidt（1965）和 French（1966）分别报道了南美洲苏里南和中美洲特立尼达岛红树林区鸟类的种类组成、繁殖和迁徙情况。Cox（1977）在新西兰凯帕拉港红树林观察点记录到 22 种鸟类，其中 11 种常见种。Ford（1982）研究了澳大利亚红树林鸟类的起源、进化和物种形成。Lefebvre 等（1994）对委内瑞拉和哈萨克斯坦鸟类群落进行了研究，包括红树林鸟类群落的种类组成、时间动态等，且大多数鸟类数量有明显的季节波动。Noske（1995）调查研究了马来西亚西海岸雪兰莪州红树林鸟类的密度、分布和觅食生态，记录到 47 种鸟类（不包括猛禽和涉禽）。Noske（1996）研究了澳大利亚达尔文港红树林鸟类的密度、季节变化、栖息地利用情况和觅食生态。Sodhi 等（1997）研究了新加坡双溪（Sungei）和万态（Mandai）区域红树林鸟类群落生态并对部分鸟类觅食行为进行了初步观察。Mestre 等（2007）研究了 1997 年 9 月～1998 年 9 月巴西南部巴拉那州巴拉那瓜湾的红树林鸟类群落，共记录到 81 种鸟类，且多数鸟类都是水果、种子和节肢动物消费者，以及昆虫掠食者。Gardner 等（2012）2012 年首次列出了马达加斯加西南部的红树林-淡水湿地系统的鸟类物种名单，记录鸟类 36 属 69 种，其中马达加斯加岛特有种 14 种和该区特有种 13 种，以及两种受到全球威胁的物种：黑斑沙鸻（*Charadrius thoracicus*）和马岛鹞（*Circus macroceles*）。Ghasemi 等（2012）研究了伊朗波斯湾红树林的水鸟丰度、均匀度和多样性，记录到 56 种水鸟。Baird 等（2013）在新西兰凯帕拉红树林记录到了国家级受威胁物种新西兰燕鸥（*Sternula nereis*）。Zakaria 和 Rajpar

（2015）调查了马来西亚马鲁杜湾红树林的物种多样性，记录到74种鸟类。Kadarsah（2016）研究了不同树龄红树林的水鸟多样性。Sohn（2016）基于 GIS 平台和世界鸟类组织（Birds of the World，BoW）的鸟类统计数据，分析了全球红树林鸟类物种多样性水平，并与全球非红树林区进行了对比，发现红树林区具有更高的鸟类物种多样性。张小海等（2023）于 2016 年采用样点和样线相结合的办法，对海南新盈红树林国家湿地公园的鸟类多样性进行调查，共记录鸟类 7 目 19 科 57 种。其中，记录到世界自然保护联盟（International Union for Conservation of Nature，IUCN）濒危物种红色名录近危（NT）的鸟类 3 种，易危（VU）1 种，极危（CR）和濒危（EN）的鸟类各 1 种，国家Ⅰ级重点保护野生动物 2 种，国家Ⅱ级重点保护野生动物 6 种。

　　红树林鸟类功能群主要包括食果鸟类、食谷鸟类、食蜜鸟类、食鱼鸟类、食虫鸟类和迁徙鸟类。其中，食虫鸟类是最丰富的群体（Noske，1996；Lefebvre and Poulin，1997；Mestre et al.，2007；Acevedo and Aide，2008；Mohd-Azlan et al.，2012）。红树林中鸟类功能群的组合模式受红树林分区、红树林周围的生境类型和季节性的影响，这些因素主要通过影响食物的可获得性从而影响鸟类功能群的组合模式（Lefebvre and Poulin，1997；Kutt，2007；Mohd-Azlan and Lawes，2011）。叶锦玉等（2022）研究证实环境的变化会使部分鸟类物种发生变化，但在物种组合模式上具稳定性，因此鸟类群落在构建物种组合上具有可重复性。

　　在红树林鸟类与环境的关系方面也开展了系列研究。Lefebvre 和 Poulin（1996）对巴拿马红树林鸟类进行研究，分析了食物资源对新北界迁徙鸟类数量变动的影响。Lefebvre 和 Poulin（1997）研究了不同的降雨和潮汐模式（淹水和盐度）对巴拿马红树林鸟类群落的影响。Kutt（2007）研究了澳大利亚昆士兰州红树林植被类型与鸟类功能群的关系。为了解鸟类群落动态与生境变量的关系，Kutt 研究了加勒比海波多黎各喀斯特森林和两个沿海森林湿地（红树林和紫檀林）的鸟类物种组成和栖息地特征（Acevedo and Aide，2008）。Mohd-Azlan 等（2011）研究了澳大利亚北部达尔文地区红树林鸟类群落组成的生态决定因素。Mohd-Azlan 等（2012）研究了澳大利亚北部红树林鸟类多样性、密度、栖息地利用情况以及鸟类功能群。Mohd-Azlan 等（2015）研究了澳大利亚红树林栖息地的异质性与红树林鸟类多样性的关系。Chacin 等（2015）基于野外调查研究了巴哈马群岛栖息地破碎化对鸟类群落的影响，发现其他生态因素（如盐度）可能比碎片化本身对鸟类利用栖息地的影响更明显。Dangan-Galon 等（2015）在菲律宾巴拉望岛普林塞萨港海岸记录了 63 种红树林鸟类，发现在高度城市化的红树林区具有更低的物种多样性和均匀度。Adame 等（2015）研究了鸟类与红树林的营养关系，即海鸟可以将海洋养分以鸟粪的形式运输到陆地和沿海生态系统，进而改善红树林生境的贫营养状态。Robinson 等（2016）研究了台风对密克罗尼西亚的雅浦岛红树林区鸟类丰度的影响。Mancini 等（2018）研究了巴西圣保罗圣塞巴斯蒂昂不同红树林地区鸟类多样性和栖息地利用的差异，比较了自然生境和垃圾填埋场红树林的鸟类多样性，发现红树林植被面积和结构影响鸟类栖息地利用：水鸟主要在密集高大的红树林区栖息和繁殖。黄源欣等（2023）研究发现，在富有食物来源的浅水滩涂地和在无瓣海桑等高大茂盛的红树林群落有更多种类与数量的水鸟分布。

在城市化与红树林鸟类的关系方面，巴西南部巴拉那州的巴拉那瓜湾（Parangua Bay）红树林，是巴西红树林鸟类多样性最高的地区之一，而研究人员将这种多样性归因于红树林周边广阔的大西洋森林（Mestre et al.，2007）；然而，该区鸟类群落也随着邻近城市地区的变化而变化，尤其是某些特定物种的丰度与较高的干扰相关。这与在城市鸟类群落研究的结果相似，即人类活动区增加的资源使得某些特定物种的丰度更高（Chace and Walsh，2006）。巴西的调查没有提到红树林特有种是城市化的受益者，但在马来西亚半岛的研究表明，红树林特有种向人类居住区的扩张较成功（Noske，1995）。在新加坡的研究表明红树林鸟类可在城市栖息地成功定居：在城市地区记录的多种鸟类与红树林和海岸灌丛生态系统相关，可归因于红树林和城市栖息地的相似性（Sodhi et al.，1999；Lim and Sodhi，2004）。但对澳大利亚达尔文红树林鸟类的研究（Noske，1996）结果表明，除机会主义的食虫鸟类外，红树林特有鸟类未在城市地区定居，而雨林相关鸟类则有定居。除红树林特有种外，另一项在达尔文的调查发现，整个城区红树林斑块中鸟类群落的物种丰富度与红树林斑块大小无关，更多依赖于斑块周围栖息地类型的多样性（Mohd-Azlan and Lawes，2011）。此外，城市腹地红树林湿地的噪声、重金属污染、生活污水排放等，都对当地鸟类的物种多样性有着重要影响（张月琪等，2022）。

在红树林鸟类行为研究方面，Ismar 等（2014）确定了新西兰芒格杯红树林内高潮滩和浅滩中游河口以及沙咀潟湖是国家级受威胁种新西兰燕鸥繁殖种群的觅食热点区域。Abdullah 等（2016）研究了印度尼西亚红树林区的水稻田雌性和雄性小白鹭（*Egretta garzetta*）喂食行为的差异。红眼斑秧鸡（*Gallirallus philippensis*）是新西兰红树林常见种，近期研究表明红眼斑秧鸡在外缘（海边）的觅食行为有所增加（Weihong，2017）。Lloyd（2017）利用无线电遥测追踪技术研究了佛罗里达州西南部红树美洲鹃（*Coccyzus minor*）个体的空间利用特征，主要巢区面积和位置，进而估算巢区边界并描述移动模式。

在红树林鸟类的生态功能研究方面，Onuf 等（1977）发现海鸟对红树林有着显著影响，可使得红树植物叶片 N 含量提高 33%。Adame 等（2015）首次研究了红树林何时以及如何获得来自海鸟的养分补贴。Buelow 和 Sheaves（2015）通过鸟类活动和迁徙研究了红树林连通性的性质和影响，认为鸟类日常觅食迁移和季节性迁徙可以增强沿海地区不同红树林生态系统之间的功能连通性,对维持陆地-海洋生态连通性至关重要。

6.2.2　我国主要红树林区鸟类研究现状

在我国,香港对米埔红树林湿地鸟类的研究较早。在米埔红树林湿地共记录鸟类 14 目 56 科 374 种,占香港鸟类种数的 89%,近 50 年来观察到的野生鸟类有 323 种,其中 100 种以上在香港的其他地方即使能看到也极其少见。由此可见,对香港米埔红树林湿地鸟类的研究在 50 年前就开始了(王伯荪等,2002)。香港鸟类学家学会和香港大学的鸟类学家对米埔红树林湿地鸟类的迁徙和生态进行了 40 多年的研究(Earles,1990;Wong,1990)。Wong 等(1999)研究了米埔红树林湿地筑巢白鹭和苍鹭的觅食行为。胥浪(2010)以米埔后海湾湿地为例,探讨了净初级生产力(net primary productivity,NPP)与湿地鸟类种群数量的相关性,发现 NPP 是米埔红树林湿地鸟类种群数量变化的重要影响因子。邹丽丽等(2012)基于逻辑斯谛回归模型评价了香港米埔红树林湿地鹭科水鸟栖息地的适宜性。邹丽丽(2016a)基于 GARP 生态位模型,以及 GIS 和 RS 技术对香港米埔红树林湿地的湿地依赖性水鸟的空间分布进行了模拟研究。邹丽丽和陈洪全(2016)利用面板数据模型研究了米埔红树林湿地的水鸟分布与景观偏好间的关系,发现水鸟适宜在景观类型丰富且景观内斑块面积较为宽广的区域栖息。邹丽丽等(2017)利用灰色关联法,基于米埔湿地内水鸟调查数据和 7 种气候要素数据,研究了水鸟与气候要素的响应关系。

在内地,对红树林鸟类的研究起步较晚。在广东深圳湾的福田红树林湿地是开展鸟类研究最早的区域(邓巨燮,1989)。邓巨燮等(1989)、王勇军等(1993)曾分别对福田红树林湿地春夏季和冬季鸟类进行了调查研究。王勇军等(1998)报道了水鸟(游禽、涉禽等)的种群数量周年变化。陈桂珠等(1995)对福田红树林湿地陆行鸟类(猛禽、陆禽、攀禽和鸣禽等)多样性及其变化作了初步的探讨。对福田红树林湿地鸟类的研究主要涉及鸟类多样性(陈桂珠等,1995;徐华林,2013a)及变迁(王勇军等,2002)、周年动态(王勇军等,1998)、群落生态(王勇军等,2002)以及水禽生态环境的建设(王勇军等,1995)等方面。此外,廖晓东(2003)研究了福田红树林湿地和米埔红树林湿地的地形差异和潮汐规律对两地水鸟活动的影响以及最佳观鸟时机。彭逸生等(2008)调查了珠海淇澳岛红树林湿地冬季鸟类群落特征,共记录到鸟类 63 种,隶属 12 目 23 科,其中雀形目种类最丰富,分为滩涂水禽、红树林鱼塘湿地鸟类和农田森林鸟类 3 个群落。常弘等(2007)调查了 2005～2006 年 1 月、4 月、7 月和 10 月广州市新垦红树林湿地和周边农田的鸟类群落种数、数量、物种多样性和均匀性指数等特征。常弘等（2012）研究了 2005～2010 年广州南沙红树林湿地的鸟类群落多样性，记录到鸟类 149 种，隶属于 16 目 42 科 97 属，以冬候鸟或旅鸟为主；鸟类群落呈现出较强的季节性，物种数和总数量呈现秋冬季高峰，夏季最低；红树林湿地区具有最高的鸟类物种多样性与科属多样性。在湛江红树林国家级自然保护区，2002～2003 年保护区开展了红树林鸟类资源调查。2005～2009 年保护区结合 1 年 1 次的亚洲水鸟同步调查活动（每年春季进行），对区内水鸟的数量及种类在特定时间和区域内的变化情况进行了监测。通过 2002 年的鸟类调查及 2005～2009 年的水鸟监测，湛江红树林鸟类资源状况已初步摸清（张苇等，2008；吴晓东，2009）。张苇等（2013）调查了 2008～2012 年湛江红树林国家级自然保护区的水鸟资源，记录水鸟 55 种，高桥是该区鸟类种类记录最多的地区。刘一鸣等（2015）对 2010～2014 年冬季湛江红树林国家级自然保护区内不同生境的越冬水鸟群落进行了调查，并基于多样性、均匀度、密度、优势度、相似性和遇见率等群落特征参数，分析了水鸟群落特征及其生境偏好，共记录到水鸟 61 种，隶属于 8 目 11 科 35 属，古北界 46 种，广布型 8 种，东洋界 7 种，冬候鸟 42 种，留鸟 12 种，旅鸟 6 种，夏候鸟 1 种。红嘴鸥、小白鹭和黑腹滨鹬为优势种。不同生境鸟类种类数量：滩涂（58 种）＞养殖塘（45 种）＞红树林区（31 种）。Chen 等（2018a）研究了湛江红树林互花米草入侵对红树林鸟类的影响，结果表明互花米草的存在降低了湛江红树林生态系统对鸟类的适宜性，这可能是由于入侵区食物资源减少或者觅食和栖息生境适宜性降低所致。黄智君等（2021）调查了厦门市下潭尾滨海湿地红树林生态修复区的鹭科鸟类物种和数量，对比海水不同潮位鹭科鸟类数量、生境分布以及红树林不同修复阶段白鹭种群数量变化，探讨了红树林生态修复对鹭科鸟类种群动态的影响。张小海等（2023）采用样点和样线相结合的办法对海南新盈红树林国家湿地公园的鸟类多样性进行了调查，掌握了公园内鸟类生物多样性水平，为下一步保护区鸟类进行长时间监测评价提供了数据支撑，并从鸟类全球迁徙的特点上分析了一年四季变化原因，就此提出了针对性的保护建议。

　　在澳门，路氹填海区湿地多年来因填海而形成，有红树林分布。梁华（2007）首次对该区水鸟的群落结构、时间分布和种群数量变化等进行了系统的研究，共记录到水鸟 83 种，隶属 6 目；以涉禽为主，居留型以过境鸟和冬候鸟为主；水鸟种数在 4 月最多，6 月最少；水鸟群落结构以及生物多样性特征受生境的开放性、潮汐、食物条件和水体环境的影响。丁志锋等（2020）于 2014 年 5 月～2017 年 1 月，采用样线法对澳门地区 5 个城市栖息地斑块中（生态一区、鹭鸟林、赛马场滩涂、关闸口岸滩涂和莲花桥侧红树林）的鸟类进行了 14 次繁殖季和越冬季的调查。

　　在海南，20 世纪 90 年代关贯勋和邓巨燮（1990）对东寨港鸟类进行了调查，记录有鸟类 83 种。邹发生等（1999；2000；2001）1997～1998 年分别对海南东寨港红树林湿地和海南清澜港红树林湿地进行了鸟类的调查。这两片湿地分别记录到 78 种鸟类，其中水鸟 45 种，陆生鸟类 33 种；52 种鸟类，其中水鸟 31 种，陆生鸟类 21 种。鸟类种类和数量都是冬季最多，而夏季最少。1998 年 1～7 月，常弘等（1999）对东寨港自然保护区及其外围区进行了详细的鸟类调查，共记录有 118 种鸟类，其中古北种鸟类 60 种，东洋种 43 种和广布种 15 种。张国钢等（2006b）调查了海南岛黑脸琵鹭的越冬地，并研究了其越冬行为。张国钢等（2008）调查了 2003～2005 年海南岛红树林区和红树林消失区的越冬水鸟资源，探讨了红树林的消长对水鸟动态的影响，结果表明：有红树林分布的区域，水鸟的种类、数量以及水鸟多样性均明显高于没有红树林分布的地点，且鹭科鸟类的种数和总数量是主要区别因子。李仕宁等（2011）对海南三亚青梅港红树林保护区鸟类资源进行了调查，涉及鸟类种群数、分布状况、分布密度，区系组成、生态分布及保护或受关注物种等方面。冯尔辉等（2012）调查分析了 2009～2011 年海南东寨港红树林湿地鸟类的多样性、月度变化动态及不同生境的鸟类群落：共记录有鸟类 11 目 26 科 65 种，总数量为 24 531 只，其中水鸟有 41 种，占调查总种数的 63%。全年水鸟的种类和数量具有明显的季节性变化，均为越冬期较多，繁殖期较少。不同生境的鸟类群落组成及物种多样性在不同季节的差异性显著。梁振辉（2018）调查了 2015 年东寨港红树林湿地鸟类的种类和数量，共记录到鸟类 12 目 34 科 85 种，8043 只；鸟类种类和数量均是冬季＞秋季＞春季＞夏季；鸟类多集中在三江片、塔市区退潮后的滩涂以及夏塘村水稻田觅食，涨潮后在红树林上栖息。

在福建，宋晓军和林鹏（2002）1996 年 1 月～1997 年 1 月，在福建主要的红树林区（云霄竹塔、龙海浮宫、厦门东屿和福鼎鲎屿）进行了鸟类调查，共记录到鸟类 13 目 27 科 92 种，其中以迁徙鸟类为主，鸟类区系特征不明显。林清贤等（2002）调查了 2000～2002 年厦门凤林红树林区的鸟类组成、分布、年变动及红树林对鸟类的作用，共记录到鸟类 85 种，隶属 13 目 27 科，其中冬候鸟有 43 种，留鸟 38 种，夏候鸟 4 种；古北界 44 种，东洋界 26 种，广布种 15 种。泉州洛河口红树林区共记录到水鸟 56 种，以涉禽为主（40 种）；水鸟数量：冬季＞秋季和春季＞夏季；并分析了滩涂水鸟与大型底栖动物的相关关系（林清贤等，2005）。陈若海（2014）研究了泉州湾河口湿地红树林区鸟类组成及年际变动情况，并比较了福建省 6 个红树林区湿地鸟类季节型的组成，共记录到 79 种鸟类，隶属 12 目 27 科。陈若海等（2017）利用路线调查和高位定点统计相结合的方法，对福建省泉州湾河口红树林湿地 3 个生境（滩涂红树林生境、外围养殖区生境和周边村落生境）的鸟类群落进行了逐月调查，分析了不同生境之间鸟类群落相似性情况。周姗姗（2016）对福建福清兴化湾区水产养殖场、潮间盐水沼泽、淤泥质海滩和红树林 4 种生境的越冬水鸟种类、数量、分布地点和生境类型进行了调查：共记录到 6 目 9 科 17 属 29 种，以冬候鸟为主（24 种）；水鸟种类：水产养殖场＞潮间盐水沼泽＞淤泥质海滩＞红树林。陈建全（2006）对漳江口红树林国家级自然保护区水鸟的动态变化进行了研究，探讨漳江口水鸟的数量变化规律：8～12 月为数量增加期，高峰期出现在 1～2 月，3～5 月为数量减少期，但不同水鸟数量变化有差异。李加木（2008）调查了 2005～2006 年漳江口红树林水鸟的生物多样性，共记录到水鸟 48 种，隶属 8 目 9 科 24 属，以鸻形目为主，居留型以冬候鸟为主，多样性指数为 0.7722。郑丁团（2010）调查了 2005 年 9 月～2010 年 1 月福建漳江口红树林国家级自然保护区的水鸟种类组成、生境分布和水鸟区系组成，记录到水鸟 8 目 16 科 91 种，按动物地理分布分东洋种 22 种，古北种 67 种，广布种 2 种，按鸟类居留型分留鸟 5 种，夏候鸟 12 种，冬候鸟 49 种，旅鸟 25 种。谭飞等（2013）基于 2012 年 4～5 月在漳江口红树林自然保护区及其周边区域对繁殖期鹭科鸟类种类、数量、巢位情况和觅食生境类型调查数据，运用生态位理论，对 5 种鹭科鸟类的生态位分离进行了分析。鹭科鸟类的巢位表现出明显的水平分布规律和对红树树种的选择性，通过错开繁殖的高峰期，利用不同的食物资源，在不同的时间段觅食以及在不同的生境觅食 4 种方式，对食物资源进行合理的分配，从而使不同鹭科鸟类都能够占据一定的繁殖空间。陈立栋（2015）对 2009～2014 年漳江口红树林国家级自然保护区的越冬水鸟进行了调查：共记录到越冬水鸟 6 目 11 科 39 种，主要类群为鸻鹬类、鹭类、鸭类和鸥类；物种数量年际变化不大（26～32 种），但是水鸟数量的年际波动较大，且有下降趋势。刘劲涛等（2021）于 2018 年 10 月～2019 年 9 月调查了厦门下潭尾红树林修复区鸟类群落变化，利用遥感图像解译红树林修复区景观格局，为修复区后续景观格局优化与鸟类保护提供技术支持。结果显示：修复区鸟类共有 26 科 62 种，鹭类（8 种 2047 只）与鸻鹬类（16 种 786 只）种类及数量较多。

在广西，周放等（2002）从 1989 年开始对红树林鸟类进行研究，并于 1996～2000 年在山口国家级红树林自然保护区及北仑河口国家级红树林自然保护区对鸟类的种类、数量和活动情况作了长期的定点观察，1999 年报道了北部湾北部沿海水鸟的初步研究成果（周放等，1999a）。之后，周放等（1999b；2000a）对山口红树林繁殖鸟类群落进行了研究，共记录到 32 种鸟类，其中水鸟仅占 1/3，非水鸟占 2/3。分析表明红树林的结构多样性对红树林鸟类的多样性存在显著影响，红树林的结构越复杂，鸟类的多样性越高。一年中水鸟种类和数量最多的时期为春（3～5 月）、秋（9～11 月）两个迁徙季节（周放等，2000b）。2002 年报道了在广西沿海红树林区的水鸟，共记录到 115 种，其中 102 种为候鸟，红树林区水鸟类的多样性表现出明显的季节性，迁徙季节水鸟的种类和数量都是最多，繁殖季节则最少（周放等，2002）。余辰星等（2014）研究了广西山口红树林自然保护区，迁徙季节水鸟对滨海不同类型湿地的利用情况，结果表明迁徙季节天然湿地共记录到水鸟 6 目 8 科 39 种，人工湿地有 6 目 9 科 50 种；天然湿地是鹬鸻类的重要觅食地，而人工湿地则是鹭类和鹬鸻类的主要休息地；且滨海人工湿地是水鸟在高潮期间天然湿地良好的替代栖息地。李湘林 2007 年系统研究了北仑河口红树林保护区鸟类集群特征，包括集群鸟类的组成特征、取食行为及取食生态位、社会角色、争斗行为以及对捕食者的反应。马艳菊等（2011）调查了北仑河口红树林保护区秋冬季的水鸟种类、月度动态及其空间分布情况，共记录到水鸟 46 种，隶属于 5 目 9 科；保护区新增鸟类记录 7 种；水鸟数量和种类在 1 月达到最高；发现了 5 个水鸟聚集点，其中 2 个为高潮位的聚集点。

　　从国内的研究情况看出，各地红树林鸟类的研究主要在 20 世纪八九十年代才开始，起步较晚，研究内容主要集中在红树林鸟类的种类组成、区系分析、鸟类多样性及种类、数量的季节变动和鸟类群落的集群行为等方面。

6.3　红树林湿地鸟类生态评估指标及现状

6.3.1　常用评估指标

　　将记录到的鸟类资料汇总，并按《中国鸟类区系纲要》的分类系统整理和排序。鸟类主要评估指标如下：

　　频率指数：划分数量等级的频率指数（P）（王勇军等，1993；王勇军和昝启杰，2001），用以下公式计算：

$$P = R \times T \tag{6-1}$$

式中，R 为记录到某种鸟类的天数与调查天数的比值，T 为某种鸟类的总数与调查总天数的比值。$P = 10$ 为优势种，$1 < P < 10$ 为常见种，$0.1 < P \leqslant 1$ 为少见种，$P \leqslant 0.1$ 为偶见种。

　　平均密度：平均密度（d），用以下公式计算：

$$d = G / 24Q \tag{6-2}$$

其中，G 为样地每次记录的个体数，Q 为样地面积，hm^2。

　　重要值：重要值（I.V.）= 相对密度 + 相对频度 + 相对优势度（相对基盖度）= 相对数量成分 + 相对时间成分 + 相对空间成分。其中，相对数量成分 = 某种鸟类数量/最多的那种鸟类数量×100；相对时间成分 = 某种鸟类出现的调查次数/总调查次数×100；相对空间成分 = 某种鸟类出现的样方数/总样方数×100。$200 < I.V. \leqslant 300$ 最重要的鸟类；$100 < I.V. \leqslant 200$ 比较重要的鸟类；$0.01 < I.V. \leqslant 100$ 较不重要的鸟类；$I.V. \leqslant 0.01$ 最不重要的鸟类。

　　丰度：鸟类丰度（M），用马加莱夫（Margalef）丰富度公式计算：

$$M = (S - 1) \times \ln N \tag{6-3}$$

其中，S 为物种的总数，N 为个体的总数。

多样性：香农-维纳（Shannon-Wiener）多样性指数（H）、均匀度（J）、辛普森（Simpson）优势度（D）赫尔佰特（Hurlbert）种间相遇机率（PIE）（王勇军和昝启杰，2001）分别用以下公式计算：

$$H = 3.3219(\log N - 1 / N \sum n_i \log n_i) \tag{6-4}$$

$$J = H / H_{\max} = H / \log s \tag{6-5}$$

$$D = N(N-1) / \sum n_i (n_i - 1) \tag{6-6}$$

$$\mathrm{PIE} = \sum (n_i / N)[(N - n_i)(N-1)] \tag{6-7}$$

其中，N 为总个体数，n_i 为第 i 种的个体数，s 为物种数。

G-F 指数：G-F 指数（genus-family index）是基于物种数目，研究科属水平上物种多样性的测度方法。其中，G 指数为属间多样性，F 指数为科间多样性，标准化前两者比值的 G-F 指数。该指数反映较长时间段内某一地区物种的多样性。G 指数、F 指数和 G-F 指数，可总结动物区系中物种组成信息。

相似性：杰卡德相似性系数（C_j）（王勇军等，1998）：

$$C_j = j / (a + b - j) \tag{6-8}$$

其中，j 为两种生境共有物种数；a、b 分别为生境 A、B 的物种数。

$0.75 < C_j \leqslant 1.0$ 时，群落组成成分极其相似；$0.5 < C_j \leqslant 0.75$ 时，群落组成成分中等相似；$0.25 < C_j \leqslant 0.5$ 时，群落组成成分中等不相似；$0 \leqslant C_j \leqslant 0.25$ 时，群落组成成分极不相似。

相似性指数（SI）：（王勇军等，1998）

$$\mathrm{SI} = 2 \times c / (a + b) \tag{6-9}$$

其中，c 为两种生境共有物种数；a、b 分别为生境 A、B 的物种数。

百分率相似性指数（PS）（王勇军等，1998）：

$$\mathrm{PS} = \sum_{i=1}^{s} \lim(P_{ai}, P_{bi}) \tag{6-10}$$

其中，s 为物种数；P_{ai}、P_{bi} 分别为 i 物种在相邻两月或不同生境间水鸟群落中的数量百分比。

6.3.2 红树林湿地鸟类生态评估

1. 红树林生态系统中鸟类功能连通性（生态功能）

动物在栖息地之间的必然移动是生态系统内生物连通性的关键驱动因子，并影响营养物质运输和循环、自上而下效应和遗传信息的转移等（Buelow and Sheaves，2015）。Buelow 和 Sheaves（2015）通过鸟类活动和迁徙研究了红树林连通性的性质和影响，认为鸟类日常觅食迁移和季节性迁徙可以增强沿海地区不同红树林生态系统之间的功能连通性，防止红树林栖息地的破碎化，对维持陆地-海洋生态连通性至关重要。

（1）营养物质运输和循环：海鸟可以将海洋养分以鸟粪的形式运输到陆地和沿海生态系统，进而缓解营养限制（Adame et al.，2015）。海鸟对红树林有显著影响，可使得红树植物叶片 N 含量提高 33%（Onuf et al.，1977）。Adame 等（2015）首次研究了红树林何时以及如何获得来自海鸟的养分补贴，结果表明：墨西哥尤卡坦州塞莱斯顿生物圈保护区红树林，具有永久性鸟类群落的岛屿具有最高的土壤养分，红树林使用这些养分并缓解其部分营养限制；同时，输入养分（P）的空间分布较均匀；此外，通过鸟类的营养物质输入具有季节性，在筑巢季节期间输入量最高。鸟类有助于缓解红树林 N 和 P 营养限制（表 6-1）。

表 6-1 基于鸟类营养物质运输类别量化的氮和磷营养物质沉积年速率

鸟类养分转移类别	$v(N)/$ [g/(m²·a)]	$v(P)/$ [g/(m²·a)]	红树林初级生产所需氮[(1)]/%	红树林鸟类	鸟日活动距离/km	集中养分	分散养分	参考文献
栖息	2.3	0.2	17	美洲红尾鸲白顶鹳	2～20	是	—	（Bancroft et al.，2000；Smith et al.，2008；Fujita and Koike，2009）
非栖息	$3.9×10^{-3}$	$3.1×10^{-3}$	$3.1×10^{-3}$	褐岩吸蜜鸟	30	—	是	（Franklin and Noske，1998；Fujita and Koike，2009）
海鸟	103.0	22.0	763	小玄燕鸥	250	是	—	（Allaway and Ashford，1984；Surman and Wooller，1995）
涉禽和海鸟（混合）	21.7	1.2	161	鸬鹚、苍鹭、白鹭和朱鹮	1～15	是	—	（Powell et al.，1989；Wong et al.，1999）

（1）基于红树林（混合林：白骨壤、木榄、角果木和红树）全年的氮需求量[13.5g/(m²·a)]计算（Robertson et al.，1992）。

（2）自上而下效应：食虫鸟类是红树林中最丰富的鸟类功能群（Noske，1996；Lefebvre and Poulin，1997；Mestre et al.，2007；Acevedo and Aide，2008；Mohd-Azlan et al.，2012），具有控制红树林内昆虫种群的生态功能。红树林昆虫丰度波动和爆发潜力低于陆地生态系统，主要得益于食虫鸟类在全年内对植食性昆虫的有效控制（Sekercioglu，2006）。进一步地，有助于形成稳定的营养级联，研究表明食虫脊椎动物通过捕食植食性昆虫可使得植物损害降低 40%，并使植物生物量增加14%（Mooney et al.，2010）。

（3）遗传信息转移：鸟类可帮助传播花粉和种子，进而在沿海生态系统内传播遗传信息（Sekercioglu，2006）。澳大利亚红树林木榄种群中的高基因流可能是由于这些鸟媒促成的遗传连通性（Ge et al.，2005）。迁徙水鸟在水生无脊椎动物的长距离传播中的作用通常被忽视，但其可能有距离达 1000 km 的遗传连通性（Green and Figuerola，2005）。在区域尺度上，澳大利亚东海岸的红树林节肢动物群落组成具有相似性，说明有较高的连通性（Meades et al.，2002）。由于通过飞行和风力传播红树林遗传信息的节肢动物的能力有限（Green and Sanchez，2006），涉禽通过体内携带运输传播昆虫幼虫可能才是产生这种高度连通性的机制。食果鸟类和食谷鸟类可通过种子传播遗传信息，对植物再生和沿海生态系统功能具有重要作用（Rawsthorne et al.，2010）。

2. 鸟类作为指示物种的湿地生态系统评价

理化指标和低等生物指标用于湿地环境监测和评价是自下而上的，那么湿地鸟类作为指标则是自上而下的，因此鸟类作为指示生物更适于快速的系统水平的评价。另外，鸟类处于湿地生态系统食物链顶端，与人类所处的营养级最接近，因此用鸟类作为指示生物对于人类所面临的环境风险更有参考价值（王强和吕宪国，2007）。

利用鸟类作为评价环境性质的研究工作，始于20世纪60年代（张恒军，1992）。国外一些学者根据鸟类对环境条件恶化的响应（即在较短时间内表现出种类和数量特性），开始从宏观上把鸟类作为衡量和评价自然生态平衡及环境保护的指示生物。20 世纪 70 年代开始，化学分析手段逐渐应用于鸟类指示污染的研究，检测重金属、有机农药和多氯联苯（PCBs）等常见污染物在鸟体内的积累程度和浓度分布，研究不同环境状态下鸟类积累有害污染物程度的差别，从而了解不同环境的污染程度，并试图以此建立评价环境状况和性质的手段。选取适宜物种作为指示生物的一般要求（张恒军，1992）：该种鸟类体内的有害物及代谢物水平与环境中的污染物水平有显著的相关性；或者机体的某种形态、生理、生化、细胞和遗传等变化（应能定量计算）与环境的污染程度具有明显的相关性，同时要求测定方法和技术应尽可能地简便和灵敏。

另一些研究者从生物适应的相对性方面进行研究。河流/湿地不同生境的变化将直接影响鸟类种群的发展，因而鸟类可以作为监测河流/湿地生态系统变化的生物指标之一（陈建伟和陈克林，1996；Jansen and Robertson，2001；Sorace et al.，2002；宋立伟，2011）。鸟类在河岸带植被修复评价中的应用：在植被恢复良好、生境复杂多样的河岸林带内鸟的种类明显增多，且鸟类可以促进传播植物种子，故鸟类多样性可促进河岸林带植被的恢复向顶级方向发展（Silva et al.，1996；Shiels and Walker，2003；宋立伟，2011）。鸟类在河流生物多样性评价中的应用：一般的河流生态系统监测和评价主要采用水质、水动力和水文等非生物指标和藻类、底栖动物和鱼类等生物指标（高学平等，2009；张丹等，2009），但生物指标中高等动物如鸟类作为评价指标的研究却不多。鸟类处于河流生态系统食物链顶端，不同生境鸟类的多样性与河流生态系统的生物多样性呈正相关，因此可以利用鸟类在食物链的位置自上而下地对河流生物多样性进行评价（高德，2009；宋立伟，2011）。宋立伟（2011）探讨了通过不同生境鸟类种群丰富的程度及多样性指数作为一个重要指标来检验河流生态修复的效果，进而指出现有河流生态修复设计的不足，为今后城市河流生态修复的设计提供参考。在红树林湿地中，相应研究较少。Holguin 等（2006）基于微生物、海水理化指标以及鸟类生物指标，评价红树林生态系统的健康状况，分析实验结果表明鸟类与红树林健康存在密切关系。

3. 鸟类生态价值评价

从野生动物用途和功能角度，King 将野生动物的价值分为六类，Shaw（1985）对 King 的价值分类进行了补充整理，提出了野生动物价值包括：美学价值、游憩价值、生态价值、教育与科学价值、实用价值和商业价值。从受益主体角度，研究者一致认为，野生动物资源的价值分为生态价值、社会价值和经济价值；从经济学角度，将野生动物资源分为利用价值和非利用价值。当前，对野生动物经济价值的评估方法主要有三种：①问卷调查，即基于个人支付意愿（WTP）的直接经济价值评估方法；②基于定量分析的过程-效益评价法，主要针对动物价值在空间上流动的现象；③利用实际或替代市场的间接经济价值评估方法，该方法不受人为的主观因素，以统计的角度来评估，结论符合市场实际情况，可靠性高，同时原理和运用都较为简单（龙娟等，2011）。

鸟类的生态经济效益评价，是指将鸟类对人类社会的各种效益以货币为单位进行计量，也即以恰当的货币值来表示鸟类的社会效益。这种直观的经济评价更有助于人们对野生鸟类社会效益的理解。对野生鸟类效益的经济评价，与森林效益的经济评价一样，早已引起世界各国的普遍重视。如日本政府早在 20 世纪 70 年代就曾对日本全国的野生鸟类效益进行了比较全面的经济评价（刘玉政和曹玉昆，1992）。结果表明，当时整个日本约有 810 万只野生鸟类，这些野生鸟类仅抑制虫害、保护森林这一项产生的效益，就为 2458 亿日元，即每一只野生鸟类抑制虫害、保护森林的效益就为 30 356 日元。龙娟等（2011）采用市场价值法，依据林业部、财政部、国家物价局发布的《陆生野生动物资源保护管理费收费办法》（1992）以及该区生产总值增长率，评价了北京市湿地珍稀鸟类的价值，为 73 990 万元。但在红树林湿地中，对鸟类价值评估的研究有限，多以红树林生态系统价值评估为主。

此外，观鸟生态旅游价值的评估也是研究热点之一。关于野生动物观赏，特别是生态观鸟在美国称为 "birdwatching"，是指借助望远镜等光学工具，观察自然状态下的野生鸟类（赵金凌等，2006）。从旅行的角度，观鸟旅游称为 "bird watching tour"。生态观鸟旅游是一种典型的生态旅游，其所带来的经济、社会和生态效应显著。

观鸟兴起于英国，是早期英国贵族的休闲活动之一，有着超过 200 年的历史（赵金凌等，2006）。如今，观鸟在西方已经成为一项盛行的户外运动。观鸟旅游对经济的影响是学者研究的重点和热点。Kerlinger 和 Brett（1995）认为主要有直接和间接两种影响，直接影响是给旅游地带来经济收入，促进经济发展；间接影响是增加就业机会，促进相关产业发展，如旅游商品制造业等。截至 2011 年，美国的观鸟者人数已达到 4700 万，并以高学历、高收入的中老年城市白人为主体，与观鸟相关的消费已带来了超过 1000 亿美元的产值，贡献了 66.6 万个工作岗位以及 130 亿美元的税收（Carver，2009；林恬田和杨宇泽，2018）。观鸟活动在我国的起步则较晚，直至 20 世纪 90 年代我国才开始出现第一批本土观鸟者，且主要集中在上海和广州等特大城市，但近年发展迅速，至 2010 年我国内地的观鸟者已达到 20 752 人，相较于 2000 年增长了近 26 倍（程翊欣等，2013）。通过参与有组织的观鸟活动和系统调查，公众可助力鸟类学研究，这对于推动生物多样性保护和生态文明建设十分有益（何鑫，2022）。

近几年我国研究者对于生态观鸟旅游的研究逐步增加，研究内容包括观鸟旅游资源分析（周琳等，2014）、观鸟路线设计（陈晶，2005；达瓦次仁，2015）、观鸟者特征（王侠，2006；赵金凌等，2007）、观鸟旅游发展对策（陈金华和张立敏，2005；赵衡等，2005；林恬田和杨宇泽，2018）、旅游开发对鸟类的影响（王金水等，2011；马国强等，2012）和观鸟生态旅游价值评估（王红英，2008；施德群，2010）等方面。陈晶（2005）基于扎龙保护区观鸟区的春季鸟类群落特征，结合 GPS 定位点和 GIS 平台，设计了观鸟路线，并采用游路法测定了各路线的日环境承载力。赵金凌等（2007）运用休闲分类学方法，通过调查到访过董寨的观鸟旅游者的旅游行为、观鸟水平和忠诚度，分析了观鸟旅游者行为特征，按照不同类型观鸟生态旅游者分析了其行为特征和目的地偏好属性。将观鸟旅游者分为 3 类，即偶尔型、积极型和熟练型，提出观鸟生态旅游的发展策略，加强生态旅游者行为研究，培育生态旅游市场，为经营者提供目标市场的细分和特征。陈金华和张立敏（2005）在全面分析泉州湾湿地鸟类赋存状况和可观赏性的基础上，提出该区可开发的鸟类旅游专项产品有观鸟旅游、鸟类摄影游、科普游、鸟类主题节庆游、鸟类博物馆和旅游配套设施建立。同时仍需要完善观鸟旅游的配套设施，包括网络多媒体平台、观鸟台、鸟类知识咨询手册及观鸟专业导游等，同时要加大对观鸟旅游地的经济投入等。刘萌萌等（2023）发现观鸟爱好者每次出行记录到的鸟类物种平均数量大于样线法监测，长期来看公众观鸟数据可以在一定程度上弥补传统鸟类监测的空缺。但公众观鸟活动很容易受到参与者偏好的影响，在时间、空间以及物种报告率上存在偏差，且存在监测强度不足、数据记录不准确等问题，因此需要加强设计和规范，减少公众观鸟数据集中存在的偏差，实现其在更广阔的领域为鸟类研究和保护提供数据基础。

王红英（2008）运用旅行费用法（TCM），提出了估算生态观鸟旅游价值方法，并估算2007年都阳湖象山森林公园观鸟旅游价值为2千多万元。施德群（2010）基于旅行费用法（TCM）评估了观鸟游憩活动的价值，结果表明中国（洞庭湖）国际观鸟节的游憩总价值为66.39万元。此外，王红英（2008）对来江西都阳湖观鸟旅游者的问卷调查显示，专业生态观鸟者一次观鸟费用为1032.41元，其中，观鸟装备费用占36.07%，人平均观鸟装备费用为372.41元，观鸟时间2天以上的人数占46.51%。由此可见，野生动物休闲旅游所带来的经济影响中，不但其所带来的经济影响与其他旅游对经济所产生的影响相类似，而由于观鸟旅游的特殊性要求，其产业价值链更长，其所带来的直接、间接和诱发经济效益是显著的。

现有研究对湿地鸟类生态价值评估的研究不足，尤其是在红树林湿地中。现有研究多数集中于湿地生态系统价值评估，其中对鸟类的生态价值评估过于简单，仅笼统计算了鸟类个体的直接价值，不能全面反映出鸟类对于湿地生态系统的价值。

4. 红树林鸟类生境适宜性评价

传统的栖息地适宜性评估方法，最早始于20世纪60年代末，采用栖息地适宜性指数（habitat suitability index，HSI）作为衡量栖息地优劣的指标（Glenz et al.，2001），然而，该方法仅能从整体上做出推断，而不能从空间格局特征的角度加以分析。Pearce 和 Ferrier（2000）应用二项逻辑斯谛回归模型解决这一难题，以矢量斑块作为适宜性评价的研究对象。随着此项研究的不断深入，Holzkämper 等（2006）又将 HSI 模型用于计算物种累积适宜性值，并在像元尺度上分析 3 个物种的适宜点群的空间分布位置，为评价物种适宜栖息的环境提供参考依据。目前已广泛地应用遥感信息提取和 GIS 空间分析技术，在大尺度上简单、直观、方便和准确地对栖息地适宜性进行分析（Acevedo et al.，2007；江红星等，2010；刘春悦等，2012；董张玉等，2014），极大地提高适宜性评价效率。

此外，许多学者开展了环境因子对鸟类的影响研究，这为栖息地适宜性评价过程中环境因子的筛选提供了科学依据。赵淑清等（2003）基于东洞庭湖区土地利用类型的动态分析，表明土地利用变化导致的栖息地退化是影响鸟类分布的负面因素。Seto 等（2004）基于 TM 影像获取的 NDVI 指数，分析了山地和山谷中 NDVI 与鸟类多样性的相关性，发现 NDVI 指数与鸟类多样性的分布具有高度相关性。杜寅等（2009）分析了全球变暖对鸟类的影响，影响鸟类分布向北或向西扩展。Mohd-Azlan 等（2015）研究了澳大利亚红树林栖息地异质性与鸟类多样性之间的关系，发现红树林中鸟类（总体和红树林依赖种）的高物种丰富度与红树林中植物物种丰富度、林下植被密度和食物资源分布有关，栖息地异质性和斑块面积是物种丰富度重要的预测因子。Sandilyan 和 Kathiresan（2015）对印度东南海岸的不同栖息地的鸟类密度做了调查，发现在这些栖息地中，水鸟的密度在泥滩中很高，其次是农业用地，新兴红树林，开阔水域和生长良好的红树林。Coops等（2009）分析了光合有效辐射吸收率（fraction of absorbed photosynthetically active radiation，FPAR）与鸟类多样性变化的关系，结果表明从遥感数据中获取的 FPAR 与鸟类多样性高度相关，能很好地评估和预测鸟类多样性状态。据此 Coops 等（2009）提出了一种 DHI 综合指标，并验证了其在评估与预测鸟类变化方面的适用性。傅伯杰等（2001）发现水禽对湿地生境的选择受到湿地斑块及斑块间距离的影响，反映出湿地的斑块面积大小和结构都对水禽的生存活动存在着影响。据此，张月等（2017）从斑块尺度（最小繁殖生境面积）和景观尺度两个层面对水禽的生境质量进行了评估。司万童和刘菊梅（2012）以黄河首曲湿地为中心，调查了鸟类的分布状况，发现生境的差异是造成鸟类结构不同的主要因素。胥浪（2010）以米埔红树林湿地为例，探讨了净初级生产力（net primary productivity，NPP）与湿地鸟类种群数量的相关性，发现 NPP 是米埔红树林湿地鸟类种群数量变化的重要影响因子。冯尔辉等（2012）研究海南东寨港红树林湿地鸟类时根据不同的自然地理环境和植被类型将红树林湿地划分为天然林地、人工林地、裸滩和水域四种生境类型，有一定的参考意义。

栖息地适宜性评价因子选择原则主要是：①选取对鸟类有直接影响的因素，如食物丰富度和水源等；②选取对鸟类栖息地有影响的环境因子，如：气候和地形等（董张玉等，2014；满卫东等，2017）。侯思琰等（2017）在评价海河流域典型滨海湿地的生境质量时采用了经济合作与发展组织（OECD）和联合国环境规划署（UNEP）提出的压力-状态-响应（pressure-state-response，PSR）模型来进行评价指标的选取，并通过与理论参考湿地标准的对比来使评价指标标准化并进行进一步评级。

不同研究中，对栖息地适宜性评价因子的选取详见表 6-2。张良等（2017）认为水鸟对栖息地的要求主要包括以下四个方面：食物供给、栖息地的面积、环境要求以及安全距离。在红树林湿地鸟类栖息地适宜性相关研究中，邹丽丽等（2012）利用逻辑斯谛回归模型评价了香港米埔红树林湿地鹭科水鸟栖息地的适宜性。收集了 2003 年 1 月与鹭科水鸟密切相关的 15 个自变量和鹭科水鸟调查数据作为因变量构建逻辑斯谛回归模型，筛选了 9 个变量因子，包括土地利用、归一化植被指数、坡度、降雨、TM4 纹理、TM3 纹理、道路密度、道路距离和人居密度。经 Nagelkerke R^2 检验模型精度达到 0.743，拟合度较高。利用模型结果快速聚类，对栖息地进行适宜性分级，分级结果与同期鹭科水鸟实测数据做拟合，精度达到77.4%。最后采集 2009 年 1 月份各变量因子数据对回归方程进行时间尺度检验，与同期实测鹭科水鸟数据拟合精度同样达到 75.8%，模型具有较好的通用性。邹丽丽和陈洪全（2016）利用面板数据模型研究了米埔红树林湿地的水鸟分布与景观偏好间的关系，结果表明：水鸟适宜在景观类型丰富且景观内斑块面积较为宽广的区域栖息。Wei 等（2017）基于典型对应分析法，研究了米埔红树林湿地 7 种生境类型中鹭鸟、鸻鹬类、雁鸭类和鸬鹚的生境选择偏好，但是，在深圳湾深圳侧红树林湿地鸟类栖息地适宜性相关研究不足，主要原因可能是调查数据精度不足，无法开展相应研究。

表 6-2　主要栖息地适宜性评价因子

研究区域	鸟类	影响因子	权重赋值方法	适宜性评价方法	适宜度等级	参考文献
盘锦湿地	水禽	水源状况：河流密度、湖泊密度 干扰条件：道路密度、居民点密度 食物丰富度：归一化植被指数 遮蔽物：土地利用数据	层次分析法	$HSI=\sum_{i=1}^{n}w_if_i$ 其中，n 表示指标因子个数；w_i 表示指标 i 的权重；f_i 表示指标 i 的计算值	最好：75～100 良好：50～75 一般：25～50 差：0～25	（董张玉等，2014）
三江平原生态功能区	水禽	水源状况：河流密度、湖泊密度 干扰因子：道路密度、居民点密度 食物丰富度：归一化植被指数 遮蔽物：土地覆被类型、坡度	熵值法和层次分析法		最好：0.75～1 良好：0.50～0.75 一般：0.25～0.50 差：0～0.25	（满卫东等，2017）
东洞庭湖	鸻鹬类：黑腹滨鹬、鹤鹬和反嘴鹬	鸟类信息：鸟类数量和位置信息 环境因子：土地利用类型、到道路距离、到居民点距离、归一化植被指数、斑块密度和植被种数	最大熵模型（Maxent）	模糊综合评价法	适宜和不适宜（概率切断点）	（刘伟等，2017）
青海湖	斑头雁	鸟类信息：斑头雁的轨迹数据 环境因子：土地覆被类型	生态位因子分析		适宜、次适宜和不适宜栖息（K 均值聚类离散化方法）	（吕旭红和罗泽，2017）
安徽升金湖国家级自然保护区	水鸟	食物条件：水产品产量、水旱灾成灾面积和粮食产量 水条件：水面积、降水量和水位 隐蔽条件：森林面积、草地面积和未利用地面积 干扰条件：人口数量、建设用地面积和交通用地面积	层次分析法	模糊综合评价法	最适宜：0.8～1 适宜：0.6～0.8 基本适宜：0.4～0.6 微适宜：0.2～0.4 不适宜：0～0.2	（杨李等，2015）

续表

研究区域	鸟类	影响因子	权重赋值方法	适宜性评价方法	适宜度等级	参考文献
黄河三角洲自然保护区	水禽：丹顶鹤、东方白鹳、天鹅	鸟类相关信息：繁殖巢址、觅食分布点 环境因子：到翅碱蓬滩涂距离、到柽柳-翅碱蓬滩涂距离、到芦苇沼泽、到农田距离、到黄河距离/到潮沟距离/到盐田虾池距离、到水源距离、到道路距离、到油井距离	最大熵模型（Maxetn）	模糊综合评价法	适宜、较适宜和不适宜（自然断点）	（朱明畅等，2015）
黑龙江干流	水禽	斑块指数：最小繁殖生境面积 干扰条件：路网密度、居民点 水源状况：水系密度 食物条件：归一化植被指数、洪泛区密度 地形：高程、坡度 遮蔽物：土地覆盖	层次分析法		最好：80～100 良好：60～80 一般：40～60 差：20～40 不适宜：0～20	（张月，2017）
崇明东滩	白头鹤	鸟类信息：位置信息 生境因子：与公路的距离、与人为活动的距离、与潮沟的距离、与大坝的距离、生境斑块密度、植被指数	生态位适宜度模型		最适宜、适宜和不适宜	（张佰莲等，2010）
香港米埔后海湾红树林湿地	鹭科水鸟	鸟类信息：数量和位置信息 环境因子：土地利用、归一化植被指数、坡度、降雨、TM4 纹理、TM3 纹理、道路密度、道路距离和人居密度	逻辑斯谛回归模型		最适宜、适宜、基本适宜、不适宜和不可栖息（快速聚类分析）	（邹丽丽等，2012）
香港米埔后海湾红树林湿地	湿地依赖性水鸟	鸟类信息：鸟类分区信息 自然环境因子：降雨量、温度、湿度、地形、坡度、坡向、气候状况 人文环境因子：居民密度、距居住区距离、距道路距离	GARP 生态位模型		潮间带、大片的基塘区域：主要栖息场所；红树林、草滩区：次要栖息场所；深水域、城市用地及城市绿地区域：分布较少或者没有	（邹丽丽，2016a）
香港米埔后海湾红树林湿地	水鸟	鸟类信息环境因子：景观面积、边缘长度、斑块数量、最大斑块比、斑块大小、形状指数、异质性指数	面板数据模型		水鸟适宜在景观类型丰富且景观内斑块面积较为宽广的区域栖息	（邹丽丽和陈洪全，2016）
香港米埔后海湾红树林湿地	水鸟	栖息地信息：面积、水体比例、陆地比例、植物比例、湖心岛、挺水植物比例、红树植物比例、乔木比例、陆地植物比例 鸟类调查数据：不同生境鸟类丰度	典型对应分析		不同类型水鸟的生境选择偏好有差异	（Wei et al.，2017）

续表

研究区域	鸟类	影响因子	权重赋值方法	适宜性评价方法	适宜度等级	参考文献
海河流域典型滨海湿地		压力：自然因素（气温变化、蒸发量、降水量和河流径流量）、社会因素（水利工程、渔业养殖、围垦面积和人口数量） 状态：湿地土壤环境状态（砷含量、镉含量和铬含量）、湿地水环境状态（TN、COD和氨氮）、湿地生态系统功能状态（栖息地、水质净化和植被覆盖） 响应：湿地功能（湿地面积和湿地景观结构）	专家赋值构造判断矩阵层次分析法	综合指数法	0.8～1，未退化； 0.6～0.8，轻度退化； 0.4～0.6，中度退化； 0.2～0.4，重度退化	（侯思琰等，2017）
西安灞河湿地	水鸟	植物种的特有性 植物群落的自然性 植物群落结构的多样性 鸟类分布 生境类型的稀有性	分级打分评价法	根据总分高低评价生境质量及保护价值	根据要素性质划分为五级	（薛亮等，2008）
上海南汇东滩		植被生长参数（株高、密度、叶面积指数、地上生物量） 水体质量参数（氮磷营养盐和叶绿素a含量） 土壤环境参数（电导率、pH值和重金属含量）	根据指标变化评价生态修复效果		无分级	（陈万逸等，2012）

5. 鸟类栖息地重要性评价

鸟类栖息地重要性评价主要用于栖息地保护等级即优先保护序列的确定（张淑萍等，2003；邱观华，2009a）。全球地区已经开始着手进行鸟类优先保护工作，使用各种不同的标准，主要是有关生物的重要性和受胁水平（贾荻帆，2012）。张淑萍等（2003）基于水鸟的种类和数量数据，运用模糊综合评价法评价了天津5处湿地的栖息地保护等级。邱观华等（2009b）在敦煌西湖湿地也做了类似研究。张国钢等（2006c）基于个体数量、多样性指数和干扰程度对海南岛50个沿海及内陆湿地进行了优先保护序列分析。Lei等（2003）基于我国特有种鸟类的空间分布格局，继而确定优先保护地区。汪荣等（2011）基于游禽、涉禽、珍稀物种种类与数量及达到国际重要湿地标准的物种数量共7个指标，采用主成分分析法评价了福建滨海21个水鸟栖息地的重要性，对滨海湿地保护的优先顺序，具有一定的参考价值。孙锐和崔国发（2012）基于鸟类受威胁等级、保护等级、分布特性和居留型，构建了鸟类栖息地重要性评价方法。朱铮宇等（2016）也采用类似的方法，即基于鸟类的居留型、保护等级、物种濒危等级（IUCN濒危物种红色名录）和稀有度指标，采用层次分析法评价了苏州市不同湿地公园的重要性等级。夏少霞等（2015）参照国际重要鸟区的评定标准，基于种群数量综合因子、物种多样性因子、保护物种综合因子，通过模糊综合评价法，评估了洞庭湖62 个子湖泊作为越冬水鸟栖息地的重要性。李旭源等（2015）通过计算栖息地对网络连通性的影响和候鸟停留时间的加权和，提出了基于节点删除法的候鸟栖息地重要性评价方法。张健等（2016）基于专家咨询法和层次分析法对我国东部水鸟迁徙通道的 55 个主要栖息地进行了保护恢复优先性评价，详见表 6-3。当前，关于鸟类栖息地重要性评价主要用于多个栖息地优先保护顺序排列或者热点区域识别；此外，针对红树林湿地鸟类栖息地重要性评价研究并不充分。

表 6-3　栖息地重要性评价方法及其主要指标

研究区域	研究对象	评价指标	评价方法	参考文献
天津地区	水鸟	保护物种种类、数量综合因子 涉禽种类、数量综合因子 游禽种类、数量综合因子	模糊综合评价法	（张淑萍等，2003）
中国	特有种鸟类	特有种鸟类分布信息	空间叠加	（Lei et al.，2003）
海南岛	越冬水鸟	个体数量（N） 多样性指数（H） 干扰程度（R）：是土地利用转换、废物处理、建坝、旅游、狩猎和污染等（划分 4 个等级）	$PI = N \times H / R$	（张国钢等，2006c）
敦煌西湖湿地	鸟类	保护物种种类和数量综合因子 涉禽种类和数量综合因子 游禽种类和数量综合因子 湿地中其他生态类群鸟类种类和数量的综合因子	最佳因子值法 模糊综合评价	（邱观华等，2009b）
福建滨海	水鸟	游禽物种数 游禽个体数 涉禽物种数 涉禽个体数 珍稀物种数 珍稀物种个体数、达到国际重要湿地标准的物种数量	主成分分析法	（汪荣，2011）
自然保护区	鸟类	鸟类受威胁等级 保护等级 分布特性 居留型	$H_R = \sqrt{\sum_{q=1}^{3}\sum_{i=1}^{m} T_{qji} P_{qki} E_{qli} N_{qi}}$ H_R：湿地 R 作为鸟类栖息地的重要性指数；T_{qji}：鸟类 i 的 q 类型栖息地 j 级受威胁等级的赋值；P_{qki}：鸟类 i 的 q 类型栖息地的 k 级重点保护级别赋值；E_{qli}：鸟类 i 的 q 类型栖息地的 l 类分布特性的赋值；N_{qi}：鸟类 i 的 q 类型栖息地的赋值；m：湿地 R 的鸟类种数	（孙锐和崔国发，2012）

续表

研究区域	研究对象	评价指标	评价方法	参考文献
苏州市湿地公园	鸟类	居留型 保护等级 物种濒危等级（IUCN 濒危物种红色名录） 稀有度	层次分析法	（朱铮宇等，2016）
黄海渤海区	候鸟	网络连通性 候鸟停留时间	节点删除法	（李旭源等，2015）
鄱阳湖	越冬水鸟	种群数量综合因子 物种多样性因子 保护物种综合因子	模糊综合评价法	（夏少霞等，2015）
中国东部水鸟迁徙通道	水鸟	栖息地重要性：湿地水面面积、水鸟栖息地面积、濒危水鸟种类、濒危水鸟数量、其他优势水鸟种类、水鸟总数量、植物多样性、重要水鸟迁徙的停歇地、繁殖地、越冬地、是否为不可或缺的保护区 栖息地变化趋势及威胁：近 5 年来，湿地水面面积变化、水鸟栖息地面积变化、濒危水鸟的种类变化、濒危水鸟的数量变化、优势水鸟数量的变化、植物多样性的变化；水鸟的食物供给、保护区污染程度、围垦或养殖程度、过度放牧程度、偷猎或毒害野生水鸟程度、保护区生物入侵程度、旅游开发过度（包括设施、范围、人数等方面）、其他人为活动干扰程度	专家咨询法 层次分析法	（张健等，2016）

6. 湿地的鸟类环境承载力评价

目前，鸟类环境承载力的计算有两种方法，一种是日消耗量模型，即把可取得的总生物量食物除以一只鸟每日所消耗的食物量来评估承载量；另一种是空间消耗模型，按照食物生物量在生境地块中的密度来评估承载量（莫竹承等，2018）。前一种模型限制因素较少，被多数研究者所采用（Goss-Custard et al.，2003）。

葛振鸣等（2007）基于对九段沙湿地 2005 年春、秋季食物资源的调查，通过鸟类体型类群分类（根据去脂净重、基础代谢率和体长）和能量消耗模型，计算了迁徙期鸻形目鸟类的环境容纳量。莫竹承等（2018）通过调查候鸟迁徙季节广西涠洲岛湿地生物量和鸻鹬类水鸟群落，基于水生生物热量和鸻鹬类群落的综合代谢率估算了涠洲岛湿地食物量对鸻鹬类水鸟的承载力。结果发现：湿地面积、水生生物丰度影响涠洲岛湿地对鸻鹬类的承载力，修复湿地可提高承载力。Schepker 等（2018）研究了湿地生物量是否满足该区春季迁徙水鸟的能量需求。

7. 鸟类栖息地生态健康状况评价

1941 年美国学者 Aldo Leopold 提出土地健康（land health）的概念（Aldo，1941），为生态健康概念的提出奠定了理论基础（曾德慧等，1999）。Schaeffer 等在 1988 年首次对生态系统健康的度量问题进行了研究，但是并未明确提出生态健康的概念。Rapport 在 1989 年类比于人体健康论述了生态健康的内涵，并探讨了生态健康的测度问题。这两篇文章是生态健康研究的先导。到目前为止，对于生态系统健康的定义仍存在争议。Rapport（1995）认为生态系统健康具有双重含义，其一是生态系统自身的健康，即生态系统能否维持自身结构、功能与过程的完整；其二是生态系统对于评价者而言是否健康，即生态系统服务功能能否满足人类需求，这是人类关注生态系统健康的实质。Mageau 等（1998）归纳生态系统健康为内稳定、没有疾病、多样性或复杂性、有活力或有增长空间、稳定性或可恢复性和系统要素之间保持平衡 6 项特征；Vilchek（1998）认为生态系统健康可以拆分为自然生态系统为核心的地球中心论方法（geocentric approach）和更加注重系统健康对人类自身及其环境作用的人类中心论方法（anthropocentric approach）。同时，伴随相关研究和学科的发展，生态系统健康的内涵也在发展，即从生态系统健康到生态健康再到生态文化健康（刘焱序等，2015）。Rapport 和 Maffi 等（2011）在提出生态系统健康概念后，论述了生态文化健康的概念，实际上将原先的生态系统健康研究对象和范围进行了进一步的扩展。生态健康研究更侧重研究生态系统的具体生态过程，并重视生态格局或过程对人类健康造成的影响，这与传统意义上的生态系统健康是有所差异的（刘焱序等，2015）。

基于上述研究背景和现状，本书中将鸟类生态健康评价的概念暂界定为：栖息地生境/生态系统对于鸟类而言是否健康，即生态系统服务功能能否满足鸟类需求。当前，系统的鸟类生态健康评价研究很少，多是集中在鸟类栖息地适宜性（邹丽丽等，2012；周海涛，2016a；刘伟等，2017）、鸟类栖息地重要性（邱观华，2009a；吴国强，2015）、鸟类栖息地选择与利用（邹丽丽和陈洪全，2016；邹丽丽，2016a，2016b；Lloyd，2017；Sandilyan，2017；Chen et al.，2018a）和鸟类生境承载力（葛振鸣等，2007；Schepker et al.，2018；莫竹承等，2018）等方面，而这些方面的研究仅是系统性的鸟类生态健康评价的一部分，或是鸟类生态健康评价的研究基础。因此，系统的鸟类生态健康评价研究将是未来鸟类相关研究的重要方向之一。

生态系统健康评价的代表方法主要分为指示物种法与指标体系法，其中指标体系法又可细分为组织活力弹性（vigor-organization-resilience，VOR）综合指数评估法、层次分析法、主成分分析法和健康距离法等（杨斌等，2010；刘焱序等，2015）。近年来，一些研究选择在指示物种采样结果的基础上建立指标体系,有效弥补了指标单一化造成的结果误差,其中多为水生态系统健康评价的案例(刘焱序等,2015)。指标体系法有助于描述生态-社会过程的复杂特征,针对单一生态系统类型和指标特征,近年来中外学者们在 VOR 三分法的基础上建立了各种创新性评价体系(刘焱序等,2015)。将生态承载力、生物多样性、能值分析、可持续生计、可持续农业生产、演替理论乃至中医理论与生态系统健康评价相结合,扩展了生态系统健康的研究手段,使其保持了研究方法层面的持续创新性。此外,将生态系统服务纳入生态系统健康评价体系的相关研究也正在展开(刘焱序等,2015)。目前,用于评估鸟类栖息地生态健康状况的指标还需进一步完善。另外,目前的评价方法较单一,主要以综合指数法和层次分析法为主,需进一步开发新的评价方法,从而为推动鸟类生态健康研究的发展提供技术支撑。

6.4　红树林湿地鸟类生态评估存在的问题和需求

6.4.1　生态评估方法存在的问题

在鸟类生态调查数据获取方面,对于红树林湿地鸟类监测来讲,其最大难点在于自然湿地是一个开放的区域,时空变化都将影响着鸟类分布,目前,存在调查标准不统一的问题,这影响鸟类统计分析及其结果的有效性。同时,受传统调查/监测方法的限制,其数据精确性存在不足,在调查地点、范围、方法甚至存在调查人员的个人喜好等问题,数据标准不统一,差异显著。此外,由于传统监测方法的局限性,全天候(实时监测)、多年(长期监测)的动态监测更是有限。上述原因均会影响对调查区鸟类状况做出准确评价。

在鸟类生态评估方面,关于日尺度的动态观测在种群动态和生态评价相关研究中较少(可能在行为调查中会较多),且没有具体的时间间隔和要求。当前,鸟类生态评价方法还是以传统的多样性评价等为主,多是基于单个/某方面的指标,围绕数量动态和多样性分别给出评价结果,系统的鸟类生态健康评价模型缺乏。同时,对红树林/滨海湿地鸟类的有针对性的生态评估研究有限。

6.4.2　生态评估方法的需求与趋势

在鸟类生态调查数据获取方面,鉴于湿地作为开放区域,为减少时空变化对鸟类调查结果的影响,制定一以贯之的调查标准尤为重要。此外,由于传统调查/监测方法在准确性、时效性和连续性(长期性)方面的限制,鸟类生态智能监测方案、硬件体系建设和鸟类生态大数据处理技术的开发尤为必要。

在鸟类生态评估方面，需加强对红树林湿地鸟类的有针对性的生态评估研究。目前用于评估鸟类栖息地生态健康状况的指标还需进一步完善。评价方法较单一，主要以综合指数法和层次分析法为主，需进一步开发新的评价方法，从而为推动鸟类生态健康研究的发展提供技术支撑。然而迄今为止，还未有任何一种评估方法堪称完美，可以独立地承担评估复杂生态系统健康状况的重任。所以，建立鸟类生态评价系统和平台也尤为必要。

第7章 基于智能监测的鸟类生态评估指标筛选与评价方法构建

7.1 评 价 思 路

当前，系统的鸟类生态健康评价研究较少，现有研究仅是系统性的鸟类生态健康评价的一部分，或是为相关研究提供了基础。因此，系统的鸟类生态健康评价研究将是未来鸟类相关研究的重要方向之一。本书中将鸟类生态健康评价的概念暂界定为：栖息地生境/生态系统对于鸟类而言是否健康，即生态系统服务功能能否满足鸟类需求。具体的，以鸟类为主体，考虑鸟类本身因素即维持一定多样性、有重要鸟类分布、生态类群的完整性；同时，考察栖息地环境因子对鸟类的支持能力以及环境风险。环境因子包括栖息地三要素（食物、隐蔽和水）、人为干扰（居民点、道路、噪声和光污染等）、景观特征（栖息地破碎化水平等）和气候地形因素等。这些因子对鸟类的影响包括影响鸟类生存和鸟类行为等方面，基于此进而综合评价鸟类栖息地的健康状况，如食物供应是否充足、人为干扰是否严重、鸟类多样性水平是否较高等。

鸟类生态健康评价主要基于鸟类群落特征评价和栖息地评价，综合评价鸟类生态健康状况。其中，鸟类群落特征评价主要指鸟类多样性评价和鸟类生态价值评估。栖息地评价包括栖息地重要性评价、栖息地适宜性评价和栖息地环境风险评价。最后，红树林栖息地鸟类生态健康评价，是指基于鸟类特征和栖息地的相关评价结果，通过综合指数模型，评价红树林湿地鸟类生态健康状况。

值得注意的是，其中鸟类生态价值评估是鸟类评价系统的重要组成部分，但不纳入红树林湿地鸟类生态健康评价系统。鸟类生态价值评估主要是通过文献调查，识别鸟类主要的生态价值，进而构建较为全面的湿地鸟类价值评估体系；进一步地，借鉴当前生态价值评估研究方法，细化前述鸟类不同生态价值的计算方法，规范鸟类生态价值的评估；最后，系统分析鸟类价值组成，一方面，为湿地鸟类保护成效提供量化评价指标，另一方面，也将有助于提高湿地鸟类保护的积极性。

7.2 评 价 目 的

开展鸟类生态价值评估的目的在于：通过构建较为全面的湿地鸟类价值评估

体系、细化各生态价值的计算方法，助力于规范鸟类生态价值的评估；同时，通过湿地鸟类价值组成分析，可为湿地鸟类保护成效提供量化评价指标，并有助于提高湿地鸟类保护的积极性。进一步地，通过系统的鸟类生态健康评价，通过对红树林湿地鸟类状况和栖息地状态进行科学、有效和规范的管理和评价，对保护红树林湿地鸟类资源和沿海生态环境有着积极的意义。

7.3　评价方法概述

7.3.1　鸟类生态价值评价方法

从野生动物用途和功能角度，King 将野生动物的价值分为六类，Shaw（1985）对该分类进行了补充整理，提出了野生动物价值包括：美学价值、游憩价值、生态价值、教育与科学价值、实用价值和商业价值；从受益主体角度，研究者一致认为，野生动物资源的价值分为生态价值、社会价值和经济价值；从经济学角度，将野生动物资源分为利用价值和非利用价值。当前，对野生动物经济价值的评估方法主要有三种：①问卷调查，即基于个人支付意愿（WTP）的直接经济价值评估方法；②过程–效益评价法，即针对动物价值在空间上流动的现象进行定量分析；③利用实际或替代市场的间接经济价值评估方法，该方法不受人为的主观因素影响，以统计的角度来评估，结论符合市场实际情况，可靠性高，同时原理和运用都较为简单（龙娟等，2011）。

本章主要采用实际或替代市场的间接经济价值评估方法，评估鸟类生态价值。湿地鸟类生态价值划分为直接价值与间接价值。直接价值为鸟类市场价值；间接价值包括鸟类觅食食物价值、鸟类粪肥价值、鸟类控制虫害价值、鸟类科研价值、观鸟生态旅游和自然教育价值。鸟类生态价值评估过程中，主要的参数指标包括：湿地鸟类种类和数量、底栖和浮游动物数据、虫害及防治状况、湿地中各类型土地以及面积、相应行政区生产总值增长率、湿地鸟类相关科研投入状况、湿地观鸟旅游和自然教育发展状况。

鸟类生态直接市场价值 M 评估方法为：将湿地鸟类划分为不同的等级，确定各相应等级鸟类的市场价值，并基于相应行政区生产总值的增长率对鸟类市场价值进行校正，M 计算公式如下：

$$M_{aj} = \sum_{i=1}^{n} m_i C_j N_i \qquad (7\text{-}1)$$

$$M = W \times \sum_{j=1}^{3} M_{aj} N_j \qquad (7\text{-}2)$$

其中，$i = 1, 2, \cdots, n$，表示相应级别的各种鸟类；$j = 1$、2、3，表示 3 种鸟类保护级别；m_i 表示第 i 种鸟类的保护管理费；C_j 表示第 j 种鸟类所属保护级别的市场价格换算常数；N_i 表示当年第 i 种鸟类的数量；N_j 表示第 j 种保护级别鸟类数量；W 为计算时间段内的生产总值增长率。

鸟类觅食食物价值 F_v 评估方法为：确定相应湿地内鸟类主要捕食的食物来源与当前市场售价，调研湿地主要鸟类食物赋存量，并确定主要食物资源的分布面积；所述鸟类觅食食物价值 F_v 计算方法如下：

$$F_v = \sum_{i=1}^{n} F_i S_i P_i \tag{7-3}$$

其中，$i = 1, 2, \cdots, n$，表示湿地主要的鸟类捕食对象；F_i 表示第 i 种捕食对象的单位面积赋存量；S_i 表示第 i 种捕食对象的分布面积；P_i 表示第 i 种捕食对象的当前市场售价。

鸟类粪肥价值 N_v 具体评估方法为：确定湿地鸟类每年单位面积的粪肥输送量，调研市场化肥价格，并计算鸟类年粪肥价值 N_v，所述鸟类粪肥价值 N_v 计算方法如下：

$$N_v = \sum_{i=1}^{n} (P_i / a_i) A_i S \tag{7-4}$$

其中，$i = 1, 2, \cdots, n$，表示湿地鸟类输送的营养物质种类，主要为氮肥和磷肥；a_i 表示第 i 种肥料有效营养元素的含量比例；P_i 表示第 i 种肥料的当前市场售价；A_i 表示第 i 种粪肥的单位年输送量；S 表示湿地鸟类分布面积。

鸟类控制虫害价值 P_v 具体评估方法为：确定湿地主要害虫种类及针对主要害虫采取的防治措施，调研主要防治措施的单位市场成本、单位人力成本和虫害防治面积，最后计算主要防治成本，用以替换鸟类控制虫害的价值；所述鸟类控制虫害价值 P_v 计算公式如下：

$$P_v = \sum_{i=1}^{n} (P_i S_i + L_i) N_i \tag{7-5}$$

其中，$i = 1, 2, \cdots, n$，表示不同的湿地虫害防治措施，主要有生物防治、化学防治和物理防治三大类；P_i 表示第 i 种防治措施的当前市场单位成本；L_i 表示第 i 种防治措施的人力成本；S_i 表示虫害防治面积；N_i 表示每年的防治次数。

观鸟生态旅游和自然教育价值 E_v 具体评估方法为：首先，确认湿地鸟类相关生态旅游和自然教育的各项目，及其收费状况和参与人数信息；其次，收集相关人员为此类活动的实际支付水平，包含观鸟装备的花费及使用年限、每次活动的交通饮食费用和每年的活动次数；最后根据问卷统计计算该区每人次平均相关花费 E_a，以及相关的总年支出 E_v，所述观鸟生态旅游和自然教育价值 E_v 计算方式如下：

$$E_a = \left[\sum_{i=1}^{n} (I_i / Y_i + F_i N_i) \right] / n \tag{7-6}$$

$$E_v = \sum^{m}(E_a + C_j)M_j \qquad (7\text{-}7)$$

其中，$i = 1, 2, \cdots, n$，表示不同问卷；I_i 表示第 i 份问卷的观鸟人士的观鸟装备花费；Y_i 表示该装备截至目前的使用年限；F_i 表示参与相关活动的平均交通饮食等支出；N_i 表示每年相关活动的参与次数；n 表示共有 n 份问卷；$j = 1, 2, \cdots, m$，表示该湿地每年有 j 项相关项目开展；C_j 表示第 j 项相关项目的人均收费；M_j 表示第 j 项相关项目的参与人数。

综上，将鸟类生态直接市场价值 M、鸟类觅食食物价值 F_v、鸟类粪肥价值 N_v、鸟类控制虫害价值 P_v、鸟类科研价值 S_v、观鸟生态旅游和自然教育价值 E_v 进行加和，得到湿地鸟类总价值 V_b，计算公式如下：

$$V_b = M + (F_v + N_v + P_v + S_v + E_v) \qquad (7\text{-}8)$$

7.3.2　鸟类生态健康评价方法

基于环境因子对鸟类的影响分析构建指标体系，借鉴层次分析法建立综合指数模型，进而计算红树林湿地鸟类生态健康综合指数。各子模块评价方法简述如下。

鸟类群落特征评价主要指鸟类多样性评价，采用常规生态评价指标。栖息地评价包括栖息地重要性评价、栖息地适宜性评价和栖息地环境风险评价。栖息地重要性评价主要是基于鸟类濒危性、重要性、特有性鸟类种类和栖息地利用特征的反映鸟类栖息地不可替代性的评估。栖息地适宜性评价主要基于栖息地对鸟类的支持能力，如食物供应能力、栖息场所状况和人为干扰强度等，来反映栖息地适宜性。栖息地环境风险评价主要基于环境污染和生物入侵等风险因子对鸟类的影响，来反映其中鸟类面临的环境风险。

最后，红树林栖息地鸟类生态健康综合评价，是指基于鸟类特征和栖息地相关评价结果，通过层次分析法和模糊综合评价法，评价红树林湿地作为鸟类栖息地的健康状态。并对健康状态进行标准化分级，统一评价标准和评价结果。

7.4　鸟类生态健康评价指标的筛选

本章通过红树林湿地鸟类特征与相关环境因子对鸟类的影响分析，构建红树林湿地鸟类栖息地生态健康评价的指标体系。评价指标筛选原则为：①可获取性，评价指标的数据易于获取且获取成本不高；②独立性，指标之间具有一定的独立性，避免统计相关性较高的指标在评估体系的放大作用；③代表性，选取指标具有较好的指示性。

目前研究普遍认为，在全球范围内，影响鸟类群落改变的主要因素包括 5 类（胡晓燕等，2018）：①越冬地的生境变化（蔡音亭，2011；刘云珠等，2013；叶锦玉等，2022），尤其是土地利用方式改变会直接造成鸟类自然生境的丧失以及水位的变化（单继红，2013；张美等，2013；赵伊琳等，2021）；②越冬地食物的影响（佟富春等，2023）；③人类生产经营活动的影响（杨月伟等，2005）；④繁殖地气候变化对水鸟迁徙、竞争和觅食活动的影响（Lemoine et al.，2007）；⑤环境污染和外来物种（Flanders et al.，2006）造成栖息地质量下降。

鸟类栖息地选择的影响因素：包括宏观环境因子（地形、地貌、土壤、植被类型、水源和气候等）（Bergin，1992）、植被因子（植物群落组成、植物空间结构、盖度、密度、高度和种类等）、景观因子（如栖息地类型、斑块大小和破碎程度等）、食物因子（类型和丰富度等）（焦盛武，2015）、水文因子（距水源距离、水深和水面面积等）、干扰因子（如距干扰源距离、干扰类型和干扰强度等）（薛委委，2010；赵伊琳等，2021）（表 7-1）。水禽栖息地研究中食物丰富度、隐蔽条件、水资源状况和人为干扰 4 个方面的因素必不可少（周海涛等，2016b）。栖息地适合度的高低和食物资源的多少是影响鸟类栖息地选择的主要因素（Cody，1985）。

表 7-1　鸟类栖息地选择影响因素

研究区域	研究对象	鸟类行为	栖息地类型	影响因子	研究方法	参考文献
升金湖湿地	鹤类：白鹤（*Grus leucogeranus*）、白枕鹤（*Grus vipio*）、灰鹤（*Grus grus*）、白头鹤（*Grus monacha*）	越冬	芦苇滩地（《湿地公约》分类系统）	生物因素：植被高度、植被密度、浮游植物生物量非生物因素：温度、湖面距离、水位人为干扰因素：道路距离、居民地距离、人口密度	灰色关联法、主成分分析法	（王成等，2018）
内布拉斯加州西部	西王霸鹟（*Tyrannus verticalis*）	巢址选择	洪泛河岸草原	最大冠层高度、地面覆盖高度、地面覆盖百分比、灌木总数、树木密度、空间分布、食物供应、捕食风险、同种的存在	层次分析法	（Bergin，1992）
四川省南充市太和白鹭自然保护区	环颈雉（*Phasianus colchicus*）	繁殖	河流湿地	植被总盖度、草本盖度、郁闭度、坡度、乔木盖度、草本平均高度、灌木平均高度、隐蔽度、距道路距离	主成分分析法	（龙帅等，2007）
四川省稻城县著杰寺周围	白马鸡（*Crossoptilon crossoptilon*）	繁殖	4 种高山生境：裸石和冰雪、高山栎乔木、高山栎灌丛和高山草甸斑块	距水源距离、灌木盖度	逻辑斯谛回归模型变异函数	（贾非等，2005）

续表

研究区域	研究对象	鸟类行为	栖息地类型	影响因子	研究方法	参考文献
爱达荷州西南部	渡鸦（Corvus corax）	移动栖息地利用	农业用地、灌木、草、河岸栖息地	人类活动（农业食物来源）	无线电标记	（Engel and Young，1992）
浙江省乌岩岭自然保护区	黄腹角雉（Tragopan caboti）	筑巢	常绿阔叶林、针阔混交林、人工柳杉林、人工杉木林、竹林、高山灌丛及采伐迹地	营巢树因素：营巢树的高度、胸径、巢位高度和巢上方的植被盖度、地形因素（坡向、坡度等）、海拔因素、位置因素、	主成分分析法	（丁长青和郑光美，1997）

　　湿地鸟类觅食地选择的影响因素：植物密度、距巢距离、距公路距离、植物高度、距居民点距离、清澈度差异、季节变化和繁殖进程均会影响东方白鹳对觅食地的选择（薛委委，2010）。朱鹮在不同的活动期（越冬期、繁殖期和游荡期）觅食地选择的影响因素有差异：越冬期主要受附近人为干扰强度和附近植被类型影响，倾向于选择人为干扰较弱的有植被覆盖的觅食地。繁殖期主要受海拔、附近人为干扰强度、水深和土壤松软程度 4 个环境因子共同作用，倾向于选择海拔较高、人为干扰较弱和水深较浅的松软泥地觅食。游荡期主要受水深和明水面比例影响，倾向于有较大明水面的浅水区域觅食（宋虓，2012）。我国越冬白头鹤会优先选择在食物能量高的农田生境觅食，自然生境是其次要觅食地以及休息场所，人为干扰是影响白头鹤觅食策略的主要因子（焦盛武，2015）。

　　湿地鸟类巢址选择的影响因素：水、干扰距离、巢高、巢距和植物因子影响东方白鹳巢址选择（薛委委，2010）。强风（自然因素）、游客干扰和适宜巢址缺乏是影响东方白鹳繁殖的重要因素（薛委委，2010）。Wu 等（2009）研究了黑颈鹤在若尔盖湿地的巢址生境和巢的特征，发现水域面积、距水源距离、水深和植被高度是影响黑颈鹤巢址选择的重要因子；并与在其他黑颈鹤繁殖地的巢址进行了比对，认为不同的植被类型、气候和干扰造成了巢址的不同。郭玉民（2005）通过聚类分析将发现的四个白头鹤巢址的环境因子进行归类和描述，研究结果认为：坡向和巢址周围水域面积是主要的影响因子；影响白头鹤巢址选择的主要因子的参数范围是水域面积大于 23 m^2、水深大于 6 cm 和灌木盖度小于 0.24；食物和安全是影响白头鹤在我国小兴安岭地区巢址选择的主要限制因子（焦盛武，2015）。丹顶鹤（扎龙保护区）巢址选择的影响因素有：芦苇沼泽植被类型、水深、植被的高度和盖度、苇丛面积和人为干扰；此外，巢址周围 25 m^2 以下的小泡沼、巢址与火烧地的距离是重要限制因子。沙丘鹤在接近季节性淹没的草本（无木本）湿地内选择营巢点，在距巢 200 m 外无生境选择（刘玉臣，1997）。

　　性别（曾宾宾等，2013）、温度（曾宾宾等，2013；邵明勤等，2018）、年龄（Cong et al.，2011；蒋剑虹等，2015）、食性（杨延峰等，2012）、气候（杨二艳，

2013）、水位（李言阔等，2013）和人为干扰（徐正刚等，2015）等因素会影响水鸟的活动时间分配和行为节律。

近年来许多相关研究表明鸟类惊飞距离具有较高的个体重复性（Carrete and Tella，2013）。栖息地因素［距隐蔽处的距离（Guay et al.，2013）、生境开阔度（Samia et al.，2015）等］、鸟类自身因素生活史（Møller and Garamszegi，2012）、体型（Blumstein，2006）、年龄（Jablonszky et al.，2017）、性别、集群、血液寄生虫（Møller，2008a）、个性（Garamszegi et al.，2009）、扩散距离（Møller and Garamszegi，2012）、接近前鸟类的活动（Møller et al.，2008b）、眼睛大小（Moller and Erritzoe，2010）、脑容量大小（Møller and Erritzøe，2014）、捕食者因素（捕食者数量）（Geist et al.，2005）、接近速度和方向（Møller and Tryjanowski，2014）、注视方向和面部表情（Clucas et al.，2013）、人为干扰（Sreekar et al.，2015）和城市化等（方小斌等，2017）都是影响鸟类惊飞距离的因素。Guay 等（2013）认为岸上觅食的黑天鹅（*Cygnusatratus*）与湖水之间的距离可以看成个体距隐蔽处的距离，因为湖水可以阻隔地面的捕食者并为黑天鹅提供保护，其研究结果发现，距离湖面越远的黑天鹅其惊飞距离越长。高大中等（2021）基于搭载可见光相机的小型无人机对湿地大型和中型水鸟进行快速遥感调查后发现，该监测方法具有一定的可行性，在湖泊湿地类型的鸟类调查中具有应用潜力。通过选择合适的飞行平台，设定适当的飞行高度、飞行速度和图像重叠度等参数，能够在保证解译结果准确性的同时，避免对水鸟的过度干扰。

此外，生物入侵、环境污染、噪声、光污染、围垦和土地利用变化等因素对鸟类的影响也在日益凸显。总体上，外来植物入侵常对当地鸟类带来不利影响，尽管有个别鸟类可以利用外来植物生境（干晓静，2009）。外来植物入侵可影响湿地鸟类建群和种群扩张（马志军等，2013）、群落结构（Flanders et al.，2006）、数量（Stralberg et al.，2004）、繁殖成功率（Borgmann and Rodewald，2004）和食物资源（干晓静，2009）等。道路噪声对周边鸟类的影响主要包括三个方面：①影响鸟类的叫声频率（Francis et al.，2009）；②影响繁殖期的鸟类活动（Ortega and Capen，1999）；③一定范围内驱离鸟类（王云等，2011）。大型填海工程对鸟类的影响主要包括两方面，一方面是施工期间噪声、灯光和人类活动等对鸟类栖息觅食等产生干扰影响，另一方面是填海占用了滩涂生境，将造成鸟类部分栖息觅食地的减少（郭江泓，2018）。持久性有机污染物（POPs）等影响鸟类多样性水平（张强等，2013）。红树林滨海湿地作为大量珍稀鸟类的栖息地和迁徙驿站，在全球生态系统中占据重要地位。目前，关于生物入侵、声环境、围垦等环境因子对红树林湿地鸟类影响的研究仍不充分。因此，明确红树林湿地生物入侵状况、噪声环境和土地利用退化状况等，以及它们对鸟类的影响，并将其纳入鸟类生态健康评价指标体系内是必要的。

综上，基于红树林湿地生境特点及对其中鸟类环境影响因子的梳理，红树林湿地鸟类栖息地生态健康状况评价相关指标详述见下节。

7.4.1　鸟类群落特征

鸟类群落特征主要评价指标包括：频率指数、平均密度、重要值、鸟类丰度、香农-维纳（Shannon-Wiener）多样性指数、物种均匀度、辛普森（Simpson）优势度、赫尔伯特（Hurlbert）种间相遇机率指数、GF 指数、杰卡德（Jaccard）相似系数、相似性指数和百分率相似性指数等常规生态评价指标。鸟类保护状况评价主要是基于濒危性、重要性和特有性鸟类种类的保护区保护价值评估。

鸟类多样性常用评价指标，即鸟类丰度（M）、香农-维纳多样性指数（H）、物种均匀度（J）和辛普森优势度（D）。具体的，鸟类丰度（M）用马加莱夫（Margalef）丰富度公式计算：

$$M = (S-1) \times \ln N \qquad (7\text{-}9)$$

其中，S 为物种的总数，N 为个体的总数。

香农-维纳（Shannon-Wiener）多样性指数（H）、物种均匀度（J）、辛普森（Simpson）优势度（D）和种间相遇机率指数（PIE）（王勇军和昝启杰，2001）分别用以下公式计算：

$$H = 3.3219(\log N - 1/N \sum n_i \log n_i) \qquad (7\text{-}10)$$

$$J = H/H_{\max} = H/\log s \qquad (7\text{-}11)$$

$$D = N(N-1)/\sum n_i(n_i-1) \qquad (7\text{-}12)$$

$$\text{PIE} = \sum (n_i/N)[(N-n_i)(N-1)] \qquad (7\text{-}13)$$

其中，N 为总个体数，n_i 为第 i 种的个体数，s 为种数。

基于红树林湿地鸟类多样性研究的文献调研显示，我国红树林湿地鸟类多样性研究结果如表 7-2 所示。可见我国红树林区内鸟类多样性范围为 1.61～3.75，按等差分级，结果详见表 7-3。

表 7-2　我国红树林湿地鸟类多样性水平

时间/年	国家/地区	地点	丰度	多样性	均匀度	优势度	来源
2005～2010	中国广东	广州南沙	—	3.55	—	—	（常弘等，2012）
2005～2006	中国广东	广州新垦	—	2.57～2.91	0.74～0.77	—	（常弘等，2007）
2014～2015	中国福建	泉州湾河口	85	3.01	0.70	0.10	（陈若海等，2017）
2005～2006	中国福建	漳江口	—	3.16	0.57	0.77	（李加木，2008）
1997～1999	中国广西	山口	—	1.61～3.17	0.64～0.92	—	（周放等，2000a）
2009～2011	中国海南	东寨港	—	2.09～3.75	—	—	（冯尔辉等，2012）
1997～1998	中国海南	东寨港	—	2.32～3.09	0.68～0.81	—	（邹发生等，2001）
1997～1998	中国海南	清澜港	—	1.95～2.57	0.60～0.71	—	（邹发生等，2000）

注：—表示无数据。

表 7-3　红树林湿地鸟类多样性评价分级

分级	特征描述（多样性取值）	赋值
1	(3.5, 4]	5
2	(3, 3.5]	4
3	(2.5, 3]	3
4	(2, 2.5]	2
5	[1.5, 2]	1

7.4.2　鸟类栖息地重要性

依据孙锐和崔国发（2012）提出的方法，评价了深圳湾红树林鸟类栖息地的重要性。主要方法如下：依据世界自然保护联盟（IUCN）濒危物种红色名录确认受威胁等级（包括：极危 CR、濒危 EN、易危 VU、近危 NT 和无危 LC）；1989 年颁布的《国家重点保护野生动物名录》中列入的国家级重点保护鸟类（Ⅰ级和Ⅱ级）；明确各省公布的重点保护鸟类（重点保护和非重点保护）。依据《中国物种红色名录》和《中国鸟类分类与分布名录》确定分布特性：中国特有种、中国为主要分布区、中国为次要分布区和中国为边缘地区分布分类。根据《中国鸟类分类和分布名录》和《中国动物地理》将居留型划分为繁殖鸟、越冬鸟和迁徙鸟，对应栖息地依次为繁殖地、越冬地和迁徙地。各类型划分赋值详见表 7-4。

表 7-4　相应划分类型赋值表

受威胁等级	分值	保护级别	分值	分布特性	分值	栖息地类型	分值
极危 CR	8	国家Ⅰ级	8	中国特有	8	繁殖地	4
濒危 EN	4	国家Ⅱ级	4	中国为主要分布区	4	越冬地	2
易危 VU	2	省级重点	2	中国为次要分布区	2	迁徙地	1
近危 NT	1	三有鸟类	2	中国为边缘分布区	1		
无危 LC	1	非重点保护	1				

栖息地重要性指数（H_R）计算方法（有改进）如下：

$$H_R = \sqrt{\sum_{q=1}^{3}\sum_{i=1}^{m} T_{qji} P_{qki} E_{qli} N_{qi}} \tag{7-14}$$

其中，H_R 为湿地 R 作为鸟类栖息地的重要性指数。T_{qji} 表示鸟类 i 的 q 类型栖息

地 j 级受威胁等级的赋值。P_{qki} 表示鸟类 i 的 q 类型栖息地的 k 级重点保护级别赋值。E_{qli} 表示鸟类 i 的 q 类型栖息地的 1 类分布特性的赋值。N_{qi} 表示鸟类 i 的 q 类型栖息地的赋值。m 为湿地 R 的鸟类种数。其数值范围为（0，$+\infty$），重要性指数越大说明选择该湿地作为栖息地的鸟类种类越丰富，反映该湿地作为鸟类栖息地的作用越重要；反之，则越不重要。进一步地，红树林湿地鸟类栖息地重要性评价分级详见表 7-5。

表 7-5　红树林湿地鸟类栖息地重要性评价分级

等级	特征描述	赋值
1	$(16\,i^{0.5}, (256\,i)^{0.5}]$	5
2	$((32\,i)^{0.5}, 16\,i^{0.5}]$	4
3	$(4\,i^{0.5}, (32\,i)^{0.5}]$	3
4	$((8\,i)^{0.5}, 4\,i^{0.5}]$	2
5	$[i^{0.5}, (8\,i)^{0.5}]$	1

注：其中 i 表示该区相应鸟类种数。

7.4.3　鸟类环境承载力

食物资源对鸟类的影响体现在栖息地选择、巢址选择和觅食等方面，是评价湿地鸟类生态健康状况不可或缺的参数。研究发现：水禽栖息地研究中食物丰富度、隐蔽条件、水资源状况和人为干扰四方面的因素必不可少（周海涛等，2016b）。栖息地适合度和食物资源的多少是影响鸟类栖息地选择的主要因素（Cody，1985）。食物和安全是影响白头鹤在我国小兴安岭地区巢址选择的主要限制因子（焦盛武，2015）。鸟类个体在群体觅食时会有很多方法来获取利益，它们会更倾向于取食丰富度更高的食物、花费更多的时间觅食和减少被捕食的概率（Krebs et al.，1972；Krebs，1974；Powell，1974；Page and Whitacre，1975）。同时，当前的相关评价研究对鸟类食物因子的考虑并不充分，如利用归一化植被指数等简单的参数表征食物资源状况，并未考虑湿地鸟类食物构成、食物资源对鸟类的支持能力等问题。因此，将基于食物资源的环境承载力纳入到湿地鸟类生态健康评价指标体系内，用于表征湿地食物资源对鸟类的支持能力，将使得评价结果更具有现实指导意义。

红树林巨大的初级生产力除供林内生物生存外，主要通过潮水输送，成为许多海洋生物直接或间接的食物来源。充足的虾、蟹和贝类又使红树林成为鱼类和鸟类的重要摄食地。由此，共同构成红树林生态系统的碎屑食物链，如图 7-1 所示。

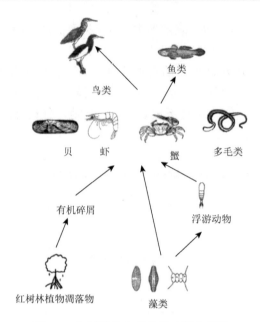

图 7-1　红树林生态系统的碎屑食物链

　　当前，对鸟类食量的直接观察研究较少，多是以林德曼效率（又称"十分之一定律"）换算（葛振鸣等，2007；陈进树，2010；莫竹承等，2018）。根据该定律在稳定的生态系统中，后一营养级获得的能量约为前一营养级能量的 10%，其余 90% 的能量因呼吸作用或分解作用而以热能的形式散失（陈进树，2010）。已有相关学者研究了湿地鸟类的环境承载力（莫竹承等，2018；Brand et al.，2014），参照其研究方法，可开展对红树林湿地鸟类承载力的评估。通过分析涉禽去脂体重、基础代谢率和日摄食量的关系，可测算河口区鸻鹬类对无脊椎动物的消费量和环境承载力（Meire et al.，1994）。现有研究主要是根据湿地生物提供的总能量、鸟类每天野外基础代谢消耗的能量以及迁徙时滞留的天数，测算湿地所能支持的水鸟最大的种群数量。进一步地，基于文献调研，采用环境承载力与实际数量的比值，构建红树林湿地鸟类承载力分级评价标准，详见表 7-6。

表 7-6　鸟类环境承载力评价分级

环境承载力/实际数量	描述	赋值
>2	食物供应充足，未饱和	5
1<比值≤2	食物供应风险低	4
1	环境承载力与环境容量一致，饱和	3
0.5≤比值<1	存在食物供应不足风险	2
<0.5	高风险	1

7.4.4　土地利用退化指数

　　土地利用退化指数主要包括栖息地面积损失、栖息地类型（生境多样性）下降和景观格局变化（破碎化）。由于土地利用类型变化，导致适宜鸟类栖息地生境丧失，是影响湿地鸟类的重要因素。在北美海岸带，围垦使得自然滩涂面积减少，导致一些专型的鸻鹬类死亡或迁飞至其他区域，使该区种群数量下降（Howe et al.，1898）。在韩国海岸滩涂的调查发现，由于围填海导致海岸滩涂面积的骤减，勺嘴鹬（*Eurynorhynchus pygmeus*）和大滨鹬（*Calidris tenuirostris*）已在该区绝迹（Moores，2006）。由于韩国新万金的开垦，该区鸟类数量下降，但邻近的另外两处河口鸟类数量有上升；但其他地块记录到的鸻鹬类鸟增加数远低于新万金减少数，找不到停歇地的大部分鸟群可能死亡（Moores et al.，2008；Rogers et al.，2009）。围填海对湿地水鸟种群、行为和栖息地的影响表现为（颜凤等，2017）：围填海通常会降低生境专性鸟类种群数量，但对生境泛性鸟类的种群数量影响较小。围垦强度决定着鸟类多样性大小。适度的围垦使得生境多样化，有利于鸟类多样性的增加；过度的围垦则使得水鸟生境破碎化，从而导致多样性下降。围填海后的生境状况影响着水鸟的取食、繁殖、迁徙、社群行为及栖息地的选择。滩涂面积的减少以及植被群落的改变不利于涉禽的觅食栖息，而养殖塘等人工湿地则为游禽提供了丰富的食物来源以及良好的栖息环境。在红树林湿地中，土地利用类型变化对鸟类也有显著影响。台湾淡水河口的关渡自然保护区，因裸滩被红树林占据而导致候鸟数量的锐减（黄守忠等，2008；施上粟等，2011）。1992～1997 年，深圳福田红树林保护区鹭科鸟类数量减少了近 70%，其主要原因在于城市建设破坏了数百公顷的基围鱼塘，而这些鱼塘正是鹭科鸟类的觅食地之一（王勇军等，1999a）。

　　由于深圳湾海域以北水陆过渡环境的改变、缩小和消失，即福田湿地上千公顷的芦沼、基围、水道、洼地、鱼塘等大多被城市建筑设施取代（包括福田红树林保护区内十多公顷基围鱼塘），使福田湿地环境趋向单一化，1991～2001 年间，水鸟种类显著减少（王勇军等，2002）。澳门海岸线围垦强度较大，通过逐步线性回归方法分析了澳门 5 处不同时期形成的滩涂，从斑块、类型和景观层次对鸻鹬类在种类数量上时空分布差异的影响，结果表明：植被覆盖率是影响物种丰度和数量的最重要因子，其次为滩涂面积和周边草地面积的比例。澳门地区鸻鹬类种类和数量最丰富的场所是新近形成的滩涂湿地，主要因其具有着较大的面积和较高的植被覆盖率，周边景观结构异质性高（张敏等，2013）。

　　栖息地破碎化主要通过面积效应、隔离效应和边缘效应，对鸟类的分布、基因交流、种间关系、种群动态和生活习性等产生影响，导致其生活环境的不适宜，最终影响鸟类的生存（张博等，2014）。Betts 等（2006）以面积和破碎化程度为变量，在不同的空间尺度上对种群数量与生境结构的变化做出一系列的假设：栖息地破碎化假说表明随着栖息地破碎化的加剧，在不依赖于栖息地丧失的情况下，鸟类物种种群数量降低；非线性景观破碎假说也对生境破碎化效应进行了描述，生境破碎化对物种生存的影响程度仅次于物种生存的栖息地面积，这与 Westphal 等的研究相符（Westphal et al.，2003）。在我国南汇东滩，滩涂的旱化使得鸻鹬类生境破碎化，导致 3 年内观测到的鸻鹬类数量从单次最高记录的 21 286 只减少到单次最高记录仅为 800 只（张斌等，2011）。在栖息地破碎化和隔离程度较小的斑块中，橙头地鸫（*Zoothera citrina*）的配对成功率要明显高于在隔离度较大的斑块里的配对成功率（Villard et al.，1993）。栖息地破碎化可通过边缘效应和面积效应增加鸟类的巢捕食风险，且小型鸟类对破碎化更为敏感（孙吉吉等，2011）。

　　同时，有效的鸟类栖息地生态修复措施的实施有助于鸟类恢复。对美国加利福尼亚南旧金山湾的南湾盐池修复工程第一阶段（2009~2016 年）的修复效果进行调查评价（Cruz，et al.，2018；Valoppi，2018），发现通过将现有的人为管理池塘的 50%增加至 90%转化为盐沼栖息地，为 90 多种水鸟提供迁徙、越冬和筑巢栖息地；同时，通过增加岛屿和护堤使池塘生境多样化、控制池塘水体盐度和水深等措施，提高栖息地适宜性等措施，构建适宜水鸟生存的盐沼栖息地是有效的。修复后，鸟类丰度呈非线性增加，沼泽栖息地增加，且河口鱼类数量和特殊状态的沼泽物种数量保持稳定。谢汉宾等（2017）在崇明东滩河口湿地根据海岸带水稻田的种植管理模式和水鸟的生境选择特点，提出了一种以水鸟保育为目标的水稻田构建技术，以生态工程手段提升水稻田的水鸟保育效果。即在水稻田中构建水池单元，并设置生境小岛等功能组件，建立水稻田复合生态系统，实现多种种植和养殖。结果表明，水稻试验田的水鸟种类和密度均显著高于工业模式水稻田，该技术能够提升水稻田的水鸟保育效果。在美国艾奥瓦州的鹰湖湿地通过将旱作农业和牧场转变为草地和湿地栖息地的修复，并基于地理信息系统数据与不同土地覆盖类型的鸟类调查（草地、牧场、恢复的草地和恢复的湿地）建立模型，估算鸟类种群的变化或周转情况，预测该区大多数物种的丰度可能会增加（Robert and Koford，2003）。综上，鸟类栖息地土地利用退化指数评价标准划分如表 7-7 所示。

表 7-7　红树林鸟类栖息地土地利用退化指数评价标准

评价等级	属性概述	得分
1	适宜鸟类栖息生境类型面积稳定/增长，生境多样性良好，无景观破碎化趋势，且已采取有效的生态管理措施	5
2	适宜鸟类栖息生境类型面积稳定/增长，生境多样性良好，无景观破碎化趋势，但生态管理措施不足/无效	4

续表

评价等级	属性概述	得分
3	适宜鸟类栖息生境类型有损失（已止损），生境多样性下降，景观破碎化，且已采取有效生态修复/管理措施	3
4	适宜鸟类栖息生境类型有损失（未止损），生境多样性下降，景观破碎化，且已采取有效生态修复/管理措施	2
5	适宜鸟类栖息生境丧失严重（未止损），生境多样性下降，景观破碎化，且无有效生态修复/管理措施	1

7.4.5　人为干扰：噪声

严重噪声［超过 150 dB（A）］将引起鸟类应激反应综合征，引起中枢神经和植物性神经功能紊乱，严重者导致死亡（赵喜伦等，1998）。道路交通噪声会影响鸟类习鸣质量（蔡超，2012）。鹭鸟对栖息地声环境的变化较为敏感，其择偶、繁殖和筑巢均有可能受到交通噪声影响（Berry，1980；Reijnen and Foppen，1994；Reijnen et al.，1995）。鸟类栖息地噪声值超过 50 dB（A），鸟类繁殖密度下降概率为 20%～98%；造成这种现象的原因在于交通噪声频率（2～4 kHz）正好也是鸟类最佳听力范围（100 Hz～10 kHz）（Fay，1988），因此交通噪声将一定程度掩盖鸟类鸣叫声，影响鸟类之间觅食择偶等交流，进而导致繁殖率下降。位菁等（2015）监测发现距道路 105 m 和 290 m 处，噪声水平分别在 46.4～50.5 dB（A）和 42.8～49.4 dB（A）。陈栋等（2008）研究了公路噪声对洞庭湖自然保护区水鸟行为的影响，结果表明：不同鸟类对交通噪声的敏感性有差异；随着与公路垂直距离的增加，道路噪声逐步降低，对鸟类的影响也同步减弱。在垂直距离公路 150 m 处，环境噪声只有 50 dB（A），达到我国《声环境质量标准》（GB3096—2008）昼间 0 类标准，但是凤头麦鸡、白鹭等受到轻微干扰，而绿头鸭受到严重影响而惊飞，说明许多水鸟比人类对噪声更为敏感（表 7-8）。

表 7-8　道路交通噪声对不同水鸟的影响表（陈栋等，2008）

水鸟种类	50 m 噪声：57.5 dB（A）		150 m 噪声：50 dB（A）		360 m 噪声：44.7 dB（A）		575 m 噪声：41.6 dB（A）		819 m 噪声：39 dB（A）	
	数量	行为	数量	行为	数量	行为	数量	行为	数量	行为
苍鹭	数只	2	数只	1	2 只	1	3 只	1	数只	1
小鸊鹈	小群	2	—	—	—	—	—	—	—	—
鸿雁	—	—	—	—	大群	2	大群	1	—	—
豆雁	—	—	—	—	大群	2	大群	2	—	—
灰鹤	—	—	—	—	5 只	2	—	—	—	—
凤头麦鸡	小群	3	小群	2	—	—	—	—	—	—

水鸟种类	50 m		150 m		360 m		575 m		819 m	
	噪声：57.5 dB（A）		噪声：50 dB（A）		噪声：44.7 dB（A）		噪声：41.6 dB（A）		噪声：39 dB（A）	
	数量	行为	数量	行为	数量	行为	数量	行为	数量	行为
斑鱼狗	数只	3	—	—	—	—	—	—	—	—
小白鹭	2 只	3	1 只	2	—	—	—	—	—	—
大白鹭	数只	3	数只	2	—	—	2 只	1	—	—
反嘴鹬	6 只	3	数只	2	—	—	—	—	—	—
赤颈鸭	—	—	数只	2	—	—	—	—	—	—
小天鹅	—	—	—	—	—	—	4 只	1	—	—
鸬鹚	—	—	—	—	大群	1	大群	1	—	—
绿头鸭	数只	3	数只	3	—	—	—	—	—	—

注：行为栏中 1 代表"该种水鸟没有明显的影响"；2 代表"该种水鸟受到轻微的影响，飞行（或移动）较短距离后停下"；3 代表"该种水鸟受到较为严重的噪声影响，飞行（或移动）较远距离才停下（或直接飞出视线之外）"；—代表在对应距离处未观察到该种鸟类。

进一步地，依据我国《声环境质量标准》（GB3096—2008）中各类声环境功能区的环境噪声限值（表7-9），将红树林湿地鸟类栖息地声环境评价等级划分为五级，详见表7-10。

表 7-9　环境噪声限值　　　　　　　　　单位：dB（A）

声环境功能区类别		时段	
		昼间	夜间
0 类		50	40
1 类		55	45
2 类		60	50
3 类		65	55
4 类	4a 类	70	55
	4b 类	70	60

表 7-10　声环境赋值等级划分

等级	噪声/dB（A）		分值
	昼间	夜间	
1	50	40	5
2	55	45	4
3	60	50	3
4	65	55	2
5	≥70	≥55	1

7.4.6　人为干扰：光污染

随着城市化进程的加快，城市化光污染问题日益突出，在城市开发中从生态角度考虑光污染问题应受到高度重视（杨春宇等，2002）。鸟类眼球中有 4 种锥状感光细胞，是所有动物中视觉系统最丰富的种群，迁徙中对于夜间微弱的自然光环境有很大依赖（Smith et al.，2002）。许多研究表明，能够反射蓝天、白云、植物和水域的建筑玻璃以及透明的建筑玻璃容易误导水鸟飞向玻璃并发生碰撞。白色、红色和黄色的建筑灯光容易吸引水鸟低飞并在发光区域盘旋，严重时会迷失方向和发生碰撞（Wiltschko et al.，2007）。在具有以下条件的情况下，玻璃和灯光对水鸟造成的影响更为显著：①高层建筑（Evans and Lesley，2002）；②迁徙季节；③恶劣天气，如雨雾天气。夜间的城市人工灯光，已经成为导致迁徙候鸟死亡的人类影响因素中最为严重的威胁之一（刘博，2010）。

鸟类对于 30～400 nm 波长的可见光及紫外光较为敏感，紫外线对于鸟类的迁徙辨向、搜索食物和求偶等生理行为均有重要的影响作用（Bennett and Cuthill，1994；Majerus et al.，2000），大多数鸟类的羽毛都能够反射紫外线。一些观测研究还表明，在可见光范围，红色光对于候鸟的影响相对较强（Marquenie et al.，2008）。马剑等（2010）研究了光色、照度、亮度、光谱和闪烁频率等照明参数量值对夜间鸣禽的影响程度，结果表明：红光照射下，受照鸟类的绝大多数异常动作频率均高于其余单色光；部分鸟类行为频率随着光照闪烁频率的变快而升高；受照鸟类受影响的程度随着人工光照度的增加而升高。基于光驱鸟实验的研究发现，LED 光的亮度、颜色和闪光频率在一定范围内，会对鸟类（鸽子和白鹳）产生影响，具体如下：闪光频率为 10 Hz 时，对鸟类影响强烈；当光通量超过 300 lm时，对鸟类影响明显；鸟类对不断变化的颜色较为敏感（陈晓东等，2011），详见表 7-11。

表 7-11　闪光频率、光强和光线颜色对鸟类（鸽子和白鹳）的影响

闪光频率/Hz	对鸟类影响	光通量/lm	对鸟类影响	光线颜色	鸟类敏感性
1	无	30	不明显	红	不敏感
2	不明显	60	不明显	黄	不敏感
5	明显	100	不明显	绿	不敏感
10	强烈	150	不明显	蓝	不敏感
15	不明显	200	有效果	白	不敏感
20	无	350	明显	变色	敏感

国际照明委员会（CIE）对相关区域宵禁前后照度和光强进行了限定（许琰，2016），红树林湿地可按照此规定中"公园或绿地"功能区的光强或照度限值为依据（表7-12）。进一步地，将红树林湿地鸟类栖息地光污染评价等级划分为五级，详见表7-13。

表 7-12 国际照明委员会对入夜前后照度和光强的限定

区域	入夜前		入夜后	
	照度/lx	光强/cd	照度/lx	光强/cd
公园或绿地	2	2 500	0	0
农场住宅区	5	7 500	1	500
城市住宅区	10	10 000	2	1 000
商业区	25	25 000	5	2 500

表 7-13 光污染赋值等级划分

等级	光强/cd		分值
	入夜前	入夜后	
1	2 500	0	5
2	7 500	500	4
3	10 000	1 000	3
4	25 000	2 500	2
5	>25 000	>2 500	1

7.4.7 人为干扰：周边建筑物高度和距离

建筑物对鸟类具有"视觉刺激物"和"飞行障碍物"的属性。建筑物越高越宽，对鸟类产生视觉和心理压力越大，它们做出的最直接反应是逃离，相对保守的反应是观察，观察对象包括建筑物本身和其他鸟类。当建筑物的总数量越多，总体积越大，并且其他同类或不同类的鸟类作出的反应越强烈，最终这种鸟类选择迁离这个地区，从而造成鸟类数量和种类的减少。此外，鸟类在飞行过程中，往往会选择节省能量的路径和方式。在陆地上，鸟类可以利用上升气流进行高空翱翔飞行，从而节省许多能量，而海上则没有或少有这种上升气流。因此，有些鸟类会避免飞越大洋，而从大洋两侧沿岸绕过，或者绕过高山、大河等障碍物。但当鸟类经过发达的沿岸城市时，不可避免地会遇上高层建筑物，这些高层建筑物不仅会增加迁徙候鸟的能量消耗，并且会给低空飞行的迁徙候鸟造成安全隐患。

鸟类迁徙过程中，其飞行高度一般不超过 1000 m，迁徙路线一般相对稳定（孔颖，2020）。小型鸣禽的飞行高度一般不超过 400 m，燕飞行高度在 450 m 左右，鹤类飞行高度在 500 m 左右，雁类飞行高度在 900 m 左右（图 7-2）。大型鸟类有些可达 3000～6300 m，有些大型种类（如天鹅）能飞越珠穆朗玛峰，飞行高度达 9000 m（Scott et al，2015）。鸟类夜间迁徙的高度常低于白天。候鸟迁徙的高度也与天气有关，天晴时鸟飞行较高；在有云雾或强逆风时，则降至低空（Evans and Lesley，1996；刘博，2010）。据报告（Murdock and Potts，2009）中的监测结果表明当地的 32% 的水鸟（游禽和涉禽）飞行高度低于 50 m，55% 低于 100 m，65% 低于 200 m 和 99.9% 低于 500 m；仅有 2 种飞行高度高于 500 m，即当地的大部分水鸟一般在低于 100 m 的高度进行飞行。

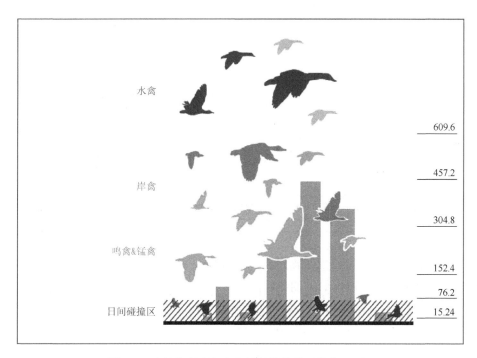

图 7-2　建筑物高度与水鸟迁徙的关系（单位：m）

研究认为鸟类保护区对鸟类的最有效的保护作用取决于保护区的形状和大小，而最具有可行性且刚好能满足保护需求的保护区半径是最敏感鸟种警戒距离的 3 倍数值（Fox and Madsen，1997）。在我国，相关条例和管理规定对自然保护区外围地带建设项目均有限制（表 7-14）；同时，深圳湾及国内其他湿地对外围建筑等有部分要求和限制，见表 7-15。

表 7-14 保护区外围地带建设项目相关法律规定

序号	法律条文	出处
1	第三十二条："在自然保护区的外围保护地带建设的项目，不得损害自然保护区内的环境质量；已造成损害的，应当限期治理。"	《中华人民共和国自然保护区条例》
2	第十三条："市人民政府严格控制自然保护区外围保护地带的开发建设活动，禁止新建、扩建和改建损害自然保护区内动植物生存环境的建设项目。"	《深圳市内伶仃岛-福田国家级自然保护区管理规定》

表 7-15 深圳湾及国内其他湿地外围建筑限高规定

湿地	范围	控制要求
香港米埔自然保护区	米埔湿地周围划定了缓冲区域，并对靠近湿地的开发类型和规模进行限制	自然保护区周边保护地带建筑物限高 10 m（三层和三层以下）。香港在湿地红线之外又划出了一个 500 m 的缓冲区，规定离缓冲区的数公里内不得建 10 m 以上的建筑。建 10 m 以下的建筑也须进行严格的环评
深圳红树林	沙嘴路近红树林保护区	居住楼限高 100 m 居住＋商用混合楼限高 180 m
杭州西溪	西溪国家湿地公园范围以外，东至古翠路、南至老河山脊、西至春城路、北至留祥路，用地面积约为 114.25km²	特级景观控制区：严格保护其地形地貌及自然植被，不得作为城市建设用地，不得在该范围内新建任何建筑物，现有建筑应逐步拆除 一级景观控制区：严控新建建筑高度，不能高出湿地树冠的高度（18～50 m） 二级景观控制区：新建高层建筑可比树冠稍高，但出露高度及范围应严格控制（建筑物最高点黄海高程不得超过 60 m）
辽宁铁岭莲花湖湿地	留出至少 100 m，最好 500 m 以上的生态隔离带作为缓冲区	莲花湖湿地的城区北侧一带不要建设过高的建筑物，以避免阻碍候鸟向湿地的迁徙降落

根据以上规定及周边建筑物对鸟类影响的现状，构建周边建筑影响指数，包括建筑高度（调控区域内最大的建筑高度）和距离（建筑物与鸟类保护区/鸟类活动区边缘的最小直线距离）。建筑高度属于越小越优型指标，与建筑距离属于越大越优型指标。具体等级划分如表 7-16 所示。

表 7-16 建筑影响指数赋值等级划分

等级	建筑高度/m	与建筑距离/m	分值
1	<10	>1000	5
2	[10, 50)	[500, 1000]	4

续表

等级	建筑高度/m	与建筑距离/m	分值
3	[50, 100)	[300, 500)	3
4	[100, 200]	[100, 300)	2
5	>200	<100	1

7.4.8　环境风险：重金属污染

鸟类属于高等脊椎动物，是食物链中的高级消费者，其体温高、新陈代谢旺盛，因此从环境中获取物质相对更多、"速率"更快，受到环境中污染物质的影响更为明显。有机污染物、重金属以及氮磷营养盐等多因子的相互作用，影响了污染物质在湿地的吸附降解，使得鸟类的食物安全存在隐患。水鸟摄取这些围垦地区的食物后，有害物质富集于体内，造成水鸟生理机能下降直至最终死亡（Luo et al.，2016；颜凤等，2017）。近年来，大量点源和面源污染物排放到江河湖海中，使河口及沿海地区的红树林成为诸多污染物（高营养盐、重金属和持久性有机污染物）理想的汇集场所（Zhang et al.，2014b）。这些污染物将威胁红树林生态系统健康以及在其中生存的鸟类。

环境污染使水鸟的食物减少，一些污染物在水鸟体内通过富集，残留量增加，影响水鸟的生存与繁殖。从鸟类繁殖行为的异常反应、羽毛的颜色、体形的改变和鸟类死亡等特征均可反映环境中的重金属对鸟类的危害（杨琼芳等，2004）。重金属的污染还会导致鸟类的蛋壳变薄、受精率降低、胚胎的死亡率高、雏鸟异形、出现异常行为和对疾病的易感性增加等症状（李福来等，1990；Zhang and Ma，2011）。Doi 等（Doi et al.，1984）研究了日本不知火海汞污染区域鸟类翼羽的汞浓度（湿重）：食鱼鸟为 7.1 μg/g，杂食性涉禽为 5.5 μg/g，食肉鸟为 3.6 μg/g，其他杂食性鸟为 1.5 μg/g，食草涉禽为 0.9 μg/g。Hahn 等（1993）报道食鱼猛禽羽毛汞浓度最高，然后依次是陆生猛禽、杂食性鸟和草食性鸟。李枫等（2007）研究了黑龙江扎龙自然保护区水体重金属沿食物链的生物累积情况，重金属的含量随食物链等级的升高而累积放大，水体内重金属含量最低，鱼体内重金属含量次之，而苍鹭体内重金属含量最高，其中肝脏和羽毛中的重金属含量较其他组织高，具体数值见表 7-17（李枫等，2007）。不同组织对同一种重金属的富集能力不同，肝脏是重金属富集的主要目标器官（刘庆等，2006a；张丹等，2013；Luo et al.，2015；Luo et al.，2016）。刘庆等（2006a；2006b）发现 Cu、Zn、Pb 和 Cd 在猛禽的肝脏、心脏以及骨骼中的含量较高，而在肌肉中的含量较低。相同组织中的不同重金属含量会因鸟的年龄大小存在差异，成鸟的重金属含量普遍大于幼鸟（张丹等，2013）。

表 7-17　扎龙湿地生态系统中重金属在不同生物等级的累积情况　（单位：μg/g）

样品类型	Cu	Zn	Mn	Pb	Cd
水体	0.003	0.026	<0.001	<0.001	<0.005
鱼	5.09/1 674.34	122.41/4 622.73	17.35/173 50	0.36/360	1.71/342
卵	31.40/10 328.94	200.70/7 579.31	6.91/6 910	27.83/27 830	3.64/728
雏鸟	43.22/14 217.11	600.89/22 692.22	19.49/19 470	1.63/1 630	4.15/830

注：斜线下为生物浓缩系数（BCF）；斜线上为重金属含量平均值。

（1）汞（Hg）是一种能够引发生物机体不可逆损伤的重金属。汞的污染源主要有氯碱生产、油漆颜料、电气仪表制造、矿石的开采和冶炼等行业排放的工业三废，以及各种燃烧源排放的含汞废气及城市含汞污水。汞污染已造成日本的水俣病、伊拉克的氯化甲基汞污染粮食和瑞典野鸭大量死亡等事件。有机汞毒性较大，其中以甲基汞为最。汞在鸟类体内的分布具有较强的选择性，主要蓄积于肝脏和肾脏（徐洪鑫和刘焕奇，2002）。卵中的 Hg 含量超过 1.5～18 mg/kg 就足以导致卵重下降、畸形、孵化率降低、生长率以及雏鸟成活率的降低（Burger and Gochfeld，1997）。甲基汞还会导致绿头鸭（Anas platyrhynchos）的雏鸟警戒反应减少（Heinz，1979；李峰和丁长青，2007）。

（2）铅（Pb）是污染物中毒性较大的一种重金属元素。来源广泛，主要有油漆、涂料、蓄电池、做屋顶的铅薄膜、钓鱼用的重铅、子弹头、润滑油、铅矿废物、煤燃烧产生的工业废气和汽车尾气等。在许多国家都有使用铅制成的霰弹狩猎的习俗，因此在湖沼等湿地底部堆积了大量铅砂。狩猎散落的铅砂被天鹅、雁和鸭类等误认为是砂粒而取食。在美国，每年放出铅弹 2400～3000 t，有 160～240 万只水禽因此丧生；在日本北海道的宫岛沼泽，1989 年和 1990 年有 100 只以上的小天鹅（Cygnus columbianus）和白额雁（Anser albifrons）因铅中毒死亡。英国因误食钓鱼铅坠所致铅中毒的疣鼻天鹅（Cygnus olor）每年达 3000 只以上（李峰和丁长青，2007）。Stevenson 等（2005）对 1997 年加拿大第一个禁止使用铅弹区建立前后游禽和潜鸭翼骨的铅含量进行了对比发现，2000 年在绿头鸭和北美黑鸭（Anas rubripes）翼骨中检验出的铅的含量（11 μg/g）相较于 1989 年和 1990 年（4.8 μg/g）显著降低（P<0.01）。Luo 等（2015；2016）对我国东北的扎龙湿地死亡的丹顶鹤（Grus japonensis）的肝脏和肾脏组织中的 Pb 浓度进行调查，发现其浓度分别为 31.4mg/kg DW 和 60.3 mg/kg DW，高于普通鸟类中被认为有潜在毒性水平的浓度。Manosa 等（2001）发现在埃布罗三角洲（西班牙东北部）输入量最高的重金属是 Pb，主要来源于用于猎杀水禽的铅弹在土壤中积累，容易被食谷物的水鸟摄入，每年估计会杀死 16 300 只水鸟。鸟类肝脏和肾脏组织中 Pb 毒性作用水平的相关总结详见表 7-18。

表 7-18　鸟类肝脏和肾脏组织中 Pb 毒性作用水平的总结（Luo et al., 2016）

器官	浓度/(mg/kg DW)	物种	毒性作用
肾脏	1～10	普通鸟类	背景值
	约 25～30	美洲鹤（Grus americana）	死亡
	15.5～17.7	秃鼻乌鸦（Corvus frugilegus）	存在死亡风险
	>6	因铅弹中毒的鸟	死亡
	31.0～34.0	丹顶鹤（Grus japonensis）	死亡
	<6	猛禽	背景值
	6～20	猛禽	亚致死作用
	>20	猛禽	死亡
	35.4～68.3	丹顶鹤（Grus japonensis）	怀疑受 Pb 毒性
肝脏	0.5～5	普通鸟类	背景值
	5.5～44.3	大天鹅（Cygnus cygnus）	死亡
	31.8～62.5	丹顶鹤（Grus japonensis）	死亡
	约 50～70	美洲鹤（Grus americana）	死亡
	16.3～17.8	秃鼻乌鸦（Corvus frugilegus）	存在死亡风险
	>1.5	普通鸟类	中毒
	>10	因铅弹中毒的鸟	死亡
	9.7	白额雁（Anser albifrons）	异常暴露
	5.5～6.1	绿头鸭（Anas platyrhynchos）	异常暴露
	5.2～9.7	斑嘴鸭（Anas zonorhyncha）	异常暴露
	<6	猛禽	背景值
	6～30	猛禽	亚致死作用
	>30	猛禽	死亡
	29.4～35.5	丹顶鹤（Grus japonensis）	怀疑受 Pb 毒性

注：猛禽主要包括红尾鵟（Buteo jamaicensis）、美洲雕鸮（Bubo virginianus）、金雕（Aquila chrysaetos）、白头海雕（Haliaeetus leucocephalus）等。

（3）镉（Cd）污染已成为危害生态环境和人畜健康最严重的公害之一。1984年联合国环境规划署将镉列为全球范围内 12 种危害物质中的首位。镉的主要来源是采矿、冶炼和废物焚烧等排放的废弃物。肾脏是镉的主要靶器官，蓄积最多，其次是肝脏、肺和肌肉（Guo et al.，1997）。镉能显著降低禽类的生殖和生长性能，造成贫血、生长受阻、产卵量下降、蛋壳品质降低、孵化率下降和死亡率增加等（Jian et al.，2001）。野生小蓝鹭（*Egretta caerulea*）生长率和出飞率的降低与体内 Cd、Pb 的积累相关（Spahn and Sherry，1999）。氯化镉中毒，可造成鸭严重贫血，抑制生长，引起肝、胆、胃和甲状腺病变（田淑琴等，2001）。

（4）砷（As）是一种类金属元素，在自然界分布广泛，在含砷金属矿的开采、冶炼，以及用砷作原材料生产玻璃、颜料、药物、纸张以及燃煤的过程中所产生的三废都含有砷及其化合物。据估计，全球每年自然释放到环境中的砷约 5000 t，而人为污染所导致的砷释放则超过 23 600 t（李峰和丁长青，2007）。元素砷毒性很低，而砷化合物均有毒性，其毒性排序如下：$AsH_3 > As^{3+} > As^{5+} > RAsX$（有机砷化物）$> As^0$。砷在体内排泄缓慢，可造成蓄积性中毒，神经系统、肝脏、肾脏、细胞免疫系统和生殖系统是主要靶器官。砷及其化合物有致癌作用，长期接触无机砷化合物可引起皮肤癌、肺癌，可能还有肝癌。禽类砷中毒后出现下肢麻痹、瘫痪，最后进入嗜睡状态直至死亡。砷可导致成鸭体重及肝脏重量减轻并使孵蛋时间延长、蛋重量减轻、蛋壳变薄、雏鸭生长缓慢等（李峰和丁长青，2007）。徐世文等（2000）研究发现，砒霜（As_2O_3）对肉鸡口服的半数致死量（LD_{50}）为 24.4934 mg/kg。重金属在鸟类体内的主要器官的累积水平与毒性效应详见表 7-19。

表 7-19　重金属在鸟类体内的主要器官的累积水平与毒性效应

金属	鸟类	研究内容	累积水平	危害	参考文献
Hg	绿头鸭（*Anas platyrhyncos*）	行为	甲基汞累积	雏鸟警戒反应减少	（Heinz，1979；李峰和丁长青，2007）
	小蓝鹭（*Egretta caerulea*）	鸟粪和羽毛	1.0～9.5mg/kg（鸟粪）1.2～16.9mg/kg（羽毛）	生长率和出飞率降低	（Spahn and Sherry，1999）
	雉鸡（*Phasianus colchicus*）	卵	>1.5 mg/kg	卵重下降、畸形、孵化率降低、生长率和雏鸟成活率降低	（Burger and Gochfeld，1997）
Pb	丹顶鹤（*Grus japonensis*）	肝脏	31.4 mg/kg DW	潜在毒性（>30 mg/kg）	（Luo et al.，2016）
	丹顶鹤（*Grus japonensis*）	肾脏	60.3 mg/kg DW	潜在毒性（>30 mg/kg）	（Luo et al.，2016）
	鹌鹑（*Coturnix japonica*）	致死情况和血液	LD_{50} = 3969.4 mg/kg	24 h 后，绝大部分动物开始出现喘鸣、运动失调以及食欲不振，继而出现呆滞状态，精神萎靡等症状；7 d 后，体重明显降低，血铅含量变化越大	（刘庆，2006b）

续表

金属	鸟类	研究内容	累积水平	危害	参考文献
Cd	丹顶鹤（Grus japonensis）	羽毛	0.41~3.06 mg/kg	具有潜在毒性	（Luo et al., 2015）
Cd	丹顶鹤（Grus japonensis）	肝脏	0.37~4.42 mg/kg	具有潜在毒性	（Luo et al., 2015）
As	肉鸡	致死情况	砒霜 24.49 mg/kg （口服）	半数致死，突出的眼观变化是胃、小肠、盲肠粘膜充血、出血、水肿乃至糜烂、坏死,产生伪膜。	（徐世文等, 2000）
Cu	雏鸭	器官、组织和血清	日粮铜添加: 850 mg/kg	慢性中毒，出现生长发育缓慢，血红蛋白含量和红细胞数量显著降低，红细胞变形和变性等症状，并导致雏鸭淋巴细胞线粒体受损明显，诱导细胞凋亡	（崔恒敏和陈怀涛，2005；崔恒敏等，2005a）
Zn	雏鸭	器官、组织	日粮锌（ZnSO₄）添加: 1300 mg/kg	患白肌病、肌胃、小肠平滑肌、骨骼肌和心肌受损	（崔恒敏等，2004）
Cr	绿头鸭（Anas platyrhyncos）	卵	50 μg/L 的 Cr³⁺溶液中浸泡 30 min	孵化后雏鸟畸形率达 30%	（Kertész and Fáncsi，2003）

（5）铜（Cu）大量存在于各种岩石和矿物中，也是生物体内最基本的微量营养元素之一，作为氧化还原催化剂或氧载体，至少存在于 30 多种酶中。大量冶炼和使用铜的过程中排放的三废，造成了铜对环境的污染和对生物的伤害。铜中毒损害的靶器官是肝脏、肾脏、心脏、胃肠道和免疫器官，组织器官受损和功能障碍可导致鸟类死亡（崔恒敏等，2005a）。有研究报道，日粮铜添加 850 mg/kg 可造成雏鸭慢性中毒，出现生长发育缓慢，血红蛋白含量和红细胞数量显著降低，红细胞变形和变性，红细胞数量和血红蛋白含量显著降低，血清谷丙转氨酶、谷草转氨酶活性显著升高，血清铜蓝蛋白活性下降等血液指标的变化等症状，并导致雏鸭淋巴细胞线粒体受损明显，诱导细胞凋亡（崔恒敏和陈怀涛，2005；崔恒敏等，2005a）。

（6）锌（Zn）参与体内 200 多种酶的合成和活化，是动物生长发育及维持正常生理机能所必需的微量元素，对动物的生长发育、生产性能、繁殖和免疫功能等方面均有着重要的影响，但摄入过量的锌会导致机体代谢紊乱（李峰和丁长青，2007）。肝脏、肾脏、胰脏、骨骼和心肌贮存锌的能力较强。过量的锌是一种作用迅速的中枢神经毒素，通过对神经细胞的直接损害及对体内各种物质的拮抗而影响脑功能。有报道鹦鹉因啃咬镀锌铁丝制成的鸟笼而普遍出现神经症状。高锌还可明显抑制红细胞的免疫功能，造成雏鸡肝、脾的结构和功能受损（崔恒敏等，2005b）。日粮锌（ZnSO₄）添加为 1300 mg/kg 时，会导致雏鸭患白肌病，胃肌、小肠平滑肌、骨骼肌和心肌受损（崔恒敏等，2004）。

（7）铬（Cr）是人和动物不可缺少的微量元素，具有提高生长和免疫能力、改善家禽胴体品质和繁殖性能，以及缓解应激反应等作用（李峰和丁长青，2007）。铬广泛存在于土壤、大气、水和动植物体内。铬的各种化合物毒性强弱不一，三价铬毒性较小，六价铬毒性较大。六价铬可进入细胞，在细胞内还原成三价铬，导致遗传效应，产生遗传毒性（张忠义和刚葆琪，1995）。Kertész 和 Fáncsi（2003）研究发现，绿头鸭的卵在 50 μg/L 的三价铬溶液中浸泡 30 min 后，孵化后雏鸟的畸形率达 30%。进一步地，基于数据的可获得性，以 Pb 为例，划分重金属 Pb 的毒性级别，详见表 7-20。

表 7-20　鸟类肾脏、肝脏中 Pb 的毒性级别划分

种类	浓度/(mg/kg DW)	毒性效应	参考文献	赋值
普通鸟类、白嘴鸦等	<5	背景值	（Luo et al.，2016）	5
	5～10	肝脏出现异常暴露		4
	10～15	怀疑受到 Pb 毒性		3
	15～18	存在死亡风险		2
	>18	死亡		1
猛禽、绿头鸭等	<6	背景值	—	5
	6～20	怀疑受到 Pb 毒性		3
	>20	死亡		1
丹顶鹤、美洲鹤等	<5	背景值	（Luo et al.，2015；Luo et al.，2016）	5
	5～11	怀疑受到 Pb 毒性		3
	11～30	存在死亡风险		2
	>30	死亡		1

7.4.9　环境风险：有机污染风险

早在二十世纪末，就有研究证实，当鸟类体内有机污染物浓度过高时，其生理机能、繁殖能力和生存能力都会受到严重影响，最终致使其种群数量大大减少，部分物种和类群濒临灭绝（Wiemeyer et al.，1993）。POPs 对野生鸟类的影响主要是通过食物链间接引起的，可引起先天缺陷、癌症、免疫机能障碍、内分泌失调、疾病易感程度降低、发育和生殖系统疾病、产软壳卵和繁殖成功率下降等，对生物体造成严重危害；其次，POPs 对环境的破坏使鸟类可栖息的范围缩小，可能迫使候鸟或活动性强的鸟类迁移或改变越冬地和栖息地；POPs 对环境的污染，使鸟类需要花费更多的体力来寻找食物（李峰和丁长青，2006）。

（1）多氯联苯（PCBs）是人工合成的有机物，从 20 世纪 30 年代开始大规模生产，稳定且不导电，主要在电力工业用作热载体、绝缘油和润滑油等，也广泛被用作密封剂和建筑添加剂。由于其会导致癌症、免疫毒性反应和生殖障碍等，自 20 世纪 70 年代以来，它们已在全球范围内被禁止。由于多氯联苯具有亲脂性、疏水性和较低的化学和生物降解速率，它们聚集在生物组织中，随后集中在食物链的顶端（Guzzella et al.，2005）。Hoffman 等（1996）在室内分别用浓度为 50 ng/g、250 ng/g 和 1000 ng/g 的 PCB 126 向刚孵化的美洲隼（*Falco sparverius*）口服给药，处理十天后，研究了 PCB 对鸟类的毒性效应，发现 50 ng/g 浓度处理组的美洲隼出现了肝脏肿大和肝脏细胞轻微的凝固性坏死；在 250 ng/g 浓度处理组中还发现肝脏细胞出现多发性的凝固性坏死等变化。罗孝俊等（2009）分析了广东某电子垃圾回收区 8 种鸟肌肉、肝脏及肾脏中有机氯农药、多氯联苯和多溴联苯醚等持久性有机污染物的浓度，结果表明 PCBs 是主要污染物，在 7 种鸟类中 PCB 占所测有机卤化物总量的百分比超过 70%，其最高浓度达到 1700μg/g 脂肪。有机卤化物浓度分布表现为食鱼鸟＞杂食鸟＞植食鸟，也表现出了有机卤化物在食物链中的生物积累现象。鸟类 PCBs 的累积浓度及其毒性效应详见表 7-21。

（2）多溴联苯醚（PBDEs）是溴化阻燃剂，广泛应用于纺织品、塑料、电子元器件和装饰材料等许多可燃性产品。由于其具有亲脂性、疏水性和较低挥发性的特征，通常赋存在土壤和沉积物，特别是沿海沉积物。许多研究报告了世界各地沉积物中 PBDEs 的污染（Zegers et al.，2003）。在亚洲，我国珠江三角洲、日本河流和河口等地区的沉积物 PBDEs 的浓度要高于附近城市水域中的浓度（Wang et al.，2007）。在红隼（*Falco tinnunculus*）繁殖前 21 天进行 PBDE-71 暴露（300～1600 ng/g）会降低配对的质量，并影响两性的生殖行为（Fernie et al.，2008）。Fernie 等（Fernie et al.，2005a；Fernie et al.，2005b；Fernie et al.，2006）研究表明当五溴 BDE（DE-71）同系物的卵内浓度为 18.7μg/g，发育过程中 15.6 ng/g 暴露条件下会对圈养的美洲红隼（*American kestrel*）雏鸟的甲状腺和免疫系统、维生素 A 水平、谷胱甘肽稳态、氧化应激和生长造成不良影响。McKernan 等（2009）报道美洲红隼（*American kestrel*）PBDEs 破壳和孵化成功率受损的最低可观察影响水平（LOEL）为 1800 ng/g；当鱼鹰（*Osprey*）体内的 PBDEs 浓度高于 1000 ng/g 时会出现繁殖受损现象（Henny et al.，2009）。在 PBDE 暴露研究中，Van 等（2009）表明 150 ng/g 的 PBDEs 可能对欧洲雌性椋鸟的繁殖性能产生负面影响。在孵化家鸭胚胎中暴露 1 ng/g BDE-99 可导致生育酚（维生素 E）水平降低，这表明发生了氧化应激并可能因为缺乏或细胞抗氧化防御较弱而导致致突变性和致癌性（Malik et al.，2011）。鸟类 PBDEs 的累积浓度及其毒性效应详见表 7-22。

表 7-21　鸟类 PCBs 的累积浓度及其毒性效应

鸟类	浓度/(ng/g WW)	累积部位	毒性效应	参考文献
鸬鹚（*Phalacrocorax carbo*）	7 300～8 200	卵	蛋未孵化，喙变形	（Larson et al.，1996）
鸬鹚（*Phalacrocorax carbo*）	40 000	肝脏	亚致死效应	（Guruge et al.，2000）
鸬鹚（*Phalacrocorax carbo*）	319 000 LOEC	肝脏	成年个体死亡	（Koeman et al.，1973）
双冠鸬鹚（*Phalacrocorax auritus*）	3 500 LOEC	卵	繁殖成功率下降	（Tillitt et al.，1992）
双冠鸬鹚（*Phalacrocorax auritus*）	6 600～7 300	卵	雏鸟畸形	（Yamashita et al.，1993）
双冠鸬鹚（*Phalacrocorax auritus*）	30 000	卵	胚胎死亡	（Barron et al.，1995）
牛背鹭（*Bubulcus ibis*）	8 160～140 290	卵	高死亡率（卵）	（Ruiz et al.，1982）
夜鹭（*Nycticorax nycticorax*）	10 000～63 000	卵	孵化和羽毛减少	（Price，1977）
家鸡（*Gallus domesticus*）	50～100	卵	糖异生酶活性降低	—
家鸡（*Gallus domesticus*）	5 000	卵	孵化减少	—
家鸡（*Gallus domesticus*）	13 200	卵	未影响孵化	—
家鸡（*Gallus domesticus*）	23 000	卵	孵化减少	—
白来航鸡（*White lghorns*）	<1 000	卵	孵化减少	—
白来航鸡（*White lghorns*）	>4 000	卵	胚胎致死，畸形	—
白来航鸡（*White lghorns*）	5 000	卵	孵化降至 17%	—
白来航鸡（*White lghorns*）	10 000	卵	胚胎致死率 64%	—
绿头鸭（*Anas platyrhynchos*）	23 000	卵	无影响	—
绿头鸭（*Anas platyrhynchos*）	105 000	卵	蛋壳变薄孵化成功率无影响	—
绿头鸭（*Anas platyrhynchos*）	30 000	3 周雏鸭	无影响	—
绿头鸭（*Anas platyrhynchos*）	55 000	母鸭	无影响	—
鸣角鸮（*Megascops*）	4 000～18 000	卵	无影响	—
北极海鹦（*Fratercula arctica*）	10 000～81 000	卵	无影响	—
北极海鹦（*Fratercula arctica*）	6 000	成年个体	无影响	—
环颈斑鸠（*Streptopelia capicola*）	2 800	脑	脑多巴胺和去甲肾上腺素耗竭	—
环颈斑鸠（*Streptopelia capicola*）	16 000	卵	胚胎致死	—
环颈斑鸠（*Streptopelia capicola*）	5 500	脑（成年）	亲鸟注意力下降	—
日本鹌鹑（*Coturnix japonica*）	478	肝脏	体重减轻，紫质症	—

注：大型鸟类主要包括：鹳形目和鹈鹕目等。LOEC：最低可观察影响水平。

表 7-22　鸟类 PBDEs 的累积浓度及其毒性效应

鸟类	浓度/(ng/g)	累积部位	毒性效应	参考文献
美洲红隼（American kestrel）	1 800	卵	影响破壳和孵化成功率	（Mckernan et al.，2009）
美洲红隼（American kestrel）	18 700	卵	改变雏鸟甲状腺激素和维生素 A 的浓度、谷胱甘肽代谢和氧化应激	（Fernie et al.，2005a；Fernie et al.，2005b；Fernie et al.，2006）
鹗（Pandion haliaetus）	>1 000	卵	繁殖受损	（Henny et al.，2009）
绿头鸭（Anas platyrhynchos domesticus）	1ᵃ	卵	生育酚水平降低	（Malik et al.，2011）
红隼（Falco tinnunculus）	300～1 600ᵃ	饮食暴露	降低配对质量，影响两性生殖行为	（Fernie et al.，2008）
紫翅椋鸟（Sturnus vulgaris）	150ᵃ	卵和血清	影响繁殖性能	（Van et al.，2009）

注：a，暴露（喂食）条件。

（3）多环芳烃（PAHs）是含有两个或多个稠合苯环的芳香族化合物，通常来自于煤、石油、烟草、垃圾或其他有机高分子物质的不完全燃烧，石油是海洋环境中 PAHs 污染的主要来源之一（Culotta et al.，2006）。由于芳香族化合物的毒性、诱变和致癌特性，美国国家环境保护局（USEPA）已将 16 种多环芳烃确定为优先污染物。近年来许多发达国家（如美国、日本和一些欧洲国家）的多环芳烃排放量有所减少；然而，全球环境中多环芳烃的浓度仍在增加，这主要是由于一些工业化和城市化速度较快的发展中国家不断地生产和释放多环芳烃（Li et al.，2014）。红树林植物可以通过根部从被污染的沉积物中吸收 PAHs 进入叶片，这些植物器官中的 PAHs 通过食物网进入更高的营养级并对动物甚至人类造成危害（Li et al.，2014）。PAHs 的暴露会对脊椎动物造成免疫抑制、肝肾损害和影响生殖的内分泌干扰等不良反应（Hoffman and Albers，1984；Billiard et al.，2007）。鸟类可能在水生环境中暴露在高水平的 PAHs 污染中（尤其是在石油泄漏的情况下），是极易受到 PAHs 污染的物种（Albers and Loughlin，2003）。幼年暴露于 PAHs 污染下会导致鸟类的发育畸形，繁殖成功率的降低以及其他生物化学影响（Albers，2006）。在鸟卵中，PAHs 暴露的原因可能是母体沉积（Bryan et al.，2003）或在孵化期间与被油污染的水或羽毛接触（Albers，1980）。早在 1990 年，Brunström 等（1990）通过向家鸡（Gallus domesticus）、火鸡（Meleagris gallopavo）、绿头鸭（Anas platyrhynchos domesticus）和欧绒鸭（Somateria mollissima）的胚胎中注射 18 种 PAHs 混合物的方式评估了其毒性，PAHs 混合物都造成了其胚胎死亡率的提高。Franci 等（2018）通过向家鸡（Gallus domesticus）和日本鹌鹑（Coturnix japonica）卵的气囊中注射的方式测得了五种多环芳烃类物质的半数致死剂量：苯并（k）荧蒽（BkF；76 ng/g）、二苯并（ah）蒽（83 ng/g）、茚并（1，2，3-cd）芘（325 ng/g）、苯并（a）芘（461 ng/g）和苯并（a）蒽（529 ng/g），见表 7-23。

表 7-23　鸟类 PAHs 的累积浓度及其毒性效应（卵）

物种	浓度/(ng/g)	胚胎死亡率/%	影响效应
家鸡（*Gallus domesticus*）	0	5	—
	200	5	无影响水平
	2 000	40	胚胎死亡率提高
火鸡（*Meleagris gallopavo*）	0	22	—
	200	22	无影响水平
	2 000	83	致死
绿头鸭（*Anas platyrhynchos domesticus*）	0	0	—
	200	32	胚胎死亡率提高
	2 000	100	完全致死
欧绒鸭（*Somateria mollissima*）	0	0	—
	200	18	胚胎死亡率提高
	2 000	94	致死

（4）有机氯农药（OCPs）会导致鸟类的蛋壳变薄和繁殖失败甚至死亡。二氯二苯基三氯乙烯（DDT）的代谢产物二氯二苯基二氯乙烯（DDE）会导致蛋壳变薄，美国和欧洲的许多鸟类物种在 DDT 污染下严重减少（Vos et al.，2000）。1954 年，在使用 DDD（DDT 的分解产物之一）杀灭美国加利福尼亚州清水湖中的蚋虫后几个月，上百只以鱼类为食的北美鸊鷉（*Aechmophorus occidentalis*）开始死亡。通过对鸊鷉脂肪组织的分析发现，鸟体内 DDD 含量比湖水中高出近 8×10^5 倍（Carson，1987），高浓度 DDD 的高毒性最终导致了鸊鷉的死亡。在不同种类中估测的鸊鷉影响水平不同，在鹈鹕卵中约为 0.5 μg/g WW DDE，猎鹰（隼）卵中为 2.0 μg/g WW DDE，在燕鸥和苍鹭中大约为 4~8 μg/g WW DDE（Fasola et al.，1987）。有报道表明鸟类肝脏中 p,p'-DDE 的浓度在 20~1000 μg/g 脂重时会对鸟的繁殖乃至个体生存造成严重威胁（Tanabe et al.，1998）。在中国香港，Connell 等通过对食鱼鹭类（如苍鹭和白鹭）卵中的持久性有机污染物进行分析，揭示了其对鸟类成功繁殖的毒理学风险，当鸟卵中 p,p'-DDE 浓度超过 1000 ng/g WW 时会显著降低幼鸟的存活率（Connell et al.，2003）。据报道，在埃布罗（Ebro）三角洲，会引起绿头鸭蛋壳厚度变薄的 DDT 平均水平为 0.95 μg/g WW，但没有后续关于孵化率的报道。赤嘴潜鸭（*Netta rufina*）卵中 DDTs 浓度为 2.93 μg/g WW，却没有观察到出现类似的影响（Cabrera，1984）。牛背鹭（*Bubulcus ibis*）卵中的高浓度有机氯污染（7.19~72.61 ng/g WW DDTs，8.16~140.29 ng/g WW PCBs）被认为与其卵阶段的高死亡率有关（Ruiz et al.，1982）。尽管在 20 世纪 70 年代后期，DDT 的水平超过上述小鸊鷉（*Tachybaptus ruficollis*，

8.17 µg/g WW DDT）和普通燕鸥（*Sterna hirundo*，6.07 µg/g WW DDT）的阈值，但没有观察到蛋壳厚度的显著减少（Alberto and Nadal.，1981），以上数据整理自 Manosa 等（2001）的研究。Sakellarides 等（2006）总结了一些鹳形目和鹈鹕目鸟类卵或脂肪中 *p, p'*-DDE 的剂量效应关系，详见表 7-24，可供参考。

表 7-24　DDT 及 DDE 对鸟类影响的剂量效应水平

化合物	种类	样本	浓度/(ng/g WW)	效应	参考文献
DDE	猎鹰（隼）	卵	2 000	无影响水平	—
DDE	燕鸥和苍鹭	卵	4 000～8 000	无影响水平	（Fasola et al.，1987）
DDTs	小鸊鷉（*Tachybaptus ruficollis*）	卵	8 170	无影响	（Alberto and Nadal，1981）
p, p'-DDE	11 种留鸟和 12 种候鸟	肝脏	20 000～1 000 000	对鸟的繁殖乃至个体生存造成严重威胁	（Tanabe et al.，1998）
DDTs	赤嘴潜鸭（*Netta rufina*）	卵	2 930	无影响	（Cabrera，1984）
DDTs	普通燕鸥（*Sterna hirundo*）	卵	6 070	无影响	（Alberto and Nadal，1981）
DDTs	绿头鸭（*Anas platyrhynchos*）	卵	950	蛋壳变薄	（Cabrera，1984）
p, p'-DDE	小白鹭（*Egretta garzetta*）	卵	1 000	幼年个体存活率下降	（Connell et al.，2003）
DDTs	牛背鹭（*Bubulcus ibis*）	卵	7 190～72 610	高死亡率（卵阶段）	（Ruiz et al.，1982）
p, p'-DDE	夜鹭（*Nycticorax nycticorax*）	卵	8 200	羽毛减少	（Henny et al.，1984）
p, p'-DDE	普通鸬鹚（*Phalacrocorax carbo*）	卵	4 000	蛋壳变薄	（Dirksen et al.，1995）
p, p'-DDE	食鱼鹭类（如苍鹭和白鹭）	卵	>1 000	显著降低幼鸟的存活率	（Connell et al.，2003）
p, p'-DDE	双冠鸬鹚（*Phalacrocorax auritus*）	卵	960～10 820	繁殖降低	（Custer et al.，1999）
p, p'-DDE	大蓝鹭（*Ardea herodias*）	卵	>10 000	生殖障碍	（Custer et al.，1998）
DDE	鹈鹕（*Pelecanus*）	卵	500	无影响水平	—
p, p'-DDE	卷羽鹈鹕（*Pelecanus crispus*）	卵	14 183～21 653	蛋壳变薄	（Crivelli et al.，1989）
p, p'-DDE	大蓝鹭（*Ardea herodias*）	卵	3 000	孵化减少	（Blus，1996）
p, p'-DDE	大白鹭（*Ardea alba*）	肝脏	124 300	外壳破损	（Pratt，1972）
p, p'-DDE	大蓝鹭（*Ardea herodias*）	肝脏	569 740	致死效应	（Call et al.，1976）

进一步地，基于暴露风险评价方法，确定红树林湿地有机污染物对鸟类的影响，具体分级标准详见表 7-25。

表 7-25　红树林湿地有机污染对鸟类影响评价等级

HQ	赋值
未检测到有机污染	5
HQ＜0.1	4
0.1≤HQ＜1	3
1≤HQ＜10	2
HQ≥10	1

注：HQ 为风险值。

7.4.10　环境风险：生物入侵

外来哺乳动物对成鸟、幼鸟或鸟卵的捕食作用使得鸟类种群数量下降。国际自然保护联盟 2008 年统计，鼠、猫和鼬是对鸟类影响最大的三种外来捕食者，在苏格兰岛屿中，刺猬对鸟蛋的捕食成为鸻鹬数量下降的重要原因（Jackson，2001）；外来哺乳动物会引发过度捕食效应使得鸟类数量下降。此外，兔子会吸引多方面的捕食者，使得鸟巢被捕食者发现的概率增加（Carpio et al.，2015）。外来鸟类与本地鸟类竞争栖息空间和食物资源，在美国亚利桑那州，入侵的紫翅椋鸟与本地吉拉啄木鸟竞争巢穴，同一地区两者巢穴数量呈现负相关。外来鸟类与当地的近缘种杂交而造成基因流失，使得本地物种濒临灭绝（干晓静等，2007）。外来无脊椎动物直接或间接改变本地鸟类的栖息环境和食物状况，使得生境环境发生演替。如松材线虫侵袭加速了马尾松林向常绿阔叶林转变的进程，使得鸟类群落多样性和丰富度发生改变（蒋科毅等，2005）。

外来植物入侵改变入侵地的植物群落组成和结构，造成本地鸟类的栖息地丧失或破碎化，并通过改变入侵地生态系统的食物链结构而对高营养级的鸟类产生影响。在美国内华达州，入侵植物盐杉木，降低了本地植被的结构和组成多样性，对鸟类产生负面影响（Fleishman et al.，2003）。外来微生物入侵是外来植物入侵的潜在促进因子。如外来病原体使本地树种减少，鸟类食物资源减少，而外来树种樟树的樟脑果实的消耗增加，并获得更广阔传播的机会（Chupp and Battaglia，2016）。

在红树林湿地的相关研究也有类似发现。Chen 等（2018a）研究了湛江红树林互花米草入侵对红树林鸟类的影响，结果表明：互花米草的存在降低了湛江红树林生态系统对鸟类的适宜性，这可能是由于入侵区食物资源减少或者觅食和栖息生境适宜性降低所致。根据相应研究，红树林湿地生物入侵对其中鸟类的影响的评价分级结果如表 7-26 所示。

表 7-26　红树林湿地生物入侵对其中鸟类的影响评价分级

评价等级	生物入侵的影响	赋值
1	未发现生物入侵现象	5
2	存在生物入侵问题，但对鸟类未产生显著影响，且已采取控制措施	4
3	存在生物入侵问题，对鸟类影响不明显，但未采取控制措施	3
4	存在生物入侵问题，且对鸟类有显著影响，且已采取控制措施	2
5	存在生物入侵问题，且严重影响鸟类活动/生存，但未采取控制措施	1

7.4.11　其他相关因子

　　人类的生产活动对红树林湿地鸟类也有很大影响。由于红树林沿海滩涂地带底栖动物丰富，而沿岸农村村民经常在滩涂上捡拾螺和贝壳获取经济报酬。例如，雷州半岛的徐闻县和安乡有广阔的滩涂，底栖动物也很丰富，但鸟类的种类和数量却比雷州半岛其他地区的低，这与当地村民频繁在滩涂上劳作有关。珠海淇澳岛红树林内的非法捕捞也对当地的鸟类资源造成不良影响（彭逸生等，2008），有些地区甚至存在捕鸟和打鸟的现象。

　　与道路的距离是鸟类栖息地选择研究中的常用指标，主要通过噪声影响鸟类。研究发现（van der Vliet，2010）二级公路和一级公路对凤头麦鸡和黑尾塍鹬产生干扰的距离分别为 625 m 和 2000 m；同时，发现城市对涉禽的影响不仅仅是来自于公路，而是来自于公路、建筑和游人等综合因素。不同于其他湿地，红树林湿地水位条件与隐蔽条件均能很好地满足，且为了避免重复，本章不考虑这两种生境因子。

7.5　鸟类生态健康评价方法的构建

7.5.1　指标体系

　　综上，构建的红树林湿地鸟类生态健康评价指标体系，如表 7-27 所示。指标体系包括目标层 A、功能层 B、子功能层 C 和指标层 D 四个层次。其中目标层 A 为红树林湿地鸟类生态健康状况；功能层 B 分为鸟类群落健康指数 B1、栖息地重要性指数 B2、栖息地适宜性指数 B3 和栖息地环境风险指数 B4 共四项。子功能层 C 为筛选的适用于表征鸟类栖息地健康状况的多种子功能，包括红树林湿地鸟类多样性 C1、栖息地重要性 C2、食物供应 C3、土地利用退化指数 C4、人为干扰指数 C5、重金属污染风险 C6、有机污染风险 C7 和生物入侵风险 C8。指标层 D 是对上一层子功能的表征。

7.5.2　权重计算

1. 评价指标的权重计算

按照表 7-27 建立的指标体系，依照层次分析法步骤，由 10～15 位鸟类生态专家依据每层元素相对于上层元素健康的贡献大小以及相对重要性程度打分，构造判断矩阵，综合处理后获得权重。判断矩阵的值采用 1～9 比例标度对重要性程度赋值，如表 7-28 所示，倒数表示两个指标的反比较。红树林湿地鸟类生态健康各级评价指标的判断矩阵如表 7-29～表 7-32 所示。红树林湿地鸟类生态健康评价指标及其总排序权重如表 7-33 所示，该表汇总了各级评价指标的权重计算结果，为红树林湿地鸟类生态健康评价提供了一个综合的量化框架，具体包括功能层、子功能层及指标层的权重，旨在清晰反映出每个指标在整体评价体系中的相对重要性。

表 7-27　红树林湿地鸟类生态健康评价指标体系

目标层 A	功能层 B	子功能层 C	指标层 D	指标特征	赋值依据
红树林湿地鸟类生态健康状况 A	鸟类群落健康指数 B1	鸟类多样性 C1	多样性 D1	越大越优型	依据红树林湿地鸟类多样性评价分级表赋值，详见表 7-3
	栖息地重要性指数 B2	栖息地重要性 C2	基于稀有性等的重要性评价指数 D2	越大越优型	依据红树林湿地鸟类栖息地重要性评价分级表赋值，详见表 7-5
	栖息地适宜性指数 B3	食物供应 C3	环境承载力 D3	越大越优型	依据环境承载力与相应时段实际数量的比值判断和赋值，详见表 7-6
		土地利用退化指数 C4	土地利用退化水平 D4	越小越优型	依据适宜栖息地面积增减、生境多样性、景观破碎化状况和是否采取有效生态修复措施赋值，详见表 7-7
		人为干扰指数 C5	噪声 D5	越小越优型	根据《声环境质量标准》(GB 3096—2008) 划分的 5 类声环境功能区，由低噪声到高噪声环境，依次赋值，详见表 7-10
			光强 D6	越小越优型	根据国际照明协会相关区域宵禁前后光强限值，由低到高依次赋值 5 分、4 分、3 分、2 分和 1 分，详见表 7-13
			建筑高度和距离 D7	越小越优型	根据建筑影响指数赋值等级划分表，由低影响到高影响依次赋值。两个指标中，以得分低者为赋值取值。详见表 7-16
	栖息地环境风险指数 B4	重金属污染风险 C6	累积水平 D8	越小越优型	根据重金属影响鸟类的剂量效应关系判断，详见表 7-20
		有机污染风险 C7	暴露风险 D9	越小越优型	根据暴露风险评价判断，详见表 7-25
		生物入侵风险 C8	生物入侵水平 D10	越小越优型	依据文献调研，从是否存在生物入侵问题、是否对鸟类产生影响以及是否采取控制措施等方面判断，详见表 7-26

表 7-28 标度含义

重要性标度	定义描述
1	表示两个元素相比，具有同等重要性
3	表示两个元素相比，前者比后者稍微重要
5	表示两个元素相比，前者比后者明显重要
7	表示两个元素相比，前者比后者强烈重要
9	表示两个元素相比，前者比后者极端重要
2、4、6、8	表示上述相邻判断的中间值

表 7-29 红树林湿地鸟类生态健康一级评价指标 **B** 的判断矩阵

P0	B1	B2	B3	B4
B1	1	1/3	1/3	1/3
B2	3	1	1/2	2
B3	3	2	1	3
B4	3	1/2	1/3	1

注：B1，鸟类群落健康指数；B2，栖息地重要性指数；B3，栖息地适宜性指数；B4，栖息地环境风险指数。

表 7-30 红树林湿地鸟类生态健康二级评价指标 **B3** 的判断矩阵

P0	C3	C4	C5
C3	1	1/3	1/3
C4	3	1	1/2
C5	3	2	1

注：C3，食物供应；C4，土地利用退化指数；C5，人为干扰指数。

表 7-31 红树林湿地鸟类生态健康二级评价指标 **B4** 的判断矩阵

P0	C6	C7	C8
C6	1	2	2
C7	1/2	1	2
C8	1/2	1/2	1

注：C6，重金属污染风险；C7，有机污染风险；C8，生物入侵风险。

表 7-32 红树林湿地鸟类生态健康二级评价指标 **C5** 的判断矩阵

P0	D5	D6	D7
D5	1	1	1/2
D6	1	1	1/2
D7	2	2	1

注：D5，噪声；D6，光强；D7，建筑高度和距离。

表 7-33　红树林湿地鸟类生态健康评价指标及总排序权重

功能层 B		子功能层 C		指标层 D		总排序权重
指标	权重	指标	权重	指标	权重	
鸟类群落健康指数 B1	0.09	鸟类多样性 C1	1	多样性 D1	1	0.09
栖息地重要性指数 B2	0.28	栖息地重要性 C2	1	基于稀有性等的重要性评价指数 D2	1	0.28
栖息地适宜性指数 B3	0.45	食物供应 C3	0.14	环境承载力 D3	1	0.06
		土地利用退化指数 C4	0.33	土地利用退化水平 D4	1	0.15
		人为干扰指数 C5	0.53	噪声 D5	0.250	0.06
				光强 D6	0.250	0.06
				建筑高度和距离 D7	0.500	0.12
栖息地环境风险指数 B4	0.18	重金属污染风险 C6	0.493	累积水平 D8	1	0.09
		有机污染风险 C7	0.311	暴露风险 D9	1	0.06
		生物入侵风险 C8	0.196	生物入侵水平 D10	1	0.03

2. 一致性检验

由于客观事物的复杂性以及对事物认识的模糊性和多样性，所给出的判断矩阵不可能完全保持一致，有必要进行一致性检验。一致性检验指标为

$$CI = \frac{\lambda_{max} - n}{n - 1} \tag{7-15}$$

$$\lambda_{max} = \sum_{i=1}^{n} \frac{(AW)_i}{nW_i} \tag{7-16}$$

其中，n 为判断矩阵阶数；W 为权重；A 为判断矩阵。CR = CI/RI < 0.10，则判断矩阵具有满意的一致性，否则需要调整判断矩阵的元素取值。RI 取值如表 7-34 所示。

表 7-34　平均随机一致性指标 RI 取值表

1	2	3	4	5	6	7	8	9
0	0	0.58	0.90	1.12	1.24	1.32	1.44	1.45

按上述一致性检验方法，求得现有判断矩阵的一致性检验结果如表 7-35 所示，表明判断矩阵均具有较好的一致性。

表 7-35　一致性检验结果

各级评价指标	$\lambda_{\max}$	CI	CR
B	4.143	0.048	0.053
B3	3.054	0.027	0.046
B4	3.054	0.027	0.046
C5	3.000	0.000	0.000

7.5.3　评价方法

基于健康综合指数（health comprehensive index，HCI）综合描述红树林湿地鸟类生态健康状况，计算公式如下：

$$\text{HCI} = \sum_{i=1}^{n} I_i \times W_i \tag{7-17}$$

其中，I_i 是第 i 个功能层的健康指数；n 为功能层总数；W_i 为第 i 个功能层相对红树林湿地鸟类生态健康的权重。

健康指数 I 反映各功能层的健康程度，由指标计算获得。各指标赋值依据已列入表 7-36，各指标分为五级，并已根据各指标特征，对赋值作调整，所有指标赋值越高，表明鸟类生态健康状况越好。根据各指标分级特征，将红树林湿地鸟类生态健康综合评价结果划分为五级，详见表 7-36。

表 7-36　鸟类生态健康评价等级及其含义

等级	健康状态	取值范围	特征描述
I	健康	$4 < \text{HCI} \leq 5$	鸟类群落多样性高、栖息地重要且适宜鸟类栖息、无环境风险
II	较健康	$3 < \text{HCI} \leq 4$	鸟类群落多样性较高、栖息地重要性较高、栖息地适宜性较好、环境风险较低
III	亚健康	$2 < \text{HCI} \leq 3$	鸟类群落多样性中等、栖息地重要性较好、适宜性下降、存在一定环境风险
IV	不健康	$1 < \text{HCI} \leq 2$	鸟类群落多样性较低、栖息地重要性较低、栖息地适宜性较差、存在较高环境风险
V	病态	$0 \leq \text{HCI} \leq 1$	鸟类群落多样性低、栖息地重要性低、栖息地适宜性差、具有高环境风险

第8章 鸟类生态智能监测与生态评估体系的应用与评价

8.1 深圳湾鸟类生态概述

深圳湾（113°53'～114°05'E，22°30'～22°39'N）是东半球 100 多种候鸟从澳大利亚到西伯利亚南北迁徙的"停歇站"和栖息地（王勇军等，1993；陈桂珠等，1995），位于东亚—澳大利西亚候鸟迁移路线（east Asian-Australasian flyway，EAAF）的中心。东亚—澳大利西亚候鸟迁移路线覆盖范围广阔，从俄罗斯远东地区和阿拉斯加向南经过东亚和东南亚，一直延伸至澳大利亚和新西兰，共 13 000 km，经过 22 个国家。每年有超过 250 种，共 5000 多万只水鸟在本路线上迁徙，往返于繁殖地及越冬地，其中包括 33 种全球濒危物种和 13 种近危物种（EAAFP Information Brochure，2013）。在迁徙过程中，水鸟依赖于具有高生产力的红树林湿地和其他潮滩地区。这些地区为长距离迁徙的水鸟提供了中途停歇、觅食和恢复体力的条件，在全球鸟类生存和繁衍中发挥着巨大作用。但由于中转站受发展、污染等影响逐渐丧失良好的生态功能，该飞行航道上的水鸟数目前正急剧减少，其减少速度是全球 9 条飞行航道中最快的。深圳福田红树林湿地与香港米埔红树林湿地，同处深圳湾，属同一生态系统类型，只是所属行政制度不同，如表 8-1。深圳福田红树林鸟类自然保护区创建于 1984 年 4 月，1988 年 5 月提升为国家级自然保护区。1993 年 7 月加入我国人与生物圈保护网络。保护区沿深圳湾东北面海岸线东西长 1 km，面积约 304 hm²，是全国唯一位于城市腹地的面积最小的自然保护区。香港米埔红树林湿地位于深圳湾东南部，是我国境内列入国际重要湿地名录的湿地之一。深圳湾两岸保护区的珍稀动植物资源相似并且十分丰富，包括许多珍稀鸟类，如黑脸琵鹭（约占全球 30%）、红隼和白鹳等（李真等，2017）。深圳湾为高密度城市与湿地协同共生的典范，是粤港澳大湾区蓝绿生态网络上的重要节点，每年为数以万计的候鸟提供了停歇地和越冬地（李晖等，2022）。

表 8-1 香港米埔红树林湿地和深圳福田红树林湿地概况（Mackinnon et al.，2012）

名称	香港米埔红树林湿地	深圳福田红树林湿地
位置	114°03'E，22°48'N	114°03'E，22°53'N
面积/hm²	1 513	368

续表

名称	香港米埔红树林湿地	深圳福田红树林湿地
IBA 编号	HK001	CN496
近危和受威胁水鸟物种数/种	20	11
数量达到航线 1%标准的鸻鹬种类/种	14	9
最少记录的鸻鹬种类数量/只	54 457	51 045
1990~2000 年滩涂大小/hm²	3 150	
目前滩涂大小/hm²	2 960	
滩涂数量减少量/hm²	190	

在红树林湿地生态系统中，两栖爬行类、哺乳类等较高营养级的动物数量稀少，数量众多的鸟类则成为最高营养级（次级消费者）的代表（张宏达等，1998）。香港米埔红树林湿地鸟类研究从 20 世纪 50 年代就开始了（王伯荪等，2002）。Wong（1999）研究了香港红树林筑巢白鹭和苍鹭的觅食行为。胥浪（2010）以米埔后海湾湿地为例，探讨了净初级生产力（net primary productivity，NPP）与湿地鸟类种群数量的相关性，结果表明池鹭、小白鹭、黑水鸡、黑尾塍鹬、青脚滨鹬、矶鹬和泽鹬与 NPP 值显著相关，拟合程度高；NPP 是米埔湿地鸟类种群数量变化的重要影响因子。邹丽丽等（2012）基于逻辑斯谛回归模型评价了香港米埔后海湾湿地鹭科水鸟栖息地的适宜性。马嘉慧（2013）梳理了香港渔农自然护理署（渔护署）"米埔红树林国际重要湿地水鸟普查"项目对水鸟以及依赖湿地的鸟类每年数量变化的调查结果。结果表明：1997 年 11 月至 2013 年 3 月，该区共录得 138 种，平均每年录得 89 种水鸟，于冬季时录得 6 种水鸟。水鸟组成（最高种类数计）为：涉禽（33.5%，38 996 只）、鸭及鸊鷉（327%，38 099 只）、鸥及燕鸥（14.7%，17 119 只）、鸻鹬（12.5%，14 533 只）、鹭鸟（5.6%，6529 只）和秧鸡（0.89%，1037 只）。春秋两季，水鸟以涉禽为主，冬季则以鸭及鸊鷉居多。总体上，水鸟数量冬季最高，春季次之，夏秋两季数量显著降低。此外，最近 5 年，后海湾地区录得 15 种全球受胁或渐危的水鸟，以及 25 种水鸟的数量超过全球或地区性种群数量的 1%，其中包括普通鸊鷉、黑脸琵鹭、琵嘴鸭、凤头潜鸭、反嘴鹬、白腰杓鹬、小青脚鹬、弯嘴滨鹬、勺嘴鹬和黑嘴鸥等。邹丽丽（2016a）基于 GARP 生态位模型，以及 GIS 和 RS 技术对香港米埔后海湿地的湿地依赖性水鸟的空间分布进行了模拟研究，结果表明：潮间带、大片的基塘区域是其主要栖息场所，红树林、草滩区为其次要栖息场所，而深水域、城市用地及城市绿地区域，由于人类活动频繁干扰了水鸟的栖息，水鸟分布较少或者没有。邹丽丽和陈洪全（2016）利用面板数据模型研究了米埔湿地的水鸟分布与景观偏好间的关系，结果表明：水鸟适宜在景观类型

丰富且景观内斑块面积较为宽广的区域栖息。邹丽丽等（2017）利用灰色关联法，基于米埔湿地内 1980 年 1 月～2013 年 1 月的水鸟调查数据和 7 种气候要素数据，研究了水鸟与气候要素的响应关系。结果表明，整体上水鸟对于气候要素的关联性较强；其中，留鸟对该区气候适应能力较候鸟强；随着时间推移，水鸟对于天然气候要素的适应逐年减弱，人为因素对于水鸟数量和种类变化的影响越来越大；不同种类水鸟对于气候的适应程度具有一定的差异性。

在内地，同在深圳湾的福田红树林也是开展鸟类研究最早的区域（邓巨燮等，1989）。邓巨燮等（1989）在 1989 年调查了该红树林区春夏季的鸟类种类及无脊椎动物。此后，王勇军等在福田红树林区开展了连续多年的鸟类研究（王勇军等，1993；陈桂珠等，1995；王勇军等，1995；1998；1999a；1999b；王勇军和昝启杰，2001；王勇军等，2002；2004），研究了福田红树林保护区的鸟类多样性（陈桂珠等，1995；徐华林，2013a）、水鸟变迁（王勇军等，2002）、陆鸟变迁（王勇军等，1999b）、水鸟周年动态（王勇军等，1998）和鹭鸟群落生态（王勇军等，2002）和水禽生态环境的建设（王勇军等，1995）等工作。

邓巨燮等（1989）针对该区春夏的鸟类开展了大量工作，报道了 95 种鸟类。王勇军等对福田红树林冬季鸟类种类、数量、分布和活动规律开展了调查研究，报道了 119 种鸟类，隶属于 16 目，36 科。其中，冬候鸟 62 种，留鸟 52 种，其他鸟类 5 种。鸟类区系具有东洋界、华南区和闽广沿海亚区的特点。冬季鸟类可划分为红树林海岸滩涂海岸水面、基围水洼灌木草丛和灌丛树林田地鸟类群三个相对稳定的鸟类生态类群。深圳湾多数冬季水禽和珍稀鸟类栖息于米埔（王勇军等，1993）。

王勇军等（1995）对福田红树林水鸟（包括游禽和涉禽）的种类数量及变化、分布和繁殖的调查研究表明：水鸟有 9 目 14 科 79 种。其中，冬候鸟 13 种，夏候鸟 4 种，迁徙路过鸟 14 种，留鸟 18 种，在当地繁殖水鸟 9 种。5 种国家二类濒危保护鸟种，包括卷羽鹈鹕、黄嘴白鹭、黑脸琵鹭、鹗和黑嘴鸥。鹭科 15 种，而全国共有 20 种。水鸟的 4 种优势种类中数量减少最明显的是鹭类的本地鸟和鸻鹬类的迁徙鸟（以基围鱼塘为暂息地）；鸥类减少程度居中，鸭类数量比较稳定。滩涂区、红树林区和基围鱼塘区是水鸟的主要分布区，且随涨退潮，不同鸟类活动区域有变化。在福田红树林保护区繁殖的水鸟有 9 种。小鹏鹕、白胸苦恶鸟、小翠鸟和黄斑苇鸦为分散繁殖，繁殖亲代不多。小白鹭、大白鹭、夜鹭、牛背鹭和池鹭却组成数量庞大的繁殖群体，建立巢区繁殖。

陈桂珠等（1995）对福田红树林湿地陆鸟种类及组成、珍稀种类、平均密度、生物多样性指数及其生态环境的调查研究表明：福田红树林湿地陆鸟共有 55 种，分属 5 目 19 科，其中包含 8 种珍稀保护鸟类，涵盖了国家一级保护鸟类白肩雕和 7 种二级保护鸟类（鸢、赤腹鹰、白头鹞、鹞、红隼、游隼、褐翅鸦鹃），其中除褐翅鸦鹃属于杜鹃科，其余均属鹰科。陆地鸟类平均密度为 15.75 只/km^2，生物多样性指数为 3.0721，主要栖息生境为基围鱼塘，其次是陆地丘陵台地茂密的乔灌木林。王勇军等（2001）的研究显示，深圳福田区无瓣海桑人工林与天然红树林的鸟类群落在组成、密度和多样性方面高度相似，尽管在年平均密度和种数上，人工林略高于天然林。从鸟类区系特征来看，人工林和天然林的主要成分都为东洋界的鸟类，与地理区划一致。从鸟类居留情况来看，人工林和天然林都以留鸟为主，冬候鸟次之，而且人工林和天然林留鸟和冬候鸟在种数中所占比例接近。从鸟类生态类型上看，人工林和天然林都有 5 种类型的鸟类，并且组成比例大小的排序一致，都由鸣禽、涉禽、攀禽、游禽、陆禽依次减少。陈志鹏等（2016）对福田红树林保护区水鸟的调查研究表明：2015 年度共记录水鸟 47 种，隶属 10 目 15 科，共记录鸟类 47 842 只次，较 2014 年种类数减少 14 种；全年水鸟种类和数量的总体趋势皆为冬季鸟类较多，夏季鸟类较少。

林石狮等（2017）研究了 2007～2011 年深圳湾鸟类多样性组成和结构变化，结果表明：2007～2011 年深圳湾鸟类数量和种类总体上在增加。水鸟种类组成较稳定，林鸟的种数增加是鸟类种类数增加的主要因素。此外，鸟类的年度变化呈现多种趋势，包括稳定、增长、明显的周期性波动、"逐渐减少"和突然增长等。2008 年的寒潮对鸟类数量的显著增加产生了影响，特别是琵嘴鸭、黑脸琵鹭和黑耳鸢等种群受到了明显的影响。2007～2011 年，在深圳湾共记录鸟类 13 目 40 科 141 种。物种数排名前四的科（占总物种数的 41.8%）是鹬科（28 种）、鸭科（11 种）、鹭科（11 种）和鸻科（9 种）。水鸟是深圳湾鸟类的主要生态类群（79 种，占 56.0%）。冬候鸟和过境鸟为主要居留型（91 种，占 64.5%），留鸟 41 种（29.1%），夏候鸟 8 种（5.7%）。国家 Ⅱ 级重点保护野生动物 12 种，包括：黑脸琵鹭（*Platalea minor*）、鹗（*Pandion haliaetus*）、黑耳鸢（*Milvus lineatus*）、白腹海雕（*Haliaeetus leucogaster*）、欧亚鵟（*Buteo buteo*）、白肩雕（*Aquila heliaca*）、白腹鹞（*Circus spilonotus*）、日本松雀鹰（*Accipiter gularis*）、游隼（*Falco peregrinus*）、红隼（*Falco tinnunculus*）、大杓鹬（*Numenius madagascariensis*）、褐翅鸦鹃（*Centropus sinensis*）和雕鸮（*Bubo bubo*）；有世界自然保护联盟（International Union for Conservation of Nature，IUCN）濒危和易危等级鸟类各 1 种；中国物种红色名录濒危等级和易危等级鸟类各 1 种，近危等级鸟类 2 种；有 1 种被列入濒危野生动植物种国际贸易公约（Convention on International Trade in Endangered Species of Wild Fauna and Flora，CITES）附录 Ⅱ。

对福田红树林水鸟周年动态的研究表明：水鸟种类以鹭类、鸭类、鸻鹬类和鸥类为主，大多为迁徙鸟类；全年水鸟群落变动可分为 4 个阶段：越冬期（11 月底～2 月中旬）、春季迁徙期（2 月中旬～5 月底）、夏季繁殖期（5 月底～9 月底）和秋季迁徙期（10 月初～11 月底）（王勇军等，1998）。对福田红树林湿地鹭科鸟类群落生态的研究结果表明：福田红树林湿地鹭科鸟类群落由 14 种鹭鸟种群组成，分别隶属于 8 属，占中国 20 种鹭科鸟类种数的 70%；其中，在当地繁殖的有 10 种，主要为东洋界鸟类区系；鹭科鸟类繁殖期和数量高峰期为每年 3～6 月；主要活动生境为基围鱼塘和滩涂，且基围鱼塘多样性指数高于滩涂（王勇军等，1999a）。对福田红树林湿地陆鸟变迁的调查研究表明：陆鸟种数和生物多样性指数均呈现明显减少的趋势，且减少的 40 种陆鸟几乎都是喜好或依赖于树林灌丛活动和栖息的种类（王勇军等，1999b）。对福田红树林 1992 年 1 月～2001 年 12 月近 10 年水鸟的监测统计结果显示：全年水鸟数量动态 1 月为数量高峰期，2～4 月为数量减少期，5～9 月为数量低谷期，10～12 月为数量增多期；湿地水鸟种数趋于减少而个体数呈现增加趋势（王勇军等，2002）。徐华林（2013a）的研究探讨了 2005 年至 2007 年间，深圳湾福田红树林保护区及其周边湿地的水鸟多样性。在此期间，共记录到 67 种水鸟，包括 51 种冬候鸟、13 种留鸟和 3 种夏候鸟。这些水鸟主要分布在三种生境：红树林带、滩涂和外围区（包括堤岸防护林、鱼塘和围海内湖）。其中，滩涂区域不仅种类最多，同时也有最高的水鸟数量，而红树林带的种类和数量相对较少。

此外，廖晓东（2003）研究了福田红树林湿地和米埔红树林湿地海滨的地形差异和潮汐规律对两地水鸟活动的影响以及最佳观鸟时机。王勇军等（2004）对福田红树林鱼塘改造区鸟类的调查结果显示：鱼塘改造取得了积极效果。与改造前相比，沙嘴鱼塘改造区鸟类的平均密度、丰度和群落多样性指数等明显提高。林永红等（2015）基于最小累积阻力模型，以深圳湾小白鹭和琵嘴鸭为指示种，分析了城市区域对水鸟飞行过程的影响机制以及不同城市结构对水鸟飞行过程的影响程度。

目前，深圳湾鸟类监测仍是以传统监测方法为主，而智能监测项目的逐步实施，将有助于补充鸟类传统监测方法的不足，提高监测的准确性、时效性和科学性。

8.2　深圳湾鸟类生态智能监测与生态评估

8.2.1　深圳湾鸟类群落组成特征

调查人员每月中旬的一天于指定时段内，使用单双筒望远镜（传统调查方法），记录监测点所见的全部水鸟及湿地依赖性鸟类的种类与数量，并进行统计。调查时间根据当季潮汐水位决定，重点监测每月天文大潮期间鸟类种类与数量。鱼塘区根据保护区管理局 1～5 号池塘进行分号。监测点共三个，分别是：凤塘河口、沙嘴鱼塘和新洲河口。

2017 年 1～12 月的监测数据统计结果表明，共记录鸟类 64 种，隶属 9 目 15 科。其中，水鸟 53 种，分属 6 目 10 科；湿地依赖性鸟类 11 种，分属 3 目 5 科。按生态类群分，涉禽（鹳形目、鹤形目和鸻形目）45 种，游禽（雁形目、鹈鹕目和鹱形目）8 种，鸣禽（雀形目）2 种，攀禽（鹃形目）4 种，猛禽（隼形目）

5 种（图 8-1）。各生态类群数量组成水鸟（涉禽和游禽）为主，约占 99.5%
（图 8-2）。

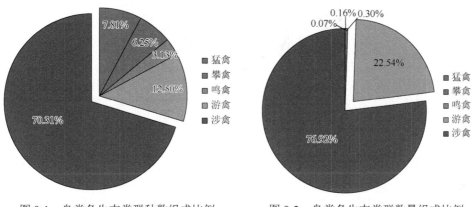

图 8-1　鸟类各生态类群种数组成比例　　　　图 8-2　鸟类各生态类群数量组成比例
（后附彩图）　　　　　　　　　　　　　　　（后附彩图）

8.2.2　深圳湾鸟类迁徙规律

鸟类数量的月动态变化：全年各月鸟类物种组成呈 "V" 形动态格局，6 月和
7 月种类数最低，12 月种类数最高，如图 8-3 所示。由于湿地依赖性鸟类贡献较
低，鸟类总数与水鸟数量的动态趋势线完全一致，1~3 月份呈下降趋势，4 月份
有个小回升，再到 6 月份为全年最低值，随后开始回升，至 12 月份达到全年最高
值，如图 8-4 所示。

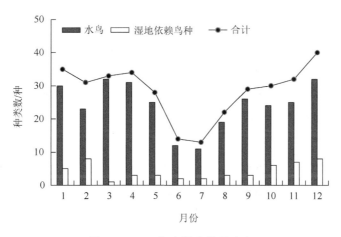

图 8-3　2017 年鸟类种数月动态

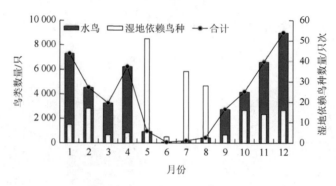

图 8-4　2017 年鸟类数量月动态

8.2.3　深圳湾鸟类多样性评价

基于常用评价指标，即鸟类丰度（M）、香农-维纳（Shannon-Wiener）多样性指数（H）、均匀度（J）和辛普森（Simpson）优势度（D）评价深圳湾鸟类多样性（详见公式 7-9 至 7-12）。

调研结果表明，2017 年度深圳湾红树林湿地（深圳侧）鸟类丰度为 663.00，多样性指数为 3.02，均匀度为 0.73，优势度为 0.06。与国内其他红树林湿地鸟类相关评价指标相比，除优势度外，其余均处于较高水平，如表 8-2 所示；同时，接近、甚至高于陆地典型湿地鸟类多样性水平。依据表 7-3 红树林湿地鸟类多样性评价分级，深圳湾红树林湿地鸟类多样性赋值为 4。

表 8-2　我国红树林湿地及其他典型湿地的鸟类多样性水平

时间/年	国家/地区	地点	丰度	多样性	均匀度	优势度	来源
2017	中国广东	深圳福田	663.00	3.02	0.73	0.06	本书
2005～2010	中国广东	广州南沙	—	3.55		—	（常弘等，2012）
2005～2006	中国广东	广州新垦	—	2.57～2.91	0.74～0.77	—	（常弘等，2007）
2014～2015	中国福建	泉州湾河口	85	3.01	0.70	0.10	（陈若海等，2017）
2005～2006	中国福建	漳江口	—	3.16	0.57	0.77	（李加木，2008）
1997～1999	中国广西	山口	—	1.61～3.17	0.64～0.92	—	（周放等，2000a）
2009～2011	中国海南	东寨港	—	2.09～3.75		—	（冯尔辉等，2012）
1997～1998	中国海南	东寨港	—	2.32～3.09	0.68～0.81	—	（邹发生等，2001）
1997～1998	中国海南	清澜港	—	1.95～2.57	0.60～0.71	—	（邹发生等，2000）
2016	中国青海	青海湖（水鸟）	—	3.87	0.68	0.09	（代云川等，2018）

续表

时间/年	国家/地区	地点	丰度	多样性	均匀度	优势度	来源
2009~2010	中国	鄱阳湖南矶山	—	1.5~4.52	0.26~0.76	0.07~0.65	（章旭日，2011）
1998~1999	中国	南洞庭湖	—	2.00	0.53	—	（邓学建，2000）

注：—为无数据。

8.2.4　深圳湾珍稀保护鸟类情况

基于研究文献整理的深圳湾鸟类名录（附录），深圳湾珍稀鸟类如表 8-3 所示。

其中，国家Ⅰ级保护鸟类包括：白鹤、白肩雕。国家Ⅱ级保护鸟类包括：卷羽鹈鹕、海鸬鹚、黄嘴白鹭、岩鹭、白鹮、黑脸琵鹭、白琵鹭、小天鹅、小青脚鹬、鹗、黑鸢、白腹海雕、普通鵟、白腹鹞、日本松雀鹰、游隼、红隼、褐翅鸦鹃、雕鸮。中国物种红色名录濒危物种包括：黑脸琵鹭、棉凫、小青脚鹬。中国物种红色名录易危物种包括：卷羽鹈鹕、花脸鸭、青头潜鸭、黑嘴鸥。中国物种红色名录近危物种包括：黄嘴白鹭、小天鹅、罗纹鸭、大杓鹬、半蹼鹬。此外，结合国际航道上的关键水鸟种类可以发现，在国内外，黑脸琵鹭、卷羽鹈鹕、黄嘴白鹭、黑脸琵鹭、小青脚鹬、罗纹鸭和青头潜鸭均是珍稀保护水鸟种类。

表 8-3　深圳湾（深圳一侧）国家和国际保护鸟类

国家Ⅰ级	国家Ⅱ级	中国物种红色名录				CJ	CA
		CR	EN	VU	NT		
2	19	0	3	4	5	79	46

注：中国物种红色名录是我国根据世界自然保护联盟（IUCN）制定的红色名录等级标准，对我国物种现状进行客观的科学评估，对现阶段我国物种的濒危状况划分等级，具体等级为 CR——极危、EN——濒危、VU——易危、NT——近危；CJ——中日协定保护的候鸟；CA——中澳协定保护的候鸟。

8.2.5　深圳湾鸟类的年度变化

2014~2017 年度福田红树林保护区监测到的鸟类种数均高于修复前 2013 年度，鸟类数量有明显上升。其中，2017 年因统计时间和统计范围缩小，鸟类数量较少。2013~2016 年，陆鸟数量差异不大，主要是水鸟数量有差异，如

图 8-5 所示。深圳湾香港一侧的水鸟在 2001～2004 年间基本保持不变，2005～2009 年呈现快速上升的趋势，随后，在 2009～2014 年呈现下降的趋势，5 年中下降了 38%，总体呈现波动增长趋势，基本维持在 5 万～6 万只左右，如图 8-6 所示。

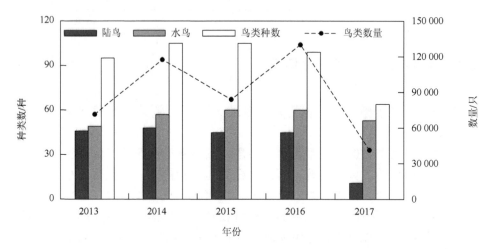

图 8-5　2013～2017 年福田红树林保护区鸟类动态

2017 年数据监测范围较往年偏小。来源：2013～2017 年福田红树林保护区生物多样性监测报告

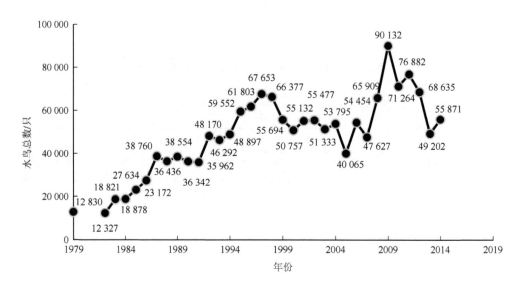

图 8-6　深圳湾红树林湿地香港一侧水鸟年动态

来源：世界自然基金会（WWF）香港分会

8.2.6　深圳湾重点鸟种的年度变化

黑脸琵鹭的历年统计数据从《2017 年黑脸琵鹭全球同步普查》中整理得到。深圳湾深圳一侧的黑脸琵鹭的数量变化与水鸟数量的总体变化相似，从 2002 年到 2009 年，黑脸琵鹭的数量呈现上升的趋势，2009 年到 2017 年呈现下降的趋势，尤其在 2017 年明显回落，如图 8-7 所示。深圳一侧的黑脸琵鹭由 2009 年时的 62 只（最高纪录）下降到 2017 年的 15 只，8 年中下降了 76%。而深圳湾香港一侧的黑脸琵鹭的数量从 2001 年到 2010 年呈现快速上升的趋势，2011 年到 2017 年数量基本保持稳定，如图 8-8 所示。但黑脸琵鹭由 2010 年的 429 只（最高纪录）下降到 2017 年的 360 只，7 年中下降了 16%。但是，全球同步调查中黑脸琵鹭总数从 2001 年到 2017 年以平均 10.2%的增长率增加，如图 8-9 所示。

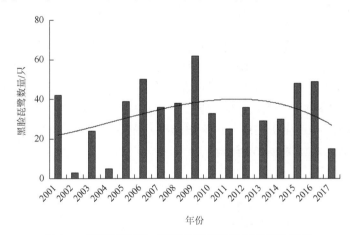

图 8-7　深圳湾深圳一侧黑脸琵鹭数量年度变化情况

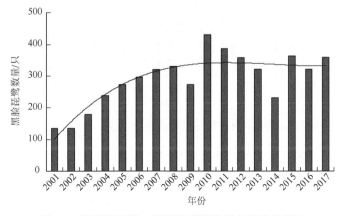

图 8-8　深圳湾香港一侧黑脸琵鹭数量年度变化情况

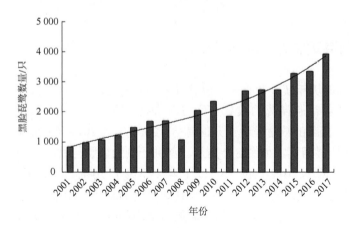

图 8-9　全球同步调查黑脸琵鹭总数的年度变化情况

8.2.7　基于智能监测系统的深圳湾鸟类日动态特征

通过深圳湾红树林湿地构建的鸟类生态智能监测系统，基于实时视频图像数据，获取和处理了深圳湾湿地鸟类数量最多（4 月）月份，在不同监测点的鸟类数量的日动态特征。结果显示：在观鸟屋，鸟类数量在日尺度内波动，在凌晨 3～4 时和下午 15 时，出现峰值，这可能与该区域的潮汐特征有关，表现为退潮时段鸟类在观鸟屋所在的滩涂区域活动；在全天的其他时间段内，也均有鸟类在此区域活动，如图 8-10 所示。

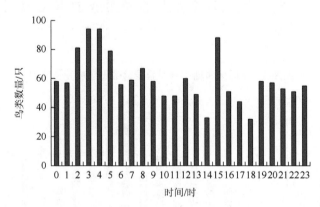

图 8-10　深圳湾红树林湿地鸟类数量的日动态特征（观鸟屋，4 月）

结果显示：在观鸟亭，鸟类数量在日尺度内波动，但总体少于在观鸟屋区域活动的鸟类。可能原因在于该监测点摄像头距离滩涂较远，鸟类识别能力有限。全天内，该点位在早晨 5～7 时、16 时、19 时和 22 时均没有鸟类活动，如图 8-11 所示。

在已修复的基围鱼塘，如图 8-12 所示，鸟类数量最高值出现在 17 时，次高峰出现在 13 时和 23 时。这与观鸟屋滩涂的高值时间段形成对比，后者的高峰时段恰与基围鱼塘的低值时间一致，进一步说明了基围鱼塘在高潮时对湿地鸟类提供补充栖息地的重要性。而在未进行修复的基围鱼塘，如图 8-13 所示，夜晚有鸟类活动，可能作为休息地；但白天少有鸟类活动。

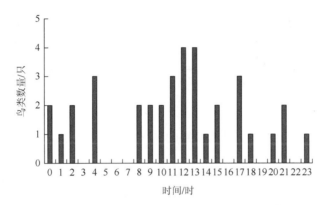

图 8-11　深圳湾红树林湿地鸟类数量的日动态特征（观鸟亭，4 月）

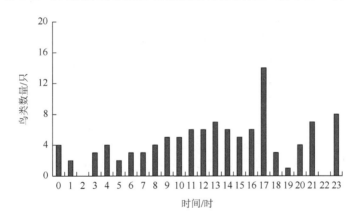

图 8-12　深圳湾红树林湿地鸟类数量的日动态特征［基围鱼塘（修复），4 月］

8.2.8　深圳湾红树林湿地鸟类生态价值评估

1. 直接价值

利用市场价值评估方法，基于 2017 年深圳湾鸟类调查结果的数据，依照物价局、林业局、财政局发布的《陆生野生动物资源保护管理费收费办法》（1992 年），规定国家 I 级保护鸟类的市场价格为其管理费的 12.5 倍，国家 II 级及北京 I 级、II 级野生保护鸟类价格为其管理费的 16.7 倍（龙娟等，2011）。依据《陆生野生动物资源保护管理费收费办法》（1992 年），确定国家级保护动物

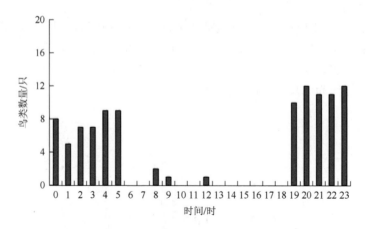

图 8-13　深圳湾红树林湿地鸟类数量的日动态特征［基围鱼塘（未修复），4 月］

管理费用。该区 1992～2017 年 GDP 增长率为 24.91 倍，据此计算红树林该等级鸟类的对应价值。

依据《广东省非国家重点保护陆生野生动物资源保护管理费收费办法》（2002年）、《猎获、捕获三有保护陆生野生动物资源保护管理费收费标准》（2002 年）和《猎获、捕获三有保护野生动物资源保护管理费收费标准》（2002，非国家和省重点保护野生动物），确定三有、省重点保护和其他非重点保护鸟类管理费用。该区 2002～2017 年 GDP 增长率为 5.67 倍，据此计算红树林该等级鸟类价值。进一步地，将各等级的珍稀鸟类的价格之和取平均，作为该等级珍稀鸟类的价格。

由表 8-4 可知，2017 年深圳湾鸟类具有较高价值，总计 19 756.49 万元。其中，三有鸟类价值占比最高，为 42.11%，主要是由于数量较多。省重点保护鸟类次之，为 35.48%。国家级保护鸟类数量虽少，但占总价值的 20.47%；非保护鸟类价值占比最小，为 1.94%。

表 8-4　深圳湾鸟类等级及价格

鸟类等级	管理费/(元/只)	市场价/(元/只)	数量/只	管理费/万元	市场价/万元
国家 I 级	—	—	—	—	—
国家 II 级	18 769.40	313 448.90	129	242.13	4 043.49
广东省重点	408.50	6 821.94	10 275	419.73	7 009.54
国家三有	202.91	3 388.68	24 550	498.14	8 319.21
非保护鸟类	113.40	1 893.78	2 029	23.01	384.25
合计				1 183.01	19 756.49

注：保护等级重复的，以高等级记，即省重点保护和国家三有重复鸟类，以省重点保护记。数量为 2017 年深圳湾鸟类调查统计数据。

2. 间接价值

(1) 鸟类觅食食物的价值

当前，对鸟类食量的直接观察研究较少，多是以林德曼定律（十分之一定律）换算（葛振鸣等，2007；陈进树，2010；莫竹承等，2018）。在稳定的生态系统中，后一营养级获得的能量约为前一营养级能量的 10%，其余 90%的能量因呼吸作用或分解作用而以热能的形式散失（陈进树，2010）。深圳湾红树林湿地哺乳动物较少，假设鸟类为该区最高营养级，且次一级营养级为底栖和浮游动物。

福田红树林湿地鸟类捕食的底栖动物主要是羽须鳃沙蚕、腺带刺沙蚕、蟹类和鱼类。按 2017 年底栖动物调查数据，底栖动物平均生物量分别为：冬季 67.05 g/m^2，春季 91.97 g/m^2，夏季 125.81 g/m^2 和秋季 189.17 g/m^2。福田红树林湿地冬季鸟类最多，且以水鸟为主，因此，采用冬季底栖动物生物量计算食物价值。

沙蚕市售价格约 7 元/（50 g）、招潮蟹 18 元/kg 和弹涂鱼 318 元/kg。深圳湾红树林湿地面积 368 hm^2（3.68×10^6 m^2），底栖动物产量约为 9.17×10^5 kg。若以最低价格的沙蚕换算，则鸟类觅食的食物价值为 12 838 万元。

(2) 鸟类粪肥价值

涉禽和海鸟（混合）的营养物质输送量为 21.7 g/(m^2·a)（N）和 1.2 g/(m^2·a)（P）（Powell et al.，1989；Wong et al.，1999）。福田红树林湿地面积 368 hm^2（何诗雨等，2016），按此标准计算，福田红树林湿地每年鸟类产生的粪肥量分别为：氮肥 79 856 kg 和磷肥 4416 kg。依据市售化肥价格换算，尿素价格为 1.8 元/kg（总氮含量不小于 46.4%），鸟粪折合氮肥价值为 30.98 万元。过磷酸钙价格为 850 元/吨（P$_2$O$_5$ 含量不小于 16.0%），鸟粪折合磷肥价值为 1.17 万元。

(3) 鸟类控制虫害的价值

鸟类是红树林生态系统的重要组成部分，发挥重要生态功能。红树林中，食虫鸟主要为陆鸟。若红树林生态系统稳定健康，则红树林病虫害暴发率和受害程度将显著降低。因此，鸟类在虫害控制方面的价值可以以虫害防治成本和造成的损失替代。近 20 年来我国红树林生态系统的主要害虫种类中，危害较严重的有海榄雌瘤斑螟属（*Acrobasis* sp.）、桐花树毛颚小卷蛾（*Lasiognatha cellifera*）、茶树丽绿刺蛾（*Latoia lepida*）、白囊袋蛾（*Chalioides kondonis*）、蜡彩袋蛾（*Chalia larminati Hevlaerts*）和小袋蛾（*Acanthopsyche subferalbata*）等，见表 8-5。

表 8-5　我国红树林主要害虫种类（李志刚等，2012）

害虫种类	寄主植物	首次报道成灾地点	成灾时间
白小卷蛾属（*Spilonota* sp.）	秋茄树（*Kandelia obovata*）	福建，浙江	1990
双纹白草螟（*Pseudocatharylla duplicella*）	海榄雌（*Avicennia marina*）	广东深圳福田	1994

续表

害虫种类	寄主植物	首次报道成灾地点	成灾时间
中华星天牛（*Anoplophora maculata*）	秋茄树（*Kandelia obovata*）	台湾关渡	1994
棉古毒蛾（*Orgyia postica*）	海桑（*Sonneratia caseolaris*）	海南东寨港	1995
豹蠹蛾属（*Zeuzera* sp.）	无瓣海桑（*Sonneratia apetala*）	广东深圳福田	1995
茶树丽绿刺蛾（*Latoia lepida*）	秋茄树（*Kandelia obovata*），桐花树（*Aegiceras corniculatum*）	福建云霄县漳江口	1998
海榄雌瘤斑螟属（*Acrobasis* sp.）	海榄雌（*Avicennia marina*）	广东深圳福田	1999
桐花树毛颚小卷蛾（*Lasiognatha cellifera*）	桐花树（*Aegiceras corniculatum*）	福建云霄、龙海和惠安	2004
白缘蛀果斑螟（*Assara albicostalis*）	木榄（*Bruguiera gymnorrhiza*），桐花树（*Aegiceras corniculatum*）	广东湛江	2005
荔枝异形小卷蛾（*Cryptophlebia ombrodelta*）	木榄（*Bruguiera gymnorrhiza*），桐花树（*Aegiceras corniculatum*）	广东湛江	2005
柑橘长卷蛾（*Homona coffearia*）	桐花树（*Aegiceras corniculatum*）	广东湛江	2005
考氏白盾蚧（*Pseudaulacaspis caspiscockerelli*）	秋茄树（*Kandelia obovata*）	福建厦门市海沧区	2006
白囊袋蛾（*Chalioides kondonis*）	秋茄树（*Kandelia obovata*），无瓣海桑（*Sonneratia apetala*），桐花树（*Aegiceras corniculatum*）	广西钦州康熙岭	2006
蜡彩袋蛾（*Chalia larminati Hevlaerts*）	秋茄树（*Kandelia obovata*），桐花树（*Aegiceras corniculatum*），木榄（*Bruguiera gymnorrhiza*）	广西防城港北仑河口	2007
小袋蛾（*Acanthopsyche subferalbata*）	秋茄树（*Kandelia obovata*），桐花树（*Aegiceras corniculatum*），海榄雌（*Avicennia marina*）	广西北海市	2008
绿黄枯叶蛾（*Trabala vishnou*）	无瓣海桑（*Sonneratia apetala*）	广西钦州康熙岭	2008
白钩蛾属（*Ditrigona* sp.）	无瓣海桑（*Sonneratia apetala*）	广西钦州康熙岭	2008
木麻黄枯叶蛾（*Ticera castanea* Swh.）	无瓣海桑（*Sonneratia apetala*）	广西钦州康熙岭	2009

在深圳福田红树林湿地，主要害虫种类见表 8-6。贾凤龙等（2001a）于 1994 年和 1999 年对广东深圳福田红树林害虫进行了调查，结果表明，危害或潜在危害红树林的害虫有 7 种，即危害白骨壤的广州小斑螟、丝脉蓑蛾、双纹白草螟、吹棉蚧和潜蛾科的一种，危害秋茄树的蛀杆性害虫咖啡豹蠹蛾，危害秋茄树和桐花树的胸斑星天牛。其中广州小斑螟危害最为严重，严重时可造成整个白骨壤种群呈枯死状，其后经分子生物学鉴定，广州小斑螟应为海榄雌瘤斑螟。李罡等（2007）也对该地区的海榄雌瘤斑螟的生物学特性进行详细研究。2012 年，深圳湾引种红树海桑暴发报喜斑粉蝶害虫，海桑叶片被害虫啃食殆尽（包强等，2014a）。此外，自 2011 年以来，广翅蜡蝉连续在深圳湾红树林发生，大量幼体

附着在红树植物的枝条及叶面上，引起个别红树植物如海漆叶片发黄，但一直未造成明显危害（包强等，2014a）。

表 8-6 深圳福田红树林保护区不同时期天敌昆虫种类与害虫（李志刚等，2017）

时期	天敌昆虫种类	主要害虫种群
1993~1994 年	30	双纹白草螟（*Pseudocatharylla duplicella*），丝脉蓑蛾（*AmatissasnelleniHeyl*）
1999 年	13	海榄雌瘤斑螟属（*Acrobasis* sp.），双纹白草螟（*Pseudocatharylla duplicella*）
2008~2009 年	10	海榄雌瘤斑螟属（*Acrobasis* sp.），吹绵蚧壳虫（*Icerya purchasi*）
2012~2013 年	28	海榄雌瘤斑螟属（*Acrobasis* sp.），八点广翅蜡蝉（*Ricania speculum*），报喜斑粉蝶（*Delias pasithoe*）

在红树林生境内，杀虫剂在防治害虫的同时会毒杀林间其他有益生物，还可能通过污染海水对外滩涂的人工养殖业造成危害，引发经济纠纷；此外，由于红树林连片密集生长及潮汐浸淹的原因，人工喷施化学农药难以操作，也难以保证防治效果。因此，红树林害虫的生物防治和物理防治技术成为选择的重点，也是研究的重点。目前开展的防控工作主要以生物农药、昆虫生长调节剂和昆虫天敌等生物防治方法为主，结合灯光诱杀等物理防治手段的运用，对暴发期的害虫种群可以取得较好的控制效果。

海榄雌瘤斑螟防治技术：①生物防治：赤眼蜂是重要的生物防治用卵寄生蜂，经研究，拟澳洲赤眼蜂对海榄雌瘤斑螟的寄生效果最好，可在野外释放赤眼蜂用于虫害防治，但此方法缺点是赤眼蜂在野外的寄生率太低，难以起到很好的防治效果（王焱强，2017）。②微生物防治：苏云金杆菌（*Bacillus thuringiensis*）是一种包含许多变种的产晶体芽孢杆菌，可做微生物源低毒杀虫剂，以胃毒作用为主。该药对鱼类及寄生蜂类安全（刘子欢等，2015），对害虫作用缓慢，害虫取食后 2 d 左右才能见效，持效期约 1 d，因此使用时应比常规化学药剂提前 2~3 d，且在害虫低龄期使用效果较好。李罡等（2007）研究表明：在林间用 8~10 IU/ml的 Bt 稀释液喷雾对海榄雌瘤斑螟平均防治效果为 90.61%；戴建青等（2011）研究表明："生物导弹"防治区和 Bt 防治区的叶片被害率分别从防治前 57.1%和67.7%下降到 31.9%和 38.1%，几种生物防治技术的结合对害虫的防治效果达到44.3%~74.2%。由于海榄雌瘤斑螟的发生受气候因子的影响很大，且暴发时间非常短（3~5 d 内），生物农药的防治必须准确地监测其发生期，在暴发时适时喷药才能起到有效的防治效果，若喷期滞后或暴发前因雨季到来，都会影响效果的发挥而使得防治失败。此外，采用白僵菌、绿僵菌和黑僵菌等生物防治方法具有无毒、无污染、无抗性和高选择性等特点，对害虫有着持续的感染力（林金璇等，2014）。③化学防治（化学性农药）：目前常用的防治方法（李罡等，2007），虽然见效快，但易产生农药残留、害虫抗药性增强和虫害复发快等问题（庄鑫龙等，

2011；黄金水等，2012）。灭幼脲三号是一种对鸟类和天敌无害的化学杀虫剂，但是可能会对红树林中的节肢动物造成一定的伤害，因此最好在涨潮时喷洒该药物（贾凤龙等，2001b）。④物理防治：波长 368 nm（Y）诱虫灯对海榄雌瘤斑螟具有较佳的诱集效果，日均诱集量可达 4.55 头（王林聪等，2016）。此外，高压水枪喷水除虫和粘虫板等也是常用的物理除虫方法（陈国章和黄尚宁，2015）。⑤昆虫性信息素防治：新型的虫害治理技术具有高效、无毒、不伤害益虫和不污染环境等优点，广受重视和推崇（孟宪佐，2000），可应用于监测虫情、大量诱杀和干扰成虫交尾等方面，从防虫到杀虫均能起到良好的效果（苏茂文和张钟宁，2007）。深圳湾红树林的主要虫害为鳞翅目属海榄雌瘤斑螟，目前全球已经有 530 种鳞翅目昆虫的性信息素组分被分离和鉴定，我国学者已经成功鉴定了 30 多种鳞翅目昆虫性信息素，其中多数均为重要的农林害虫（唐睿和张钟宁，2014）。昆虫性信息素防治害虫是未来红树林虫害防治技术的主要研究方向。

八点广翅蜡蝉防治技术：自 2011 年开始，八点广翅蜡蝉在福田红树林保护区内连年暴发成灾，而且发生区域多位于承担大量科普教育及行政接待功能的实验区，尤其是观鸟亭附近区域，严重影响了植物的正常生长和景观（徐华林等，2013b）。①生物防治：主要天敌有草蛉属（*Chrysopa* sp.）、大腹园蛛（*Araneus ventricosus*）和异色瓢虫（*Harmonia axyridis*）等（张贤党等，2008；张小亚和黄振东，2011），在对福田红树林保护区内天敌昆虫的调查中也发现这些种类的存在。②化学防治：使用具有触杀和消毒作用的农药（高效氯氰菊酯和噻嗪酮混合剂）防治八点广翅蜡蝉有一定作用，但持续效果欠佳，这与该虫属于刺吸式口器有一定关系（徐华林等，2013b）。因此，在该虫的若虫和成虫期，可开展用高效低毒且对鱼虾等影响较小的内吸性农药进行喷杀。此外，在植物根部打孔直接注入内吸性杀虫剂，如 80%氰戊菊酯-乐果乳油、20%丁硫克百威、5%吡虫啉及 2.5%氟虫腈乳油等 5 mL，并用黏土封孔（韩宙和钟锋，2012）。③物理防治：波长 400 nm诱虫灯对八点广翅蜡蝉具有较佳的诱集效果，日均诱集量可达 2.64 头（王林聪等，2016）。黄色粘虫板对成虫的诱集效果较好（徐华林等，2013b）。

毛颚小卷蛾防治技术：①微生物防治：选择 3 龄前防治，可喷洒灭幼脲三号、Bt 和阿维菌素等生物农药防治（李德伟等，2010）。洛阳江畔的红树林出现虫害时，采取了白僵菌治病的方式，保护区管理处的相关人员通过测算与考察可得出受灾的红树林正是因为毛鄂小卷蛾，并且截至年底，其害虫总体繁殖能够多达六代（庞学光，2018）。②生物防治：捕食性天敌鸟类和寄生性天敌寄生蜂等能够遏制桐花树毛颚小卷蛾病虫害的扩散（庄鑫龙等，2011）。赤眼蜂是螟蛾和小卷蛾类害虫卵期的重要天敌，林间调查发现赤眼蜂对桐花树毛颚小卷蛾（*Lasiognatha cellifera*）的寄生率高达 93%（吴寿德等，2002），但天敌对害虫具有滞后性，人工释放赤眼蜂来控制红树林害虫很有必要（李德伟等，2016）。③化学防治：采用青虫菌 6 号液

剂 1 ml/L 液或 Bt 粉剂 1～1.25 g/L 液喷杀幼虫，每 15 天喷杀 1 次，连续喷杀 3 次
（韩宙和钟锋，2012）。选择在各代幼虫发生的盛期（3 龄前），用 90%敌百虫或灭
杀毙或杀虫双 1000 倍液喷施（庄鑫龙等，2011）。④物理防治：研究发现用 12 V
蓄电池供电的黑光灯进行诱杀，可获得较好的防治效果，在羽化高峰期每灯每晚可
诱成虫约 300 头（李德伟等，2010）。波长 340 nm 诱虫灯对毛颚小卷蛾具有较佳的
诱集效果，日均诱集量可达 5.45 头（王林聪等，2016）。此外，高压水枪喷水除虫
和粘虫板等也是常用的物理除虫方法（陈国章和黄尚宁，2015）。

　　报喜斑粉蝶防治技术：该虫于 2012 年下半年突然在深圳福田红树林保护区海
桑（*Sonneratia caseolaris*）上暴发，常将整株海桑叶片取食殆尽，严重危害红树
林的生态系统（包强等，2014b）。报喜斑粉蝶的天敌包括寄生性天敌、捕食性天
敌和病原微生物（曹润欣等，2010）：①寄生性天敌昆虫：幼虫期有绒茧蜂属
（*Apanteles* sp.）和菜蛾啮小蜂（*Oomyzus sokolowskii*）（Kurdumov，1912）。但后
者有可能是绒茧蜂的重寄生蜂，目前还不能确定是报喜斑粉蝶的寄生性天敌。蛹
期有黑纹黄瘤姬蜂［*Theronia（Poecilopimpla）zebra diluta*］、广大腿小蜂
（*Brachymeria lasus*）和黄盾驼姬蜂指名亚种（*Goryphus mesoxanthus mesoxanthus*）。
在 11 月份，广大腿小蜂对报喜斑粉蝶蛹期的寄生率高达 70%～85%；②捕食性
天敌昆虫：观察到有螳螂捕食报喜斑粉蝶的幼虫，蚂蚁和鸟类捕食其幼虫和蛹；
③病原微生物：在田间或实验室的条件下，报喜斑粉蝶 4～5 龄幼虫和蛹容易罹病，
病原包括核型多角体病毒、苏芸金杆菌和球孢白僵菌。

　　目前，深圳湾红树林湿地对海榄雌瘤斑螟的防治主要以苏云金杆菌为主，辅
以灯光诱杀和粘虫板等物理防治手段。八点广翅蜡蝉虽然暴发，但致灾不严重，
主要以灯光诱杀、粘虫板等物理防治手段。毛颚小卷蛾防治方式与海榄雌瘤斑螟
类似。报喜斑粉蝶没有采取明确的防治措施，且主要危害海桑。综上，深圳湾红
树林湿地虫害防治主要以苏云金杆菌为主，辅以灯光诱杀、粘虫板等物理防治手
段。福田红树林保护区红树林面积为 90.82 hm^2（约 1362.3 亩）（胡涛等，2016）。
通过相应投入估算每年的虫害防治成本约为 15.21 万元（表 8-7）。需要注意的是，
诱虫灯根据安装成本，每年均摊成本。

表 8-7　深圳湾红树林湿地每年虫害防治成本估算（2017 年）

参数	苏云金杆菌	诱虫灯	粘虫板	人员费用	
				喷药，每人每天 100 元	粘虫板更换，每人每天 100 元
单价	170 元/L	1 500 元/台	0.45 元/张		
面积	40 mL/亩，共 1 362.3 亩	2015 年沿栈道放置	40～60 张/亩，1362.3 亩	1 362.3 亩	1 362.3 亩
次数/用量	暴发期前喷洒，3 种害虫，共计 3 次	共 5 台	每半年 1 换（40 张/亩计）	8 人，3 天，3 次	2 人，4 天
合计	2.78 万元	0.75 万元（3 年均摊）	4.90 万元	7.20 万元	0.08 万元

（4）科研价值

以"红树林/滨海湿地、鸟类"为关键词，搜集当年地方性、国家和国际在相应区域拨付的科研经费总和（以立项时间计），以此计算当年红树林鸟类的科研价值。若无当年投入，以近三年的科研投入均值替代。由表 8-8 可知，该区 2017 年鸟类科研价值约为 12 万元（表 8-8）。具体的，2014 年和 2017 年并无符合要求的相关项目，2015 年和 2016 年珠江三角洲地区对红树林、滨海湿地相关区域鸟类科研方面的投入总额分别为 16 万和 20 万元，研究方向主要为鸟类群落、生物多样性和鸟类生境设计等，缺少对鸟类生态价值、生存环境保护等方面的科学研究。需要注意，该项统计未考虑全国其他区域对该区鸟类的研究。

表 8-8　珠江三角洲地区 2015～2016 年鸟类相关科研项目与金额汇总

时间	项目名称	项目来源	发布单位	项目承担单位	项目金额/万元
2015	珠澳城市鸟类群落结构与功能多样性比较	广东省自然科学基金项目	广东省科学技术厅	广东省科学院动物研究所	10
2015	基于 HTML5 的中国鸟类检索系统的研制	国家级大学生创新创业训练计划项目	教育部高等教育司	暨南大学	2
2015	珠三角风水林鸟类多样性调查及生态价值研究	国家级大学生创新创业训练计划项目	教育部高等教育司	中山大学	2
2015	深圳湾红树林鸟类生物多样性及其食物资源调查	国家级大学生创新创业训练计划项目	教育部高等教育司	深圳大学	1
2015	生态鸟巢创新设计	国家级大学生创新创业训练计划项目	教育部高等教育司	广东白云学院	1
2016	湿地公园鸟类生境营造设计方法研究——以江门新会小鸟天堂景区为例	国家重点实验室开放课题	亚热带建筑科学国家重点实验室	华南理工大学	15
2016	处于文化中心的传统艺术叙事方式的演变——文人画发扬者沈周的写意花鸟艺术研究	广东省高校重点科研平台和科研项目	广东省教育厅	广州美术学院	5

来源：中国知网科研项目检索。

（5）观鸟生态旅游价值和自然教育价值

深圳湾有诸多鸟类爱好者，红树林保护区对游人实行预约制，免费开放；深圳湾公园和红树林生态公园也免费向市民开放。因此，对观鸟爱好者而言，在深圳湾湿地观鸟无门票等支出。可能存在的费用支出主要为观鸟装备费用和交通饮食等费用。王红英（2008）对来江西都阳湖观鸟旅游者的问卷调查显示，专业生态观鸟者一次观鸟费用为 1032.41 元，其中，观鸟装备费用占 36.07%，人平均观鸟装备费用为 372.41元。但当前对深圳湾观鸟人士的费用支出等鲜有研究，且深圳湾红树林湿地内有两个重要保护区，均是限制人员进入区域，故该区的观鸟生态旅游价值在此次估算中不再考虑。当前，深圳湾红树林湿地的自然教育对公众免费开放，不收取费用。

综上，深圳湾红树林湿地鸟类总价值估算为：32 653.85 万元。其中，直接价值为 19 756.49 万元（60.50%），间接价值为 12 897.36 万元（39.50%）。间接价值主要包括鸟类觅食的食物价值（12 838 万元）、鸟类粪肥价值（32.15 万元）、控制虫害的价值（15.21 万元）、科研价值（12 万元）和观鸟生态旅游和自然教育价值（未统计）。

8.3　智能监测与评估体系的应用评价

8.3.1　深圳湾红树林湿地鸟类栖息地重要性评价

深圳湾有两个国家级重点鸟区，即福田红树林保护区（IBA 编号：CN496）和后海湾内湾和深圳河汇水区（IBA 编号：HK001）（BirdLife，2009）。福田红树林保护区因区内分布国际性受威胁鸟类：黑脸琵鹭（濒危）、卷羽鹈鹕（易危）、黄嘴白鹭（易危）和黑嘴鸥（易危），以及区内分布数量超过东亚种群 1% 的鸟类：卷羽鹈鹕、黑脸琵鹭、鸥鹬和黑嘴鸥而被列为重点鸟区。

依据 7.4.2 所述方法计算的深圳湾湿地作为鸟类栖息地的重要性指数取值为 32.80。2017 年深圳湾湿地共记录到 63 种鸟类，若均按最高赋值计算，则重要性指数取值为 507.98，由于深圳湾湿地没有国家Ⅰ级和中国特有鸟类分布，则调整后最高取值为 179.60。若均按最低赋值计算，则重要性取值为 7.94。依据栖息地重要性评价分级结果（表 7-5），深圳湾红树林湿地鸟类栖息地重要性赋值为 3。

8.3.2　深圳湾红树林湿地鸟类保护状况评价

选取公认的具有明显指示作用的鸟类为对象，依据鸟类的濒危性和地理分布特性评价保护状况。基于濒危性、重要性和特有性采用保护价值指数（V_s）评估其自然保护区的保护状况。计算方法如下：

$$V_s = \sqrt[3]{\sum_{i=1}^{a} T_{ti} \sum_{j=1}^{a} N_{nj} \sum_{k=1}^{a} E_{ek}} \tag{8-6}$$

其中，T_{ti} 表示世界自然保护联盟（IUCN）物种红色名录中受威胁等级 t 的鸟类物种 i 的赋值。N_{nj} 表示鸟类保护级别 n 级的赋值。E_{ek} 表示在我国分布具有 e 类分布特性的鸟类赋值。a 为相应湿地/保护区内鸟类种数，V_s 取值范围为（1，$+\infty$），保护价值数值越高，表示鸟类种数越多，并且鸟类濒危程度严重、重点保护级别高，以及分布的特有性强。相应赋值取值详见表 7-4。

据上述方法计算的深圳湾湿地作为鸟类栖息地的重要性指数为 115.24。2017 年深圳湾湿地共记录到 63 种鸟类，若均按最高赋值计算，则重要性指数取值为 504，由于深圳湾湿地没有国家Ⅰ级和中国特有鸟类分布，则调整后最高取值为 317.50。若均按最低赋值计算，则重要性取值为 63。由此可见，2017 年深圳湾湿地鸟类栖息地保护价值取值处于中低水平。

8.3.3 深圳湾红树林湿地鸟类环境承载力评估

1. 深圳湾福田红树林湿地水鸟觅食地及其面积

深圳湾福田红树林湿地内水鸟觅食地主要分布于潮间带滩涂、红树林和基围鱼塘。该区水鸟觅食总面积为 337.95 hm²，包括滩涂面积 137.79 hm²、红树林面积 132.84 hm² 和基围鱼塘面积 67.32 hm²（陈志云等，2018）。

2. 深圳湾福田红树林湿地底栖生物量调查与总资源量

于 2017 年 2 月～2017 年 11 月，对福田红树林进行春夏秋冬周年采样。根据福田红树林湿地滩涂特点，在观鸟屋、凤塘河、沙咀和基围鱼塘设置 4 个采样点。观鸟屋、凤塘河和沙咀设置红树林和潮间采样点。样品的处理、保存和计数参考《海洋调查规范》《海洋底栖生物研究方法》和《红树林生态监测技术规程》。2017 年福田红树林底栖动物记录到 69 种，其中软体动物门 45 种（包括空壳种类），环节动物门多毛纲 9 种，甲壳动物 12 种，另采集到鱼类 3 种（主要为：弹涂鱼、大弹涂鱼和中华乌塘鳢）。软体动物中，腹足类有 30 种，双壳类 14 种。各生境不同季节生物量如表 8-9 所示，总体上，底栖动物生物量：滩涂＞红树林＞基围鱼塘，但不同种类有差异。

表 8-9　深圳湾红树林湿地底栖动物生物量

季节	底栖动物/(g/m²)	滩涂	红树林	基围鱼塘
冬季（2 月）	多毛纲	0.69	1.15	8.21
	腹足纲	177.03	3.70	0.00
	双壳纲	0.00	0.00	1.65
	甲壳纲	2.56	5.92	0.00
	硬骨鱼纲	24.53	2.99	0.00
	总计	204.81	13.76	9.86
春季（5 月）	多毛纲	0.87	0.20	7.63
	腹足纲	199.79	0.00	0.00
	双壳纲	0.00	0.00	0.00
	甲壳纲	50.37	10.17	0.00
	硬骨鱼纲	17.47	13.07	0.00
	总计	268.50	23.43	7.63

季节	底栖动物/(g/m²)	滩涂	红树林	基围鱼塘
夏季（8 月）	多毛纲	0.00	0.00	1.44
	腹足纲	311.98	9.83	0.00
	双壳纲	0.00	0.00	0.00
	甲壳纲	37.33	16.20	0.96
	硬骨鱼纲	1.08	13.96	0.00
	总计	350.40	39.98	2.40
秋季（11 月）	多毛纲	0.00	0.37	1.28
	腹足纲	579.02	4.55	0.00
	双壳纲	0.00	0.00	0.00
	甲壳纲	3.91	5.39	0.00
	硬骨鱼纲	3.41	12.80	0.11
	总计	586.34	23.11	1.39

注：根据《2017 年福田红树林年度报告》的调查数据计算，生物量为湿重。

根据文献资料，不同种类底栖动物含水率分别为：双壳纲 80.0%（Usero et al.，2005；Wei et al.，2014）、腹足纲 80.7%（Wei et al.，2014）、硬骨鱼纲 81.5%（Yu et al.，2012）、多毛纲 80.2%（刘天红等，2017）、甲壳纲平均为 78.8%、虾为 76.3%（张军文等，2018）、蟹为 81.2%（鲁丹等，2016）。干重-去灰分干重换算系数如表 8-10 所示，其中，多毛纲去灰分干重百分比以均值（81.5%）代替。

表 8-10　底栖动物干重-去灰分干重换算系数

底栖动物	网孔/mm	干重/μg	去灰分干重/μg	去灰分干重百分比/%	参考文献
多毛纲	0.5	19±1	14±1	74.0	（Widbom，1984）
多毛纲	0.2	4.4	3.9	89.0	（Widbom，1984）
双壳纲	0.2	4.4	3.3	75.0	（Widbom，1984）
腹足纲	—	—	—	75.4	（Bernardini et al.，2000）
甲壳纲	—	—	—	75.0	（Horn and de la Vega，2016）
硬骨鱼纲	—	968.3（g）	819.4（g）	84.6	（Lappalainen and Kangas，1975）

注：计算时，多毛类取均值。

综上，底栖动物资源量 = 单位面积底栖动物去灰分干重×底栖动物分布的潮滩面积。具体如表 8-11 所示。进一步地，底栖动物总热值 = 总干重生物量×热值。参照相关研究，潮间带底栖生物量去灰分干重生物量（AFDW）的热值为 $F = 22$ kJ/g（Zwarts and Blomert，1990）。由于鱼类种类较少，因此也采用此值计算热值。深圳湾福田红树林不同季节底栖动物总热值如表 8-12 所示。根据林德曼定律原则，湿地支持水鸟的总能量 = 1/10×水生动物热值总和。深圳湾红树林湿地不同季节支持水鸟的总能量范围为 998 662 46～269 727 184 kJ，冬季＜春季＜夏季＜秋季，见表 8-12。

表 8-11　深圳湾福田红树林各生境类型面积和不同季节底栖动物资源量（陈志云等，2018）

季节/生境	底栖动物/(g/m²)	滩涂		红树林		基围鱼塘		总计	
		$AFDW_i$/(g/m²)	C_i/kg	$AFDW_i$/(g/m²)	C_i/kg	$AFDW_i$/(g/m²)	C_i/kg	$AFDW_i$/(g/m²)	C_i/kg
面积/ha		137.79		132.84		67.32		337.95	
冬季（2月）	多毛纲	0.11	153.42	0.19	246.52	1.32	891.89	1.62	1 291.83
	腹足纲	25.76	35 497.13	0.54	715.25	0.00	0.00	26.30	36 212.38
	双壳纲	0.00	0.00	0.00	0.00	0.25	166.62	0.25	166.62
	甲壳纲	0.41	560.86	0.94	1 250.40	0.00	0.00	1.35	1 811.26
	硬骨鱼纲	3.84	5 290.02	0.47	621.64	0.00	0.00	4.31	5 911.66
	总计	30.12	41 501.43	2.14	2 833.81	1.57	1 058.51	33.83	45 393.75
春季（5月）	多毛纲	0.14	193.45	0.03	42.87	1.23	828.88	1.40	1 065.20
	腹足纲	29.07	40 060.84	0.00	0.00	0.00	0.00	29.07	40 060.84
	双壳纲	0.00	0.00	0.00	0.00	0.00	0.00	0.00	0.00
	甲壳纲	8.01	11 035.37	1.62	2 148.06	0.00	0.00	9.63	13 183.43
	硬骨鱼纲	2.73	3 767.50	2.05	2 717.36	0.00	0.00	4.78	6 484.85
	总计	39.95	55 057.16	3.70	4 908.29	1.23	828.88	44.88	60 794.32
夏季（8月）	多毛纲	0.00	0.00	0.00	0.00	0.23	156.43	0.23	156.43
	腹足纲	45.40	62 556.60	1.43	1 900.25	0.00	0.00	46.83	64 456.85
	双壳纲	0.00	0.00	0.00	0.00	0.00	0.00	0.00	0.00
	甲壳纲	5.94	8 178.48	2.58	3 421.69	0.15	102.76	8.66	11 702.93
	硬骨鱼纲	0.17	232.91	2.18	2 902.39	0.00	0.00	2.35	3 135.30
	总计	51.51	70 967.99	6.19	8 224.33	0.38	259.19	58.07	79 451.52
秋季（11月）	多毛纲	0.00	0.00	0.06	79.31	0.21	139.05	0.27	218.37
	腹足纲	84.26	116 102.06	0.66	879.57	0.00	0.00	84.92	116 981.63
	双壳纲	0.00	0.00	0.00	0.00	0.00	0.00	0.00	0.00
	甲壳纲	0.62	856.63	0.86	1 138.45	0.00	0.00	1.48	1 995.08
	硬骨鱼纲	0.53	735.38	2.00	2 661.22	0.02	11.59	2.55	3 408.19
	总计	85.41	117 694.07	3.58	4 758.55	0.23	150.64	89.22	122 603.27

表 8-12　深圳湾福田红树林不同季节底栖动物总热值

底栖动物	总热值/kJ			
	冬季（2 月）	春季（5 月）	夏季（8 月）	秋季（11 月）
多毛纲	28 420 230	23 434 364	3 441 534	4 804 064
腹足纲	796 672 380	881 338 583	1 418 050 641	2 573 595 761
双壳纲	3 665 574	0	0	0
甲壳纲	39 847 649	290 035 449	257 464 550	43 891 732
硬骨鱼纲	130 056 628	142 666 725	68 976 635	74 980 285
总计	998 662 461	1 337 475 121	1 747 933 360	2 697 271 842
支持湿地水鸟的总能量	99 866 246	133 747 512	17 4793 336	26 9727 184

3. 深圳湾福田红树林湿地鸟类群落组成

依据 8.2.1 的研究结果，深圳湾鸟类群落组成特征为：2017 年 1 月～12 月的监测数据统计结果表明，共记录鸟类 64 种，其中包括 53 种水鸟和 11 种湿地依赖性鸟类。深圳湾红树林湿地鸟类数量组成以水鸟(涉禽和游禽)为主，约占 99.5%。水鸟摄食主要以鱼类、底栖等食物为主。根据 8.2.2 深圳湾湿地鸟类迁徙规律，11 月至次年 4 月鸟类种类和数量较多，即冬候鸟活动期数量较多。因此，该区鸟类环境承载力分析以秋季、冬季和春季为主，并以留鸟、冬候鸟和冬季迁徙鸟的水鸟类群为主。综上，深圳湾红树林湿地水鸟特征可以总结如表 8-13 所示。

表 8-13　深圳湾越冬期水鸟特征

序号	种名	体长/cm	大小	居留型	群落比例/%
1	小鸊鷉（*Tachybaptus ruficollis*）	27	较小	R	0.049
2	凤头鸊鷉（*Podiceps cristatus*）	50	较大	W	0.033
3	普通鸬鹚（*Phalacrocorax carbo*）	90	大	R	0.844
4	大白鹭（*Ardea alba*）	95	大	W	3.196
5	苍鹭（*Ardea cinerea*）	92	大	W	0.776
6	草鹭（*Ardea purpurea*）	80	大	W	0.005
7	池鹭（*Ardeola bacchus*）	47	较大	R	0.972
8	牛背鹭（*Bubulcus coromandus*）	48～53	较大	W	0.005
9	小白鹭（*Egretta garzetta*）	60	大	R	2.112
10	夜鹭（*Nycticorax nycticorax*）	61	大	R	0.117
11	黑脸琵鹭（*Platalea minor*）	80	大	W	0.277
12	针尾鸭（*Anas acuta*）	55	大	W	1.841

续表

序号	种名	体长/cm	大小	居留型	群落比例/%
13	琵嘴鸭（*Anas clypeata*）	50	较大	W	7.219
14	赤颈鸭（*Anas penelope*）	47	较大	W	5.300
15	白眉鸭（*Spatula querquedula*）	40	中	W	2.631
16	凤头潜鸭（*Aythya fuligula*）	42	较大	W	4.843
17	白骨顶（*Fulica atra*）	40	中	W	0.019
18	黑水鸡（*Gallinula chloropus*）	31	中	R	0.190
19	白胸苦恶鸟（*Amaurornis phoenicurus*）	33	中	R	0.103
20	黑翅长脚鹬（*Himantopus himantopus*）	37	中	W	2.367
21	反嘴鹬（*Recurvirostra avosetta*）	42～45	较大	W	11.020
22	环颈鸻（*Charadrius alexandrinus*）	17	小	W	2.900
23	金眶鸻（*Charadrius dubius*）	16	小	W	0.771
24	铁嘴沙鸻（*Charadrius leschenaultii*）	23	较小	P	0.073
25	蒙古沙鸻（*Charadrius mongolus*）	20	小	P	0.005
26	金斑鸻（*Pluvialis fulva*）	25	较小	W	5.104
27	灰头麦鸡（*Vanellus cinereus*）	35	中	W	0.003
28	灰斑鸻（*Pluvialis squatarola*）	28	较小	W	0.252
29	黑腹滨鹬（*Calidris alpina*）	19	小	W	3.288
30	弯嘴滨鹬（*Calidris ferruginea*）	21	较小	P	13.249
31	红颈滨鹬（*Calidris ruficollis*）	15	小	P	0.244
32	大滨鹬（*Calidris tenuirostris*）	27	较小	P	0.005
33	矶鹬（*Actitis hypoleucos*）	20	小	W	0.388
34	扇尾沙锥（*Gallinago gallinago*）	26	较小	W	0.008
35	黑尾塍鹬（*Limosa limosa*）	42	较大	P	5.834
36	白腰杓鹬（*Numenius arquata*）	55	大	P	0.448
37	中杓鹬（*Numenius phaeopus*）	43	较大	P	0.014
38	鹤鹬（*Tringa erythropus*）	30	较小	W，P	0.022
39	林鹬（*Tringa glareola*）	20	小	W	0.567
40	青脚鹬（*Tringa nebularia*）	32	中	W	2.606
41	泽鹬（*Tringa stagnatalis*）	23	较小	P	6.510
42	红脚鹬（*Tringa totanus*）	28	较小	W	6.372
43	翘嘴鹬（*Xenus cinereus*）	23	较小	P	0.024
44	半蹼鹬（*Limnodromus semipalmatus*）	35	中	P	0.005
45	尖尾滨鹬（*Calidris acuminata*）	19	小	P	0.106

续表

序号	种名	体长/cm	大小	居留型	群落比例/%
46	阔嘴鹬（*Limicola falcinellus*）	17	小	P	0.068
47	红嘴鸥（*Larus ridibundus*）	40	中	W	7.007
48	红嘴巨鸥（*Sterna caspia*）	49	较大	W	0.003
49	黑嘴鸥（*Larus saundersi*）	32	中	W	0.003
50	灰林银鸥（*Larus heuglini*）	60	大	W	0.033
51	普通翠鸟（*Alcedo atthis*）	15	小	R	0.024
52	斑鱼狗（*Ceryle rudis*）	27	较小	R	0.079
53	蓝翡翠（*Halcyon pileata*）	30	较小	R	0.022
54	白胸翡翠（*Halcyon smyrnensis*）	27	较小	R	0.041

注：P-冬季迁徙鸟；W-冬候鸟；R-留鸟。鸟类体长数据来源于鸟类网。

进一步地，根据体型确定鸟类平均基础代谢率：将监测的水鸟人为地划分为大（体长＞50 cm）、较大（40 cm＜体长≤50 cm）、中（30 cm＜体长≤40 cm）、较小（20 cm＜体长≤30 cm）和小（体长＜20 cm）共 5 个等级，平均基础代谢率分别为大型 308.5 kJ/d、较大型 195 kJ/d、中型 125 kJ/d、较小型 113 kJ/d 和小型 49 kJ/d。各体型平均基础代谢率根据 Meire 等（1994）的数据计算。根据各类型鸟类在群落中的比例，计算出各鸟类群落中个体平均综合基础代谢率，将其 3 倍值作为群落个体的野外代谢率 FMR（kJ/d）（葛振鸣等，2007）。深圳湾红树林湿地越冬期水鸟体型群落结构和综合基础代谢率见表 8-14，综合基础代谢为157.204 kJ/d，野外基础代谢率为 471.612 kJ/d。

表 8-14　深圳湾福田红树林湿地越冬期水鸟体型群落结构和综合基础代谢率折算

体型分类群落	平均基础代谢率/(kJ/d)	群落比例/%
大型	308.5	9.649
较大型	195	35.243
中型	125	14.935
较小型	113	31.811
小型	49	8.362
综合基础代谢率/(kJ/d)	157.204	
野外基础代谢率/(kJ/d)	471.612	

综上，可根据湿地生物提供的总能量、鸟类每天野外基础代谢消耗的能量，以及迁徙时滞留的天数，测算湿地所能支持的水鸟最大的种群数量。

4. 深圳湾红树林湿地越冬期水鸟的承载力

深圳湾红树林湿地承载力如表 8-15 所示。深圳湾红树林湿地越冬期水鸟承载力为 2353～6355 只，承载力密度为 7～19 只/hm²，相当于 627～1692 鸟日/hm²。其他地区的研究表明：涠洲岛湿地对鸻鹬类水鸟的承载力春秋季分别为 874～1236 只和 1001～1302 只；觅食地承载力密度春季库塘 10.7 只/hm² > 沼泽 5.6 只/hm² > 潮间带 4.8，秋季沼泽 6.8 只/hm² > 库塘 4.3 只/hm² > 潮间带 3.6 只/hm²；承载力相当于 568～739 鸟日/hm²（莫竹承等，2018）。美国南旧金山湾盐田湿地的环境承载力为 9443±1649 鸟日/hm²（Brand et al.，2014）。长江口九段沙的春季和秋季鸟类环境承载力分别为：174.7 鸟日/hm² 和 138.8 鸟日/hm²。可见，深圳湾红树林湿地对越冬期水鸟具有较高的承载力。

表 8-15　深圳湾红树林湿地越冬期水鸟的承载力

	冬季	春季	秋季
承载力/只	2353	3151	6355
承载力/(鸟日/hm²)	627	839	1692
承载力密度/(只/hm²)	7	9	19

5. 深圳湾红树林湿地水鸟承载力评价

根据 8.2.2 深圳湾湿地鸟类迁徙规律，11 月至次年 4 月各月鸟类数量为：3258～8978 只，高于同期承载力。可见，深圳湾红树林湿地的候鸟可能存在食物供应不足风险，须继续维持和加强该区域的保护。相应的，深圳湾湿地越冬期水鸟冬季、春季和秋季的环境承载力与实际数量的比值分别为：0.5、3.3 和 1。按最低值计算，依据鸟类环境保护承载力评价分级（表 7-6），该区赋值为 2。

8.3.4　深圳湾红树林湿地鸟类生态健康评价其他指标

1. 土地利用退化指数

1979～2015 年间，深圳湾（深圳侧）沿岸土地利用方式的剧烈变化，福田红树林保护区内适宜鸟类（水鸟为主）栖息的滩涂、基围鱼塘、水域面积呈减少趋势，红树林和陆地植被呈增加趋势，建筑用地增加趋势逐渐放缓且有回落趋势，如图 8-14 所示。位于深圳湾西北侧的滩涂对于水鸟的生存也至关重要，但在

1990～2000 年间，大量滩涂被人类开发占用，甚至有些地方向外侵占海岸 2 km（Ren et al.，2011）。此外，近年监测发现，深圳福田红树林每年向潮滩推进 15～20 m，香港保护区已经采取相关措施，如人工拔出前缘红树植物幼苗，控制红树林对潮滩的过快侵占。

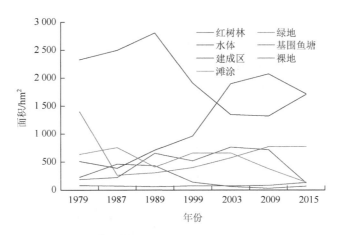

图 8-14　1976～2015 年福田红树林保护区土地利用动态变化（陈保瑜等，2012；陈志云等，2018）

（后附彩图）

李真等（2017）基于斑块类型指数（斑块类型面积、景观百分比、最大斑块指数以及斑块平均面积）和景观异质性指数（包括蔓延度、香农多样性指数、香农均匀度指数、破碎度以及景观形状指数）比较分析了深圳湾香港和深圳侧红树林湿地的景观特征，发现深圳福田红树林景观破碎化程度高于香港米埔保护区。邹丽丽和陈洪全（2016）基于面板数据模型分析了深圳湾米埔湿地水鸟对景观格局的响应，发现水鸟适宜在景观类型丰富且斑块面积较大的区域栖息。

深圳湾福田红树林已相继开展了多项鸟类栖息地功能提升的生态修复项目。2000 年 11 月至 2002 年 10 月深圳湾福田沙嘴鱼塘定向改造显著提高了改造区鸟类平均密度、丰度和群落多样性指数（王勇军等，2004）。2014 年 7～8 月对 4 号鱼塘局部和 2016～2017 年对 3～4 号基围鱼塘整体开展鸟类栖息地功能提升修复，主要从水位调控、堤岸植被改造、鱼塘连通和营造多样生境等方面进行，取得了较好的修复效果，鸟况良好。经过 2014 年一期改造工程，4 号塘鸟况良好，达到数千只，大多是反嘴鹬、黑翅长脚鹬、琵嘴鸭、大小白鹭、鹤鹬、黑尾塍鹬、绿翅鸭、赤颈鸭，偶见牛背鹭和黑脸琵鹭（最多时记录到 30 只）。

综上，根据表 7-7 的评价标准及福田红树林土地利用现状：生境损失状况有改善，存在景观破碎化问题，但已采取有效的生态修复和生境多样性恢复措施，该区此项得分为 3 分。

2. 人为干扰：噪声干扰

深圳湾红树林湿地紧邻滨海大道和广深高速公路，两条道路的车流量都极大，交通噪声环境极为恶劣。福田区环境监测站 2001 年的监测数据显示，滨海大道红树林段平均每天车流量为 10 万辆次，其中白天 6414 辆次/h，夜间 2106 辆次/h（李海生等，2007），但缺乏具体的噪声数据。广深高速公路限速为 120 km/h，设计交通流量为 6 万辆次/d，但 2012 年已达到 40 万辆次/d。深圳市 2006～2011 年全市道路交通噪声年均值在 69.2～69.6 dB（唐艳红，2013），同样缺少保护区路段噪声数据。保护区呈狭长形，纵深最大处约 600 m，最窄处甚至不足 200 m，受到道路交通噪声影响程度较大。现有的降噪方案只有滨海大道上约 450 m 的声屏障，对保护区整体声环境的改善贡献有限。监测结果显示，保护区外围的声屏障在削减交通噪声方面发挥了一定的作用，如图 8-15 所示，但总体环境噪声相比于声环境功能区 4 a 类声功能区（交通干线两侧）（表 7-9）仍然偏高。依据表 7-10，福田红树林声环境赋值为 1。

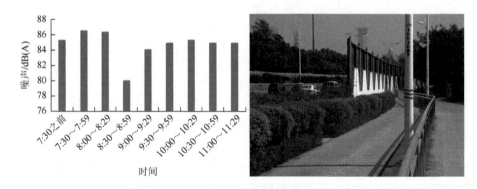

图 8-15　福田红树林道路噪声环境及外围声屏障现状。依据相关国家标准监测（中国科学院声学研究所，1994；国家环境保护总局[①]，2004）。

3. 人为干扰：光污染

随着城市化进程的加快，深圳湾城市化光污染问题日益突出，如图 8-16 所示。福田红树林保护区主要的光污染来源包括：户外 LED 显示屏幕光污染、夜间周边居民楼照明光污染、道路车辆车灯光污染以及日间建筑玻璃幕墙光污染（反射眩光）。其中，户外 LED 显示屏光污染主要来源于滨河大道云松大厦的户外 LED 显示屏，该屏幕位于建筑物主体顶部，朝向朝西，规格约为 32 m×8 m，面积约256 m²。虽然，在《深圳市福田区、罗湖区、南山区、盐田区及北站地区户外 LED

---

① 现生态环境部。

显示屏设置专项规划》（简称"规划"）中，福田红树林保护区属于户外 LED 显示屏禁止设置区，但由于保护区距离道路较近，仍受到周边 LED 显示屏及其动态广告的影响，可能对保护区内鸟类造成不利影响。

深圳市相关规划中对该区 LED 显示屏主要参数规范如表 8-16 所示。研究表明，LED 屏幕对环境产生光污染的因素主要有 LED 显示屏的光强、屏幕光强与周边环境的对比度、LED 屏幕播放内容产生的频闪度等方面（许琰，2016）。LED 屏幕播放静止画面是本身刷新，频率高于 50 Hz（许琰，2016），在播放动态画面时，特别是在切换对比强烈的画面时会产生闪烁感，对眼睛刺激较大，而规划中该区滨河大道 LED 显示屏可进行画面切换，可能对鸟类造成进一步的影响。

图 8-16　福田红树林保护区光污染现状

表 8-16　福田区车公庙片区 LED 显示屏规划控制指引表

设置类型	区段名称	单块显示屏面积(S)/m²	显示屏亮度/(cd/m²)	设置方式	设置位置	显示屏与道路相对关系	显示功能	声音
重要设置界面	深南大道	≤350	150～300	附建筑物	建筑主体底部/裙房	平行	画面切换、静态图文	不允许
次要设置界面	滨河大道	≤200	150～250	附建筑物	建筑主体顶部	垂直	画面切换、静态图文	不允许
禁止设置界面	其他道路	≤10	100～200	参照《深圳市户外广告设施设置指引》《城市夜景照明设计规范》（JGJ/T 163—2008）执行			静态图文	不允许

注：1. "显示屏亮度"是指夜间显示屏表面的平均亮度。

2. $S \leqslant 10m^2$ 户外 LED 显示屏设置要求同时适用于"重要设置界面"和"次要设置界面"。

3. 来源：《深圳市福田区、罗湖区、南山区、盐田区及北站地区户外 LED 显示屏设置专项规划》。

国际照明委员会（CIE）对相关区域宵禁前后照度和光强进行了限定（许琰，2016），红树林湿地可按照此规定中"公园或绿地"功能区的光强或照度限值为依据。依据该规划中对单位面积光强限定值 100～250 cd/m²，而红树林湿地的生境需求为 0 cd/m²。因此，夜间该电子显示屏的光强将对红树林湿地造成严重干扰。根据表 7-13，该区光污染赋值为 4。

4. 人为干扰：周边建筑物高度和距离

当前，福田红树林保护区北侧沿海一带高楼林立，对保护区内鸟类行为造成影响。根据多年监测统计，深圳湾地区冬候鸟或旅鸟最常见的迁徙集群为鹬鸻类，较大迁徙鹬群组成的个体数量大都在数千只以上，其盘旋范围在滩涂和基围鱼塘的上空，盘旋半径最大可达到 500 m。深圳湾集群水鸟在早晨会降落到滩涂等地进行休息和觅食，降落过程中有盘旋行为，盘旋高度常在 50～200 m。水鸟在深圳湾沿岸和内陆湿地、湖泊、河流之间飞行时，飞行高度一般低于 50 m。自从保护区东北的富荣路一带等周边陆续建起了 75～120 m 的高层建筑后，如图 8-17 所示，整个福田红树林湿地上空，较大水鸟集群盘旋区域向南推移了数百米（西段 300 m、东段 500 m 以上），自然保护区核心区内的国际候鸟数量显著减少，冬季水鸟种群数量分布的密集区由东向西南偏移。福荣路一带的金域蓝湾、鸿景湾名苑和金海湾花园等高层建筑，损害了红树林湿地的环境质量，缩小了鸟类活动空间，降低了深圳湾湿地对国际候鸟的生态容纳能力，对红树林生态环境造成了较大的破坏性影响（徐友根和李崧，2002）。

图 8-17　深圳湾福田红树林周边建筑物现状

深圳湾红树林湿地对外围建筑的部分要求和限制，如表 8-17 所示。基于上述建筑影响等级划分表，福田红树林建筑影响指数中，建筑高度和建筑距离得分均为 2。

表 8-17　深圳湾红树林湿地外围建筑限高规定

湿地	范围	控制要求
香港米埔自然保护区	米埔湿地周围划定了缓冲区域，并对靠近湿地的开发类型和规模进行限制	自然保护区周边保护地带建筑物限高 10 m（三层和三层以下）。香港在湿地红线之外又划出了一个 500 m 的缓冲区，规定离缓冲区的数公里内不得建 10 m 以上的建筑。建 10 m 以下的建筑也须进行严格的环评
深圳红树林	沙嘴路近红树林保护区	居住楼限高 100 m 居住＋商用混合楼限高 180 m

5. 环境风险：重金属污染

深圳湾区域污染概况：赵振华等（2003）2003 年通过 TM 卫星遥感图像对 2000 年珠江三角洲地区九地市河段的水体污染情况解释，结果表明有 41.87%的城区河段水体受到了重度污染，17.9%受到了中度污染，13.0%受到轻度污染，市际界河的水体 100%受到重度污染，珠江口近岸海域约有 95%的海水受到污染。珠江河口湾底重金属 Cr、Cu、Zn、As 和 Pb 含量大部分或全部超标，其污染程度接近甚至超过工业发达国家的海域，比国内其他海域的污染也高得多，并且高值区多集中于沿岸潮滩区域。重金属污染不仅影响水质，还对生态系统中的生物，尤其是鸟类的食物来源——鱼类产生了严重影响。研究显示，栖息在黄埔茅港镇的夜鹭和池鹭，其体内组织的重金属含量与受污染的太湖及成都郊区的鹭鸟相当，表明环境污染对当地鸟类生存构成了直接威胁。

深圳湾水体-沉积物-植物-底栖重金属污染及对鸟类的影响（表 8-18）：李存焕等（2013）2009 年 11 月至 2011 年 10 月对福田红树林保护区水质重金属含量进行测定，测定结果显示，Cd 和 Pb 超出Ⅳ类海水的水质标准，Cr 符合Ⅲ类海水的水质标准，Cu 符合Ⅰ类海水的水质标准，未检测出 Zn 和 Ni。许观婷等（2015）2013 年 9 月对福田红树林保护区 16 个监测点位的水质重金属的评价结果显示，红树林自然保护区以Ⅰ类水体为主，部分靠近河涌排污口的地点为Ⅱ和Ⅳ类水体。结合本书的监测结果，说明近年来红树林保护区水体的重金属污染已经得到有效的控制和改善。但深圳湾福田潮滩沉积物的重金属污染非常严重。1998年的重金属 Cu、Zn、Pb、Cr 和 Ni 的含量比 1993 年的含量分别高出了 10.6 mg/kg、65.2 mg/kg、34.6 mg/kg、27.9 mg/kg 和 8.8 mg/kg，积累效应非常明显，这间接影响到了以底栖动物为食的水鸟的健康。福田红树林表层沉积物单种重金属的潜在生态危害系数 E_r^i 和五种重金属的潜在生态危害指数 RI 的相关研究结果表明：多种重金属中，Cd 的潜在生态风险最高（Li et al.，2015）。此外，邓利等（2014）于 2013 年 3 月在福田红树林及深圳湾的调查和风险评价结果表明：靠近凤塘河口及深圳河口区域的 Hg 污染尤其严重，需要特别关注。

表 8-18　福田及其他红树林区水体和沉积物重金属含量特征（程珊珊等，2018）

介质	位置	国家/地区	重金属含量/(μg/g)					参考文献
			Cd	Cr	Cu	Pb	Zn	
水体	福田	中国	0.042	0.134	0.005	0.304	—	（牛志远等，2018）
	湛江	中国	0.16	0.72	8.07	0.77	—	（刘静等，2018）
	南沙	中国	1.000	0.667	0.667	2.333	0.111	（徐颂军等，2016）
	淇澳	中国	2.333	0.111	0.778	11.556	0.111	

介质	位置	国家/地区	重金属含量/(μg/g)					参考文献
			Cd	Cr	Cu	Pb	Zn	
水体	东寨港	中国	0.303	8.533	0.363	3.873	62.913	（曾祥云，2015）
	广西北仑河口	中国	0.030	0.50	0.77	0.79	14.50	（罗万次等，2014）
	Ras Dege	坦桑尼亚	<0.000 2	0.01	0.05	0.048	0.9	（Mtanga and Machiwa，2007）
	Miri	马来西亚	—	—	0.06	—	0.28	（Billah et al.，2014）
	Sunderban	印度	0.08	—	—	0.11	9.67	（Guhathakurta and Kaviraj，2000）
沉积物	福田	中国	2.3	55.4	31.7	47.8	296.3	（Li et al.，2015）
	深水湾	中国香港	3.0	40.0	80.0	80.0	240.0	（Tam and Yao，1998）
	米埔	中国香港	2.6	39.2	78.5	79.2	240.0	（Tam and Wong，2000）
	珠江	中国	1.2	104.7	51.5	32.2	127.4	（Bai et al.，2011）
	南沙	中国	0.8	155.0	113.0	55.3	159.0	（Wu et al.，2014）
	湛江	中国	0.2	5.12	16.9	32.8	49.0	（李柳强，2008）
	台山	中国	0.1	19.9	30.9	67.7	79.9	（李柳强，2008）
	海南岛	中国	0.1	40.0	18.0	19.0	57.0	（Qiu et al.，2011）
	Buffalo River	巴西	3.6	118.0	76.0	131.0	479.0	（Kehrig et al.，2003）
	Guanabara Bay	巴西	1.3	42.4	98.6	160.8	483.0	（Kehrig et al.，2003）
	EsteroSalado	厄尔瓜多	1.9	94.5	253.8	81.3	678.3	（Fernández-Cadena et al.，2014）
	Pichavaram	印度	6.6	141.2	43.4	11.2	93.0	（Ramanathan et al.，1999）
	Fadiouth	塞内加尔	0.0	28.8	3.5	2.4	5.4	（Bodin et al.，2013）

对 2002～2016 年我国部分海域贝类产品中重金属 Cd、Pb 和 Cr 含量的调查数据进行了整理和分析，结果如表 8-19 所示。

通过文献调研，基于数据的可获得性，以 Pb 为例，系统评价扎龙湿地重金属污染对鸟类的生态风险（表 8-20）。在此基础上，利用李枫等（2007）对扎龙湿地生态系统的研究成果，计算了生物富集系数（BCF）。生物富集系数是一个描述重金属在生态系统中从一个营养级到另一个营养级的累积情况的指标。计算公式如下：

$$BCF = \frac{C_Z}{C_0} \tag{8-7}$$

其中，C_Z 表示某营养级生物体内污染物浓度，C_0 表示环境中该污染物的浓度（李枫等，2007）。根据红树林湿地中水体（沉积物）到鱼类（底栖动物），再到鸟类的食物链关系及其分别对应的重金属浓度，推断出鸟类在该污染水平下可能产生的效应。基于上述方法，福田红树林生态系统各环节重金属 Pb 累积水平如表 8-21 所示。以苍鹭为例，结果表明福田红树林内大型鸟类 Pb 的风险等级水平较低，即不存在风险。根据表 7-20，福田红树林鸟类重金属环境风险赋值为 5。

表 8-19　我国部分海域贝类重金属含量

重金属	城市	抽样年份	抽检品种	检出值/(mg/kg WW)	参考文献
Cd	深圳海域	2002~2004	牡蛎	0.732	—
	深圳沿海	2005~2006	贝类	0.32	（王立等，2013）
			牡蛎	1.35	
	乌苏里江	2009	背角无齿蚌	0.0395	（王海涛和战培荣，2010；童永彭和朱志鹏，2017）
	浙江沿海	2009	泥蚶、缢蛏、紫贻贝、牡蛎	0.79	—
Pb	深圳海域	2002~2004	牡蛎	0.05~1.08	—
	深圳湾	2005~2006	鳞笠藤壶	1.51	—
			隔贻贝	0.57	
	乌苏里江	2009	背角无齿蚌	0.455	（王海涛和战培荣，2010）
	浙江沿海	2009	泥蚶、缢蛏、紫贻贝、牡蛎	0.4	
	深圳东涌、珍珠岛海域	2015~2016	青口	0.544	—
			牡蛎	0.256	
	东寨港	2016	红树蚬	0.19	—
Cr	深圳湾	2005~2006	鳞笠藤壶	1.92	—
			隔贻贝	0.45	
	山东沿岸	2008	牡蛎、菲律宾蛤仔、贻贝、杂色蛤	0.17	—
	乌苏里江	2009	背角无齿蚌	0.012	（王海涛和战培荣，2010）
	东寨港	2016	红树蚬	0.45	—

表 8-20　重金属 Pb 在生态系统各环节的累积水平与富集系数

样品类型	扎龙湿地 Pb 累积量/(μg/g)（李枫等，2007）	生物富集系数（BCF）	
		沉积物-底栖-鸟	水体-鱼类-鸟
水体	<0.001	—	—
沉积物	21.35（叶华香等，2013）	—	—
底栖动物	0.455（乌苏里江）（王海涛和战培荣，2010）	0.021	—
鱼	0.36	—	360
苍鹭卵	27.83	61.165	77.306
苍鹭雏鸟	1.63	3.582	4.528
苍鹭肝脏	0.05	0.110	0.139
苍鹭肾脏	0.23	0.505	0.639

表 8-21　福田红树林重金属 Pb 在生态系统各环节的累积水平

样品类型	福田红树林 Pb 累积量/(μg/g)	生物富集指数（BCF）	
		沉积物-底栖-鸟	水体-鱼类-鸟
水体	0.304（李存焕等，2013）	—	—
沉积物	47.8（Li et al.，2015）	—	—
底栖动物	0.57（深圳湾）	0.012	—
鱼	0.45	—	1.480
苍鹭卵	—	34.86	34.79
苍鹭雏鸟	—	2.04	2.04
苍鹭肝脏	—	0.06	0.06
苍鹭肾脏	—	0.29	0.29

6. 环境风险：有机污染

　　珠江口还是无机物（如氮、磷）污染、有机氯农药污染和石油污染的严重区，并且有逐年加剧的趋势。无机氮和磷酸盐由正常的 2∶1 上升到 150∶1，超标了 75 倍；石油在珠江口的含量为 0.051 mg/dm^3，超标率为 42%，石油污染量大面积广，遍及全海区。石油污染已经影响到该海域的鱼类，珠江口鱼类的石油烃检出率为 100%，鱼类石油烃含量明显高于国内其他石油烃污染海区的鱼类。通过文献调研，发现红树林湿地有机污染调查以多环芳烃（PAHs）的相关研究较为充分，因此后续评价主要以 PAHs 为例。Zhang 等（2017）调查了我国 16 个红树林湿地沉积物中 PAHs 的含量，浓度为 3.16~464.05 ng/g DW，平均浓度为72.80 ng/g DW，污染程度相对较低，其主要污染来源是石油的泄漏。我国红树林沉积物中 PAHs 含量顺序为香港＞福建＞广东＞海南＞广西（Zhang et al.，2014b）。Li 等（2014）对深圳福田、坝光红树林地区的总 PAHs 进行了调查，发现福田红树林的总 PAHs 平均浓度（4480 ng/g DW）显著高于坝光红树林区（1262 ng/g DW），叶片中的平均浓度（3697 ng/g DW）高于根和沉积物中的平均浓度（2561 和 2702 ng/g DW）。我国部分红树林湿地中植物、沉积物以及水生动物中 PAHs 浓度如表 8-22 和表 8-23 所示。

表 8-22　我国部分红树林湿地中植物和沉积物中的 PAHs 浓度

调查地点	样本类型	PAHs 浓度/(ng/g DW)	参考
福田，深圳	沉积物	1 649~7 925（平均值：4 480）	（Li et al.，2014）
坝光，深圳	沉积物	313~2 847（1 262）	（Li et al.，2014）

续表

调查地点	样本类型	PAHs 浓度/(ng/g DW)	参考
海上田园，深圳	沉积物	1 189～5 168（2 711）	（Li et al.，2014）
福田、坝光和海上田园，深圳	叶片	1 389～7 925（3 697）	（Li et al.，2014）
	根部	440～6 882（2 561）	（Li et al.，2014）
东寨港，海南	沉积物	464.05	（Zhang et al.，2017）
澄迈，海南	沉积物	395.76	（Zhang et al.，2017）
福田，深圳	沉积物	379.70	（Zhang et al.，2017）
北仑河，广西	沉积物	3.16	（Zhang et al.，2017）
北海，广西	沉积物	24	（Vane et al.，2009）
海口，海南	沉积物	31～63	（Vane et al.，2009）
文昌，海南	沉积物	75	（Vane et al.，2009）
厦门，福建	沉积物	171～223	（Tian et al.，2008；Vane et al.，2009）
米埔，香港	沉积物	178～4 842	（Zheng et al.，2000；Tam et al.，2002）
马湾，香港	沉积物	791～5 041	（Tam et al.，2002；Ke et al.，2005；Li et al.，2009）
汀角，香港	沉积物	56～172	（Ke et al.，2005）

表 8-23　我国部分红树林湿地中水生动物体内的 PAHs 浓度

生物	物种	取样地点	PAHs 浓度/(ng/g DW)	参考
鱼	罗非鱼（*Oreochromis mossambicus*）	香港	184～854	（Liang et al.，2007）
	罗非鱼（*Oreochromis mossambicus*）	深圳	12～14	（Chen et al.，2012a）
	鲻（*Mugil cephalus*）	深圳	26～35	（Chen et al.，2012a）
	赤鲨（*Trypauchen vagina*）	九龙江河口	5.5	（蔡立哲等，2005）
双壳类	湛江生蚝（*Concha ostreae*）	深圳	90～99	（Chen et al.，2012a）
	紫游螺（*Neripteron violaceum*）	九龙江河口	110	（蔡立哲等，2005）
腹足纲	黑口滨螺（*Littoraria melanostoma*）	九龙江河口	61	（蔡立哲等，2005）
	弹涂鱼（*Periophthalmus cantonensis*）	九龙江河口	41	（蔡立哲等，2005）
	粗束拟蟹守螺（*Cerithidea djadjariensis*）	九龙江河口	32	（蔡立哲等，2005）
星虫纲	可口革囊星虫（*Phascolosoma esculenta*）	九龙江河口	59	（蔡立哲等，2005）

　　Kwok 等（2013）对江苏省尚湖镇和固城镇地区 PAHs 和 OCPs 在沉积物-鹭科鸟卵生物富集因子（BSAF）及食物-鹭科鸟卵之间的生物富集因子（BAF）进行了调查和计算，得到结果如表 8-24 所示。

表 8-24 中国江苏鹭科鸟卵中 PAHs 和 OCPs 的 BSAF 和 BAF

富集因子	地点	生物种	PAHs	OCPs
BSAF	尚湖	小白鹭卵	1.5±0.5	79±44
	固城	池鹭卵	0.11±0.01	40±9.3
	尚湖	池鹭卵	0.41±0.18	11±1.2
BAF	尚湖	小白鹭卵-鲫鱼	1.31	25
	尚湖	小白鹭卵-虾	0.03	0.94
	固城	池鹭卵-鲫鱼	1.0	34
	尚湖	池鹭卵-鲫鱼	0.92	4.5
	尚湖	池鹭卵-虾	0.02	0.17

利用此富集因子数据，只需获取所考察湿地生态系统中沉积物或鹭科鸟类食物中的 PAHs 浓度，即可大致推断出该湿地系统中 PAHs 污染对鹭科鸟类的危害等级。以福田红树林湿地为例，根据 Zhang 等在 2017 年调查所得的数据，福田红树林沉积物中的 PAHs 浓度为 379.7 ng/g DW。乔永民等（2018）对福田红树林沉积物含水率的调查结果显示，表层至地下 50 cm 深的沉积物含水率都在 50% 左右。取沉积物含水率为 50%，可估算得 PAHs 的湿重浓度为 189.9 ng/g WW。以池鹭为例，沉积物-池鹭的 BSAF 为 0.10～0.59，根据计算公式可算出红树林小型鸟类卵中的大致浓度：

$$C_b = \mathrm{BSAF} \times C_s = 19.0 - 112.0\,\mathrm{ng/g\ WW} \tag{8-8}$$

采用暴露风险评价方法（Lemly，1996）评价福田红树林的 PAHs 污染暴露风险。风险值（HQ）的计算公式如下。

$$\mathrm{HQ} = \frac{\mathrm{MEC}}{\mathrm{PNEC}} \tag{8-9}$$

其中，HQ：风险值；MEC：样品中污染物的浓度（估算所得）；PNEC：无效应浓度。当 HQ≤0.1 时，表示无风险；0.1<HQ≤1 表示有较小的风险；1<HQ≤10 表示有中度风险；HQ>10 则表示有较高风险。

通过 Brunström 等（1990）调查的 PAHs 对火鸡（*Meleagris gallopavo*）卵孵化产生影响的最低效应浓度（LOEL：200 ng/g WW）来估算 PNEC，PNEC 为 LOEL 除以不确定因子 10，即 20 ng/g WW。计算可得福田红树林 PAHs 对鸟类暴露风险的 HQ 为 0.95～5.6，有中度风险。根据表 7-26，赋值为 2。

7. 环境风险：生物入侵

当前，深圳湾红树林湿地内，存在薇甘菊和五爪金龙等入侵植物，但其对该区鸟类的影响研究尚未报道；此外，入侵动物有红火蚁以及多种红树林害虫，尤其是害虫的暴发势必影响红树林生态系统以及其中的鸟类。同步地，对于其中的入侵物种，已采取监测和相应控制措施。根据表 7-27 的评价分级结果，该区赋值为 4。

8.3.5 深圳湾红树林湿地鸟类生态健康评价结果

深圳湾红树林湿地鸟类生态健康评价的各项指标结果汇总在表 8-25 中。总体上，随着深圳湾地区的快速发展，土地利用模式发生了急剧变化，城市化进程明显加速。保护区外围的交通网络日益密集，高层建筑群逐渐增多，这些变化直接增加了机动车排放的废气、交通噪声，并且加剧了人类活动的频繁程度。这些因素共同导致了生活污水的增加，从而对深圳湾红树林保护区的环境质量产生了负面影响。这一系列环境的变化不可避免地对区域内的水鸟及其他野生生物的生存造成了严重威胁。

表 8-25 深圳湾红树林湿地鸟类生态健康评价指标赋值结果

目标层 A	功能层 B	子功能层 C	指标层 D	分值	权重
红树林湿地鸟类生态健康 A	鸟类群落健康指数 B1	鸟类多样性 C1	多样性 D1	4	0.096
	栖息地重要性指数 B2	栖息地重要性 C2	基于稀有性等的重要性评价指数 D2	3	0.289
	栖息地适宜性指数 B3	食物供应 C3	环境承载力 D3	2	0.063
		土地利用退化指数 C4	土地利用退化水平 D4	3	0.151
		人为干扰指数 C5	噪声 D5	1	0.060
			光强 D6	4	0.060
			建筑高度和距离 D7	2	0.120
	栖息地环境风险指数 B4	重金属污染风险 C6	累积水平 D8	5	0.091
		有机污染风险 C7	暴露风险 D9	2	0.057
		生物入侵风险 C8	生物入侵水平 D10	4	0.036

基于 7.5.3 建立的评价方法，根据红树林湿地鸟类生态健康综合评价指数计算公式，得到深圳湾红树林湿地鸟类生态健康综合指数为 3.083。根据健康状况的分级（表 7-36），深圳湾红树林湿地鸟类健康状况为较健康状态。

参 考 文 献

阿培丁，2014. 机器学习导论[M]. 范明，译. 北京：机械工业出版社.

包强，陈晓琴，徐华林，等，2014a. 红树植物海桑新害虫报喜斑粉蝶的发生危害及生物学特性[J]. 植物保护，40（2）：151-155.

包强，陈晓琴，徐华林，等，2014b. 红树林新害虫报喜斑粉蝶化蛹场所研究[J]. 中国森林病虫，33（2）：21-23.

蔡超，2012. 道路噪声对鸟类习鸣质量的影响因子研究[D]. 天津：天津大学.

蔡立哲，马丽，袁东星，等，2005. 九龙江口红树林区底栖动物体内的多环芳烃[J].海洋学报，27（5）：112-118

蔡音亭，2011. 上海市环境变化对鸟类的影响[D]. 上海：复旦大学.

曹润欣，范琳琳，许再福，2010. 报喜斑粉蝶华南亚种的形态特征和生物学特性研究[J]. 环境昆虫学报，32（4）：520-524.

曾宾宾，邵明勤，赖宏清，等，2013. 性别和温度对中华秋沙鸭越冬行为的影响[J]. 生态学报，33（12）：3712-3721.

曾德慧，姜凤岐，范志平，等，1999. 生态系统健康与人类可持续发展[J]. 应用生态学报，10（6）：751-756.

曾祥云，2015. 海南东寨港红树林湿地水生生态系统健康评价研究[D]. 广州：华南理工大学：136-144.

柴民伟，李瑞利，徐华林，等，2015. 深圳湾红树林基围鱼塘沉积物重金属污染评价[C]//2015年中国环境科学学会学术年会.

常弘，毕肖峰，陈桂珠，等，1999. 海南岛东寨港国家级自然保护区鸟类组成和区系的研究[J]. 生态科学，18（2）：55-63.

常弘，陈仁先，粟娟，等，2007. 广州新垦红树林湿地鸟类多样性与生境分析[J]. 四川动物，26（3）：561-565.

常弘，廖宝文，粟娟，等，2012. 广州南沙红树林湿地鸟类群落多样性（2005～2010）[J]. 应用与环境生物学报，18（1）：30-34.

常云蕾，廖静娟，张丽，2023.东南亚红树林时空变化趋势及驱动因素分析[J]. 热带地理，43（01）：31-42.

陈保瑜，宋悦，昝启杰，等，2012. 深圳湾近30年主要景观类型之演变[J]. 中山大学学报（自然科学版），51（5）：86-92.

陈栋，苏燊燊，汤坤，2008. 公路噪声对东洞庭湖自然保护区水鸟的影响评价[J]. 湖南理工学院学报（自然科学版），21（3）：78-82.

陈桂珠，王勇军，黄乔兰，1995. 深圳福田红树林鸟类自然保护区陆鸟生物多样性[J]. 生态科学，2：105-108.

陈国章，黄尚宁，2015. "红树林是我们家乡的宝！"——广西山口红树林资源保护调查[J]. 南方国土资源，11：23-26.

陈建全，2006. 漳江口红树林国家级自然保护区水鸟动态变化的研究[J]. 武夷科学，8（1）：210-215.

陈建伟，陈克林，1996. 中国湿地现状、保护与目标展望[J]. 野生动物，17（4）：3-6.

陈金华，张立敏，2005. 湿地鸟类旅游开发研究——以泉州湾为例[J]. 亚热带水土保持，17（4）：41-44.

陈进树，2010. 浅析林德曼效率的适用前提和对象[J]. 中国科技信息，17（5）：24-26.

陈晶，2005. 扎龙自然保护区观鸟区春季鸟类群落分析与观鸟旅游线路设计[D]. 哈尔滨：东北林业大学.

陈立栋，2015. 漳江口红树林保护区越冬水鸟的年际变化[J]. 防护林科技，7：46-48.

陈若海，2014. 泉州湾河口湿地红树林区鸟类组成和年变动研究[J]. 湿地科学与管理，4：61-63.

陈若海，林伟东，黄磊，等，2017. 泉州湾河口红树林湿地鸟类群落多样性分析[J]. 泉州师范学院学报，35（2）：13-20.

陈万逸，张利权，袁琳，2012. 上海南汇东滩鸟类栖息地营造工程的生境评价[J]. 海洋环境科学，31（4）：561-566.

陈晓东，孙福军，刘洋，等，2011. 高压输电线路驱鸟试验研究[J]. 黑龙江电力，33（1）：53-57.

陈志鹏，胡柳柳，王皓，等，2016. 深圳福田红树林保护区水鸟调查及种群变化研究[J]. 资源节约与环保，12：163-167.

陈志云，牛安逸，徐颂军，等，2018. 基于地学信息图谱的深圳湾湿地景观变化分析[J]. 林业科学，54（3）：168-176.

陈仲新，张新时，2000. 中国生态系统效益的价值[J]. 科学通报，1：17-22.

陈子月，卓子荣，陈卓杰，2016. 深圳红树林湿地系统健康评价[J]. 中国人口·资源与环境，S1：149-152.

程珊珊，沈小雪，柴民伟，等，2018. 深圳湾红树林湿地不同生境类型沉积物的重金属分布特征及其生态风险评价[J]. 北京大学学报（自然科学版），54（2）：1-10.

程翊欣，王军燕，何鑫，等，2013. 中国内地观鸟现状与发展[J]. 华东师范大学学报（自然科学版），2：63-74.

丑庆川，徐华林，刘军，等，2014. 福田红树林湿地生态系统EWE模型构建[J]. 生态学杂志，33（5）：1413-1419.

崔保山，杨志峰，2001. 湿地生态系统健康研究进展[J]. 生态学杂志，20（3）：31-36.

崔保山，杨志峰，2002. 湿地生态系统健康评价指标体系I.理论[J]. 生态学，22（7）：1005-1011.

崔保山，杨志峰，2003. 湿地生态系统健康的时空尺度特征[J]. 应用生态学报，14（1）：121-125.

崔恒敏，陈怀涛，2005. 铜中毒对雏鸭免疫器官细胞凋亡影响的研究[J]. 畜牧兽医学报，36（4）：370-375.

崔恒敏，陈怀涛，邓俊良，等，2005a. 实验性雏鸭铜中毒症的病理学研究[J]. 畜牧兽医学报，36（7）：715-721.

崔恒敏，彭西，方静，等，2004. 实验性雏鸭锌中毒症的病理学研究[J]. 畜牧兽医学报，35（2）：217-221.

崔恒敏，赵翠燕，黎得兵，等，2005b. 高锌对雏鸡免疫功能影响的研究[J]. 畜牧兽医学报，36（3）：240-245.

达瓦次仁，2015. 关于西藏冬季旅游的一点思考——开发冬季观鸟旅游线路[J]. 西藏研究，5：
　　87-94.

代云川，王秀磊，马国青，等，2018. 青海湖国家级自然保护区水鸟群落多样性特征[J]. 林业
　　资源管理，2：74-80.

戴建青，李军，李志刚，等，2011. 红树林害虫海榄雌瘤斑螟防控技术研究[J]. 广东农业科学，
　　38（13）：65-67.

单继红，2013. 鄱阳湖鸟类多样性、濒危鸟类种群动态及其保护空缺分析[D]. 哈尔滨：东北林
　　业大学.

邓巨燮，关贯勋，卢柏威，等，1989. 广东省及海南重要鸟类资源现况调查[J]. 生态科学（2）：
　　60-70.

邓利，张慧敏，劳大荣，等，2014. 福田红树林自然保护区沉积物重金属污染现状及生态风险
　　评价[J]. 海洋环境科学，33（6）：947-953.

邓学建，王斌，2000. 南洞庭湖冬季鸟类群落结构及多样性分析[J]. 四川动物，9（4）：236-238.

丁长青，郑光美，1997. 黄腹角雉的巢址选择[J]. 动物学报，43（1）：27-33.

丁志锋，梁健超，冯永军，等，2020. 澳门城市栖息地斑块中鸟类群落功能和谱系多样性[J].生
　　态学杂志，39（4）：1238-1247.

董张玉，刘殿伟，王宗，等，2014. 遥感与GIS支持下的盘锦湿地水禽栖息地适宜性评价[J]. 生
　　态学报，34（6）：1503-1511.

杜寅，周放，舒晓莲，等，2009. 全球气候变暖对中国鸟类区系的影响[J]. 动物分类学报，34（3）：
　　664-674.

方小斌，邹璐琦，丁长青，2017. 鸟类惊飞距离及其影响因素[J]. 动物学杂志，52（5）：897-910.

冯尔辉，陈伟，廖宝文，等，2012. 海南东寨港红树林湿地鸟类监测与研究[J]. 热带生物学报，
　　3（1）：73-77.

冯建祥，朱小山，宁存鑫，等，2017. 红树林种植-养殖耦合湿地生态修复效果评价[J]. 中国环
　　境科学，37（7）：2662-2673.

傅伯杰，刘世梁，马克明，2001. 生态系统综合评价的内容与方法[J]. 生态学报，21（11）：
　　1885-1892.

干晓静，2009. 互花米草入侵长江口崇明东滩盐沼对鸟类栖息地选择的影响[D]. 上海：复旦
　　大学.

干晓静，李博，陈家宽，等，2007. 生物入侵对鸟类的生态影响[J]. 生物多样性，15（5）：548-557.

高大中，林海，林乐乐，等，2021. 利用小型无人机监测西洞庭湖水鸟的可行性探讨[J]. 动物
　　学杂志，56（1）：100-110.

高德，2009. 北京野鸭湖湿地秋冬季鸟类多样性调查与生境选择研究[D]. 北京：首都师范大学.

高学平，赵世新，张晨，涂向阳，2009. 河流系统健康状况评价体系及评价方法[J]. 水利学报，
　　40（8）：962-968.

葛振鸣，周晓，施文彧，等，2007. 九段沙湿地鸻形目鸟类迁徙季节环境容纳量[J]. 生态学报，
　　27（1）：90-96.

关贯勋，邓巨燮，1990. 华南红树林潮滩带的鸟类[J]. 中山大学学报论丛，2：66-73.

郭江泓，2018. 大型填海工程对海洋生态环境的影响及保护措施[J]. 化工管理，10（2）：188-189.

郭玉民，刘相林，徐纯柱，等. 2005. 小兴安岭白头鹤繁殖地种群数量初步调查[J]. 动物学杂

志，40（4）：51-54.

韩维栋，高秀梅，卢昌义，等，2000. 中国红树林生态系统生态价值评估[J]. 生态科学，19（1）：40-46.

韩宙，钟锋，2012. 红树林常见虫害的概述及防治方法[J]. 农业开发与装备，6：148-152.

何磊，叶思源，赵广明，等，2023. 海岸带滨海湿地蓝碳管理的研究进展[J]. 中国地质，50（3）：777-794.

何锐，2016. 基于"3S"技术的洞庭湖越冬水禽栖息地变动研究[D]. 长沙：湖南农业大学.

何绍福，马剑，李春茂，2001. "3S"技术发展综述[J]. 三明高等专科学校学报，18（3）：50-54.

何诗雨，胡涛，徐华林，等，2016. 香港米埔自然保护区保护与管理经验及启示[J]. 湿地科学与管理，12（1）：26-29.

何鑫，2022. 公众参与鸟类研究：公众科学的典型应用[J]. 科学，74（5）：5-9，69.

侯思琰，袁媛，杨佳居，等，2017. 海河流域典型滨海湿地生境质量评价[C]//2017 年中国环境科学学会科学与技术年会.

胡涛，丑庆川，何诗雨，等，2016. 深圳湾红树林结构调控及自然恢复状况[J]. 生态学杂志，35（6）：1491-1496.

胡涛，丑庆川，徐华林，等，2015. 深圳湾福田红树林保护区生态系统健康评价[J]. 湿地科学与管理，1：16-20.

胡晓燕，李智宏，李露云，等，2018. 2013—2016 年云南拉市海湿地冬季水鸟变化及影响因素分析[J]. 生态与农村环境学报，34（5）：419-425.

黄金水，蔡守平，何学友，等，2012. 东南沿海防护林主要病虫害发生现状与防治策略[J]. 福建林业科技，39（1）：165-170.

黄守忠，施上粟，何一先，等，2008. 淡水河口红树林部分伐除以复育水鸟栖息泥滩地之研究[C]//第四届中国红树林学术会议.

黄滢，陈燕丽，莫伟华，等，2022. 基于数据关联分析的红树林虫害与气象条件关系研究[J]. 气象研究与应用，43（4）：20-25.

黄源欣，李梦婷，胡慧建，等，2023. 广州南沙湿地公园鸟类 2014—2018 年际动态及其对生境变化的响应[J]. 热带地理，43（1）：71-87.

黄泽余，周志权，1997. 广西红树林炭疽病研究[J]. 广西科学，4（4）：80-85.

黄智君，刘劲涛，夏丹霞，等，2021. 滨海湿地红树林生态修复对鹭科鸟类种群动态的影响[J]. 湿地科学与管理，17（1）：19-22.

贾荻帆，2012. 青藏高原珍稀濒危特有鸟类优先保护地区研究[D]. 北京：北京林业大学.

贾非，王楠，郑光美，2005. 白马鸡繁殖早期栖息地选择和空间分布[J]. 动物学报，51（3）：383-392.

贾凤龙，陈海东，王勇军，等，2001a. 深圳福田红树林害虫及其发生原因[J]. 中山大学学报（自然科学版），40（3）：88-91.

贾凤龙，王勇军，昝启杰，2001b. 灭幼脲Ⅲ号、苏云金杆菌防治广州小斑螟药效试验[J]. 昆虫天敌，23（2）：86-89.

江红星，刘春悦，侯韵秋，等，2010. 3S 技术在鸟类栖息地研究中的应用[J]. 林业科学，46（7）：155-163.

姜刘志，李常诚，杨道运，等，2017. 福田红树林自然保护区生态环境现状及保护对策研究[J].

环境科学与管理，42（11）：152-155.

蒋剑虹，戴年华，邵明勤，等，2015. 鄱阳湖区稻田生境中灰鹤越冬行为的时间分配与觅食行为[J]. 生态学报，35（2）：270-279.

蒋科毅，于明坚，平丁，等，2005. 松材线虫侵袭引发的植被演替对鸟类群落的影响[J]. 生物多样性，13（6）：496-506.

焦盛武，2015. 白头鹤在中国迁徙路线上的栖息地选择和觅食策略研究[D]. 北京：北京林业大学.

孔红梅，赵景柱，姬兰柱，等，2002. 生态系统健康评价方法初探[J]. 应用生态学报，13（4）：486-490.

孔晓鹏，郑晓庆，杨日杰，等，2017. 基于 LOFAR 谱典型海鸟鸣声特征分析和识别[C]//2017 年中国声学学会全国声学学术会议.

孔颖，2020. 我国鸟类迁徙路线上的湿地资源现状及保护对策[J]. 环境与发展，32（3）：201-202，207.

李存焕，李曼玉，罗濠，等，2013. 深圳红树林保护区水质重金属含量[J]. 深圳大学学报（理工版），30（4）：437-440.

李德伟，邓艳，常明山，等，2016. 赤眼蜂防治红树林害虫的释放技术研究[J]. 中国森林病虫，35（4）：34-35.

李德伟，吴耀军，罗基同，等，2010. 广西北部湾桐花树毛颚小卷蛾生物学特性及防治[J]. 中国森林病虫，29（2）：12-14.

李枫，张微微，刘广平，2007. 扎龙湿地水体重金属沿食物链的生物累积分析[J]. 东北林业大学学报，35（1）：44-46.

李峰，丁长青，2006. 持久性有机污染物（POPs）对鸟类的影响[J]. 动物学杂志，41（2）：128-134.

李峰，丁长青，2007. 重金属污染对鸟类的影响[J]. 生态学报，27（1）：296-303.

李福来，秦在贤，滕怀妹，1990. 朱鹮卵壳的微观结构和成分研究[J]. 动物学研究，11（3）：173-177.

李罡，昝启杰，赵淑玲，等，2007. 海榄雌瘤斑螟的生物学特性及 Bt 对其幼虫的毒力和防效[J]. 应用与环境生物学报，13（1）：50-54.

李海生，陈桂珠，昝启杰，2007. 深圳市红树林的保护及其恢复[J]. 城市环境与城市生态（4）：10-12.

李晖，刘彦，黄伊琳，等，2022. 基于 Maxent 模型的深圳湾鸟类热点生境判别及修复研究[J]. 中国园林，38（12）：14-19.

李加木，2008. 漳江口红树林国家级自然保护区水鸟生物多样性分析[J]. 林业勘察设计（1）：72-75.

李俊灵，2016. 基于 GIS 技术的越冬鹤类对土地利用变化的响应研究[D]. 合肥：安徽农业大学.

李柳强，2008. 中国红树林湿地重金属污染研究[D]. 厦门：厦门大学.

李瑞利，柴民伟，邱国玉，等，2012. 近 50 年来深圳湾红树林湿地 Hg、Cu 累积及其生态危害评价[J]. 环境科学，33（12）：4276-4283.

李瑞利，杨芳，王辉，等，2022. 红树林保护与修复标准发展现状及对策[J]. 北京大学学报（自然科学版），58（5）：916-928.

李仕宁，苏文拔，林贵生，等，2011. 三亚青梅港红树林自然保护区鸟类资源调查[J]. 热带林业，39（4）：47-51.

李相林，2007. 北仑河口红树林自然保护区鸟类集群研究[D]. 南宁：广西大学.

李旭源，罗泽，阎保平，2015. 一种基于节点删除法的候鸟栖息地重要性评估方法研究与实现[J]. 计算机应用研究，32（2）：409-412.

李言阔，黄建刚，李凤山，等，2013. 鄱阳湖越冬小天鹅在高水位年份的昼间时间分配和活动节律[J]. 四川动物（4）：498-503.

李阳，2020. 对广西红树林滨海湿地生态产业经济发展的思考[J]. 南方国土资源（3）：53-56.

李真，李瑜，昝启杰，等，2017. 深圳福田与香港米埔红树林群落分布与景观格局比较[J]. 中山大学学报（自然科学版），56（5）：12-19.

李志刚，戴建青，叶静文，等，2012. 中国红树林生态系统主要害虫种类、防控现状及成灾原因[J]. 昆虫学报，55（9）：1109-1118.

李志刚，李军，韩诗畴，2017. 近30年来深圳福田红树林昆虫群落特征及其对生境变化的响应[J]. 环境昆虫学报，39（5）：1081-1089.

梁华，2007. 澳门路凼填海区湿地生物群落结构的动态变化及物种多样性研究[D]. 广州：暨南大学.

梁振辉，冯尔辉，李隆飞，等，2018. 2015年海南东寨港红树林湿地鸟类调查[J]. 热带林业，46（2）：43-46.

廖晓东，2003. 潮汐规律与福田红树林湿地公园观鸟时机研究[J]. 生物学通报（3）：57-59.

林波，尚鹤，姚斌，等，2009. 湿地生态系统健康研究现状[J]. 世界林业研究，22（6）：24-30.

林茵，林宏基，陈伟斌，2012. 基于SVM的湿地鸟类物种识别方法[J].软件导刊，11（12）：165-167.

林金璇，蓝炎阳，陈毅勇，等，2014. 台湾黑僵菌在茶叶生物防治上的应用[J]. 北京农业（12）：138-139.

林鹏，1981. 中国东南部海岸红树林的类群及其分布[J]. 生态学报，1（3）：283-290.

林鹏，1997. 中国红树林生态系[M]. 北京：科学出版社.

林清贤，陈小麟，林鹏，2002. 厦门凤林红树林区鸟类组成和年变动研究[J]. 厦门大学学报（自然科学版），41（5）：634-640.

林清贤，林鹏，陈小麟，2005. 泉州洛江口红树林区滩涂水鸟与大型底栖动物相关关系[C]//第八届中国动物学会鸟类学分会全国代表大会暨第六届海峡两岸鸟类学研讨会.

林石狮，田穗兴，王英永，等，2017. 2007～2011年深圳湾鸟类多样性组成和结构变化[J]. 湿地科学，15（2）：163-172.

林恬田，杨宇泽，2018. 福州乌山鸟类多样性与观鸟旅游发展研究[J]. 科技资讯，（4）：213-215.

林永红，徐鹏，廖星，等，2015. 滨海湿地水鸟飞行阻力格局及空间管制策略——以深圳市深圳湾为例[J]. 生态学杂志，34（11）：3182-3190.

刘博，2010. 人工照明对京津地区候鸟影响研究[D]. 天津：天津大学.

刘春悦，江红星，张树清，等，2012. 基于TM与ASAR遥感数据的扎龙丹顶鹤繁殖栖息地多尺度特征[J]. 应用生态学报，23（2）：491-498.

刘金苓，李华丽，唐以杰，等，2017. 珠海淇澳岛红树林湿地经济鱼类的重金属污染现状及对人体健康风险分析[J]. 生态科学，36（5）：186-195.

刘劲涛，黄毓薇，黄智君，等，2021. 厦门下潭尾红树林修复区景观类型与鸟类群落动态[J].湿地科学与管理，17（1）：23-26.

刘静，马克明，曲来叶，2018. 湛江红树林湿地水体重金属污染评价及来源分析[J]. 水生态学杂志，39（1）：23-31.

刘萌萌，张曼玉，韩茜，等，2023. 公众观鸟和传统样线法调查应用于鸟类多样性监测的比较：以南京老山为例[J].生态与农村环境学报，39（9）：1196-1204.

刘庆，2006b. 厦门地区几种猛禽体内的重金属分布规律及铅对鹌鹑的毒性作用[D]. 厦门：厦门大学.

刘庆，陈美，陈小麟，2006a. 厦门几种猛禽体内的重金属分布[J]. 厦门大学学报（自然科学版），45（2）：280-283.

刘天红，于道德，李红艳，等，2017. 东营养殖双齿围沙蚕营养成分分析及膳食营养评价[J]. 水产科学，36（2）：160-166.

刘伟，孙富云，高翔，2017. 东洞庭湖湿地优势鹬类物种栖息地适宜性研究[J]. 野生动物学报，38（4）：603-607.

刘艳艳，吴大放，王朝晖，2011. 湿地生态安全评价研究进展[J]. 地理与地理信息科学，27（1）：69-75.

刘焱序，彭建，汪安，等，2015. 生态系统健康研究进展[J]. 生态学报，35（18）：5920-5930.

刘一鸣，许方宏，林广旋，等，2015. 湛江红树林保护区冬季水鸟群落及生境偏好[J]. 新疆农业大学学报，38（5）：376-385.

刘一鸣，许方宏，林广旋，等，2016. 雷州九龙山红树林湿地公园冬季鸟类多样性[J].新疆农业大学学报，39（4）：311-316.

刘玉臣，1997. 沙丘鹤营巢生境的空间分析[J]. 国外林业，27（1）：16-19.

刘玉政，曹玉昆，1992. 试论野生鸟类经济效益的评价[J]. 野生动物（5）：14-16.

刘云珠，史林鹭，朵海瑞，等，2013. 人为干扰下西洞庭湖湿地景观格局变化及冬季水鸟的响应[J]. 生物多样性，21（6）：666-676.

刘子欢，陆秀君，李瑞军，等，2015. 苏云金杆菌亚致死浓度对美国白蛾及其寄生蜂生长发育的影响[J]. 植物保护学报，42（2）：278-282.

龙娟，宫兆宁，赵文吉，等，2011. 北京市湿地珍稀鸟类特征与价值评估[J]. 资源科学，33（7）：1278-1283.

龙帅，周材权，王维奎，等，2007. 南充雉鸡的巢址选择和春夏季栖息地选择[J]. 动物学研究，28（3）：249-254.

龙涛，邓绍坡，吴运金，等，2015. 生态风险评价框架进展研究[J]. 生态与农村环境学报，31（6）：822-830.

芦康乐，武海涛，吕宪国，等，2017. 基于水生无脊椎动物完整性指数的三江平原沼泽湿地健康评价[J]. 湿地科学，15（5）：670-679.

鲁丹，俞琰垒，张虹，2016. 梭子蟹中硒形态分析及其分布研究[J]. 食品研究与开发，37（13）：109-112.

罗万次，苏搏，刘熊，等，2014. 广西北仑河口红树林保护区表层海水溶解态重金属时空分布及其影响因素[J]. 海洋通报，33（6）：668-675.

罗孝俊，张秀蓝，罗勇，等，2009. 电子垃圾回收区野生鸟类中的持久性有机污染物及其风险评价[C]//2009年中国环境科学学会学术年会.

罗跃初，周忠轩，孙轶，等，2003. 流域生态系统健康评价方法[J]. 生态学报，23（8）：1606-1614.

吕旭红，罗泽，2017. 基于互信息的生态位因子分析方法[J]. 计算机系统应用，6（9）：10-15.

吕一河 ，傅伯杰，2001. 生态学中的尺度及尺度转换方法[J]. 生态学报，21（12）：2096-2105.

马国强，刘美斯，吴培福，等，2012. 旅游干扰对鸟类多样性及取食距离的影响评价——以普达措国家公园为例[J]. 林业资源管理（1）：108-114.

马嘉慧，2013. 香港米埔内后海湾国际重要湿地水鸟监测[C]//第十二届全国鸟类学术研讨会暨第十届海峡两岸鸟类学术研讨会.

马剑，刘博，刘刚，等，2010. 人工光照对迁徙类鸣禽行为影响个案实验研究[J]. 照明工程学报（3）：8-12.

马克明，孔红梅，关文彬，等，2001. 生态系统健康评价：方法与方向[J]. 生态学报，21（12）：2106-2116.

马艳菊，苏搏，蒙珍金，2011. 广西北仑河口国家级自然保护区秋冬季水鸟调查[J]. 广西科学，18（1）：73-78.

马志军，干晓静，蔡志扬，等，2013. 长江口盐沼湿地入侵植物互花米草对斑背大尾莺建群和种群扩张的影响[C]//第十二届全国鸟类学术研讨会暨第十届海峡两岸鸟类学术研讨会.

满卫东，刘明月，王宗明，等，2017. 1990—2015年三江平原生态功能区水禽栖息地适宜性动态[J]. 应用生态学报，28（12）：4083-4091.

毛碧琦，2017. 基于选择实验的三江平原湿地生态系统服务价值评价及偏好异质性研究[D]. 哈尔滨：东北农业大学.

毛子龙，杨小毛 ，赵振业，等，2012. 深圳福田秋茄红树林生态系统碳循环的初步研究[J]. 生态环境学报，21（7）：11.

孟宪佐，2000. 我国昆虫信息素研究与应用的进展[J]. 昆虫知识，37（2）：75-84.

莫竹承，孙仁杰，陈骁，等，2018. 涠洲岛湿地对鸻鹬类水鸟的承载力评估[J]. 广西科学，25（2）：181-188.

牛明香，王俊，徐宾铎，2017. 基于PSR的黄河河口区生态系统健康评价[J]. 生态学报，37（3）：943-952.

牛志远，沈小雪，柴民伟，等，2018. 深圳湾福田红树林区水环境质量时空变化特征[J]. 北京大学学报（自然科学版），54（1）：137-145.

潘艳秋，刘菲，2009. 3S技术在鸟类生态学研究中的应用[J]. 内蒙古环境科学，21（2）：48-54.

庞学光，2018. 红树林常见虫害分析与有效防治探究[J]. 南方农业，12（11）：79-80.

彭逸生，王晓兰，陈桂珠，等，2008. 珠海淇澳岛冬季的鸟类群落[J]. 生态学杂志，27（3）：391-396.

钱生，陈宗海，林名强，等，2015. 基于条件随机场和图像分割的显著性检测[J]. 自动化学报，41（4）：711-724.

乔永民，谭键滨，马舒欣，等，2018. 深圳红树林湿地沉积物氮磷分布与来源分析[J]. 环境科学与技术，41（2）：34-40.

邱观华，2009a. 甘肃敦煌西湖湿地鸟类调查及其栖息地重要性评价[D]. 北京：北京林业大学.

邱观华，李飞，雷霆，等，2009b. 敦煌西湖湿地鸟类栖息地重要性模糊综合评判[J]. 生态学报，29（7）：3485-3492.

邵明勤，张聪敏，戴年华，等，2018. 越冬小天鹅在鄱阳湖围垦区藕塘生境的时间分配与行为节律[J]. 生态学杂志，37（3）：817-822.

施德群，2010. 基于旅行费用法的观鸟游憩价值评估[D]. 北京：北京林业大学.

施上粟，陈章波，黄国文，2011. 以水理观点看待淡水河红树林扩张及疏伐[C]//中国第五届红树林学术会议.

石贵民，2013. 武夷山九曲溪湿地鸟类联网监测及识别系统[J].湖南工业大学学报，27（2）：84-88.

司万童，刘菊梅，2012. 黄河首曲湿地不同生境对鸟类群落结构的影响[J]. 广东农业科学，39（5）：146-148.

宋立伟，2011. 基于鸟类群落特征的亚热带城市河流生态修复效果评价研究[D]. 长春：东北师范大学.

宋熙煜，周利莉，李中国，等，2015. 图像分割中的超像素方法研究综述[J]. 中国图象图形学报，20（5）：599-608.

宋虓，2012. 野生朱鹮种群的觅食地选择研究[D]. 北京：北京林业大学.

宋晓军，林鹏，2002. 福建红树林湿地鸟类区系研究[J]. 生态学杂志，21（6）：5-10.

苏茂文，张钟宁，2007. 昆虫信息化学物质的应用进展[J]. 昆虫知识，44（4）：477-485.

孙戈，曾立雄，钱法文，等，2022. 鸟类监测技术现状与发展趋势[J]. 地理信息世界，29（6）：26-29.

孙吉吉，王思宇，王彦平，等，2011. 千岛湖栖息地片段化效应对鸟类巢捕食风险的影响[J]. 生物多样性，19（5）：528-534.

孙莉莉，刘云珠，贾亦飞，等，2019. 广东内伶仃岛-福田国家级自然保护区鱼塘生态恢复前、后水鸟群落多样性对比[J]. 湿地科学，17（6）：631-636.

孙敏，2012. 珠海近岸海域生态系统健康评价及胁迫因子分析[D]. 青岛：中国海洋大学.

孙锐，崔国发，2012. 自然保护区水鸟栖息地状况计量方法[P]. 100083 北京市海淀区北京林业大学 159 信箱，2012-08-08.

孙文婷，赵思琪，马莉丽，等，2012. Distance 在样线法和样点法鸟类调查中的结果差异研究[J]. 安徽农业科学，40（27）：13383-13384.

孙毅，黄奕龙，刘雪朋，2009. 深圳河河口红树林湿地生态系统健康评价[J]. 中国农村水利水电（10）：32-35.

谭飞，林英华，张明海，2013. 福建漳江口繁殖期鹭科鸟类觅食及巢位空间生态位分离[J]. 野生动物，34（2）：79-83.

唐睿，张钟宁，2014. 鳞翅目昆虫的信息素研究新进展[J]. 应用昆虫学报（5）：1149-1162.

唐艳红，2013. 深圳市道路交通噪声污染现状及防治对策[J]. 交通节能与环保，9（4）：70-73.

田淑琴，李明玉，田东，等，2001.实验性肉鸭镉中毒研究[J].西南民族学院学报（自然科学版）（2）：225-228.

仝龄，1999. Ecopath——一种生态系统能量平衡评估模式[J]. 海洋水产研究，20（2）：103-107.

佟富春，麦艳仪，官方正，等，2023. 广东翁源青云山省级自然保护区的鸟类多样性及群落特征分析[J]. 华南农业大学学报，44（2）：287-295.

童永彭，朱志鹏，2017. 深圳市市售海产品中砷、镉、铅含量分析及风险评价[J]. 环境与职业医学，34（1）：49-52.

汪荣，2011. 福建滨海水鸟栖息地主成分分析与评价[J]. 浙江农林大学学报，28（3）：472-478.

王伯荪，廖保文，王勇军，等，2002. 深圳湾红树林生态系统及其持续发展[M]. 北京：科学出版社：42-57，150-173，285-293.

王成，董斌，朱鸣，等，2018. 升金湖湿地越冬鹤类栖息地选择[J]. 生态学杂志，37（3）：810-816.

王初升，黄发明，于东升，等，2010. 红树林海岸围填海适宜性的评估[J]. 亚热带资源与环境学报，5（1）：62-67.

王冠森，柴民伟，栾胜基，2017. 深圳典型红树林湿地重金属累积特征比较研究[J]. 生态环境学报，26（5）：862-870.

王海涛，战培荣，2010. 乌苏里江几种水产品中 10 种金属元素的 ICP-MS 对比分析[J]. 分析试验室（S1）：114-117.

王红英，2008. 以野生动物为对象的休闲旅游影响与评价研究[D]. 北京：北京林业大学.

王金水，包景岭，常文韬，等，2011. 衡水湖湿地旅游开发对鸟类的影响及对策研究[J]. 河北师范大学学报（自然科学版），35（3）：313-317.

王军，李明，王晓宁，等，2008. 基于雷达识别的鸟情探测研究[C]//第 18 届全国煤矿自动化与信息化学术会议. 中国浙江杭州：5.

王立，姚浔平，范建中，2013. 宁波市售海产品铅镉铜含量调查及评价[J]. 中国卫生检验杂志，（8）：1981-1984.

王林聪，李志刚，李军，等，2016. 不同波长诱虫灯对红树林主要害虫的诱集作用[J]. 环境昆虫学报，38（5）：1028-1031.

王淼强，2017. 深圳湾红树林虫害及防治技术研究进展[J]. 绿色科技，（15）：211-212.

王强，吕宪国，2007. 鸟类在湿地生态系统监测与评价中的应用[J]. 湿地科学，5（3）：274-281.

王侏，2006. 黑龙江省五个国家级自然保护区鸟类观赏性分析及观鸟管理[D]. 哈尔滨：东北林业大学.

王树功，郑耀辉，彭逸生，等，2010. 珠江口淇澳岛红树林湿地生态系统健康评价[J]. 应用生态学报（2）：391-398.

王秀明，李洪远，孟伟庆，2010. 基于模糊综合评价模型的天津滨海新区湿地生态系统健康评价[J]. 湿地科学与管理，6（3）：19-23.

王莹，郑丽波，俞立中，等，2010. 基于神经元网络模型的崇明东滩湿地生态系统健康评估[J]. 长江流域资源与环境，19（7）：776-781.

王勇军，黄乔兰，陈桂珠，1995. 深圳福田红树林鸟类自然保护区水禽生态环境的建设[J]. 生态科学（2）：109-113.

王勇军，林鹏，宋晓军，1998. 深圳湾福田红树林湿地水鸟的周年动态[J]. 厦门大学学报（自然科学版），37（1）：126-134.

王勇军，刘治平，陈相如，1993. 深圳福田红树林冬季鸟类调查[J]. 生态科学（2）：74-84.

王勇军，徐华林，昝启杰，2004. 深圳福田鱼塘改造区鸟类监测及评价[J]. 生态科学，23（2）：147-153.

王勇军，昝启杰，2001. 深圳福田无瓣海桑与海桑人工林鸟类群落研究及生态评价[J]. 生态科学，20（1）：41-46.

王勇军，昝启杰，常弘，1999a. 深圳福田红树林湿地鹭科鸟类群落生态研究[J]. 中山大学学报（自然科学版），38（2）：86-90.

王勇军，昝启杰，林鹏，1999b. 深圳福田红树林陆鸟类变迁及保护[J]. 厦门大学学报（自然科学版），38（1）：142-149.

王勇军，昝启杰，徐华林，2002. 深圳湾福田湿地水鸟变迁与保护[J]. 生态科学，21（3）：226-232.

王玉图，王友绍，李楠，等，2010. 基于 PSR 模型的红树林生态系统健康评价体系——以广东省为例[J]. 生态科学，29（3）：234-241.

王云，李麒麟，关磊，等，2011. 纳帕海环湖公路交通噪声对鸟类的影响[J]. 动物学杂志，46（6）：65-72.

王战宁，2007. 湿地鸟类调查研究[J]. 林业勘察设计（2）：100-103.

位菁，曾锋莲，刘路明，2015. 交通噪声对万鹤山自然保护区的影响分析[J]. 西部交通科技（5）：107-109.

文可，2022. 土地覆盖变化对中国红树林空间范围的影响[D]. 南宁：广西大学.

邬建国，2000. 景观生态学——概念与理论[J]. 生态学杂志，19（1）：42-52.

吴国强，2015. 基于改进 HITS 的栖息地重要性挖掘方法研究与实现[D]. 北京：中国科学院大学.

吴寿德，方柏州，黄金水，等，2002. 红树林害虫—螟蛾生物防治技术的研究[J]. 武夷科学，28（1）：116-119.

吴晓东，2009. 广东湛江红树林国家级自然保护区鸟类调查监测及保护对策[J]. 湿地科学与管理，5（4）：27-29.

夏少霞，刘观华，于秀波，等，2015. 鄱阳湖越冬水鸟栖息地评价[J]. 湖泊科学，（4）：719-726.

咸义，叶春，李春华，等，2015. EWE 模型在水域生态系统研究中的应用[C]//2015 年中国环境科学学会学术年会.

咸义，叶春，李春华，等，2016. 竺山湾湖泊缓冲带湿地生态系统 EWE 模型构建与分析[J]. 应用生态学报，27（7）：2101-2110.

谢汉宾，莫英敏，张姚，等，2017. 以水鸟保育为目标的水稻田构建技术及效果评估[J]. 长江流域资源与环境，26（11）：1919-1927.

熊帆帆，李春波，2022. 湿地生态系统服务价值评估研究综述[J]. 商业会计（23）：74-77，123.

胥浪，2010. 珠江口湿地鸟类变化与净初级生产力的相关性探讨——以米埔内后海湾拉姆萨尔湿地为例[D]. 广州：中山大学.

徐桂红，吴苑玲，杨琼，2014. 华侨城湿地生态系统服务功能价值评估[J]. 湿地科学与管理，10（2）：9-12.

徐桂红，杨积涛，巫锡良，等，2016. 华侨城湿地浮游生物调查[J]. 湿地科学与管理，12（2）：46-48.

徐桂红，张小英，徐昇，2015. 深圳华侨城湿地鸟类多样性调查研究[J]. 湿地科学与管理，11（2）：59-61.

徐浩田，周林飞，成遣，2017. 基于 PSR 模型的凌河口湿地生态系统健康评价与预警研究[J]. 生态学报，37（24）：8264-8274.

徐洪鑫，刘焕奇，2002. 雏鸡汞中毒血液及组织的残留分析[J]. 中国动物检疫，19（6）：26-27.

徐华林，2013a. 深圳湾水鸟生物多样性初步研究[J]. 野生动物，34（5）：291-295.

徐华林，刘赞锋，包强，等，2013b. 八点广翅蜡蝉对深圳福田红树的危害及防治[J]. 广东林业科技，29（5）：26-30.

徐世文，李术，侯瑞萍，2000. 肉鸡三氧化二砷急性毒性试验研究[J]. 黑龙江畜牧兽医（6）：18.

徐颂军，许观嫦，廖宝文，2016. 珠江口红树林湿地海水重金属污染评价及分析[J]. 华南师范大学学报（自然科学版），48（5）：44-51.

徐友根，李崧，2002. 城市建设对深圳福田红树林生态资源的破坏及保护对策[J]. 资源与产业（3）：

32-35.

徐正刚，吴良，赵运林，等，2015. 洞庭湖笼养鸿雁行为节律研究[J]. 野生动物学报，3（4）：416-421.

许观嫦，徐颂军，宋焱，等，2015. 深圳红树林自然保护区海水重金属质量评价[J]. 华南师范大学学报（自然科学版），47（1）：101-108.

许琰，2016. 城市 LED 屏幕光污染影响评价及防治初探[J]. 电子测试（1）：152-153.

薛亮，冯超，吴中虹，等，2009. BP 神经网络在洞庭湖湿地生态系统健康评价中的应用[J]. 林业调查规划，34（5）：47-50.

薛亮，赵振斌，延军平，2008. 西安市灞河湿地鸟类生境构成与保护价值评价研究[J]. 干旱区资源与环境，22（8）：116-119.

薛委委，2010. 黄河三角洲东方白鹳繁殖生态和栖息地选择特征[D]. 合肥：安徽大学.

闫璧滢，陈渝川，雷丽娟，等，2023. 海南东寨港红树林植物和沉积物真菌多样性及其药用活性[J].中国抗生素杂志，48（2）：158-171.

颜凤，李宁，杨文，等，2017. 围填海对湿地水鸟种群、行为和栖息地的影响[J]. 生态学杂志，36（7）：2045-2051.

杨斌，隋鹏，陈源泉，等，2010. 生态系统健康评价研究进展[J]. 中国农学通报，26（21）：291-296.

杨春宇，刘炜，陈仲林，2002. 城市生态与光污染控制[J]. 城市问题（2）：53-55.

杨二艳，2013. 安徽沿江湖泊小天鹅（Cygnus columbianus）越冬行为研究[D]. 合肥：安徽大学.

杨慧荣，曾泽乾，刘建新，2023. 红树林渔业碳汇功能及其影响研究进展[J]. 中山大学学报（自然科学版）（中英文），62（2）：10-16.

杨李，董斌，汪庆，等，2015. 安徽升金湖国家级自然保护区水鸟生境适宜性变化[J]. 湖泊科学，27（6）：1027-1034.

杨琼芳，邹发生，陈桂珠，2004. 用鸟体组织监测环境中的重金属污染[J]. 广州环境科学，19（3）：37-39.

杨星，邱彭华，钟尊倩，2020. 三亚河红树林自然保护区水环境-红树植物-沉积物重金属污染综合分析[J].环境污染与防治，42（9）：1163-1170.

杨延峰，张国钢，陆军，等，2012. 贵州草海越冬斑头雁日间行为模式及环境因素对行为的影响[J]. 生态学报，32（23）：7280-7288.

杨月伟，夏贵荣，丁平，等，2005. 浙江乐清湾湿地水鸟资源及其多样性特征[J]. 生物多样性，13（6）：38-44.

叶华香，臧淑英，张丽娟，等，2013. 扎龙湿地沉积物重金属空间分布特征及其潜在生态风险评价[J]. 环境科学，34（4）：1333-1339.

叶锦玉，虞皓琦，廖宝文，等，2022. 鸟类物种组合模式的稳定性——以珠海淇澳自然保护区红树林鸟类群落变化为例[J]. 生态环境学报，31（2）：265-276.

殷书柏，吕宪国，2006. 湿地功能快速评价中的若干理论问题[J]. 湿地科学，4（1）：1-6.

游克勤，杨欢逸，朱敏，2015. 福田红树林湿地生态系统模型框架的构建及研究[J]. 黑龙江科技信息，（23）：250-251.

于博威，谢毅梁，马曦瑶，等，2022. 近 40 年粤港澳大湾区湿地景观及其受损程度时空变化[J]. 环境生态学，4（5）：59-68.

余辰星，杨岗，陆舟，等，2014. 迁徙季节水鸟对滨海不同类型湿地的利用——以广西山口红树林自然保护区为例[J]. 海洋与湖沼, 45（3）：513-521.

袁军, 吕宪国, 2004. 湿地功能评价研究进展[J]. 湿地科学, 2（2）：153-160.

昝启杰, 许会敏, 谭凤仪, 等, 2013. 深圳华侨城湿地物种多样性及其保护研究[J]. 湿地科学与管理, 9（3）：56-61.

张佰莲, 刘群秀, 宋国贤, 2010. 崇明东滩越冬白头鹤生境适宜性评价[J]. 东北林业大学学报, 38（7）：85-87.

张斌, 袁晓, 裴恩乐, 等, 2011. 长江口滩涂围垦后水鸟群落结构的变化——以南汇东滩为例[J]. 生态学报, 31（16）：4599-4608.

张博, 李时, 姜云垒, 2014. 栖息地破碎化对鸟类的影响[J]. 长春师范大学学报, 33（2）：67-69.

张丹, 丁爱中, 林学钰, 等, 2009. 河流水质监测和评价的生物学方法[J]. 北京师范大学学报（自然科学版）, 45（2）：200-204.

张丹, 张军, 欧阳盼, 等, 2013. 南昌市常见鸟类对环境中 Cu、Pb、Cd 重金属污染物的指示作用研究[J]. 江西师范大学学报（自然科学版）, 37（3）：319-323.

张国钢, 梁伟, 楚国忠, 2006b. 海南黑脸琵鹭的越冬行为分析[J]. 生物多样性, 14（4）：352-358.

张国钢, 梁伟, 刘冬平, 等, 2006a. 黑脸琵鹭在海南岛的越冬地及其保护[J]. 林业科学, 42（1）：96-99.

张国钢, 梁伟, 刘冬平, 等, 2006c. 海南岛越冬水鸟多样性和优先保护地区分析[J]. 林业科学, 42（2）：78-82.

张国钢, 梁伟, 钱法文, 等, 2008. 海南岛红树林的消长对水鸟的影响[J]. 林业科学, 44（6）：97-100.

张恒军, 1992. 鸟类在环境监测中的作用[J]. 生物学通报（3）：8-10.

张宏达, 陈桂珠, 刘治平, 1998. 深圳福田红树林湿地生态系统研究[M]. 广州：广东科技出版社.

张健, 洪剑明, 陈光, 等, 2016. 我国东部水鸟迁徙通道主要栖息地保护恢复优先性评价[J]. 湿地科学与管理, 12（2）：36-40.

张军文, 郑晓伟, 沈建, 等, 2018. 南极磷虾干燥特性的研究[J]. 极地研究, 30（2）：186-191.

张良, 闫维, 莫训强, 孟伟庆, 2017. 鸟类栖息地保护对京津冀湿地保护规划的启示[C]//2017中国环境科学学会科学与技术年会.

张美, 牛俊英, 杨晓婷, 等, 2013. 上海崇明东滩人工湿地冬春季水鸟的生境因子分析[J]. 长江流域资源与环境,（7）：858-864.

张敏, 洪永密, 邹发生, 等, 2013. 澳门滩涂景观特征对鸻鹬类时空分布的影响[C]//第十二届全国鸟类学术研讨会暨第十届海峡两岸鸟类学术研讨会.

张攀, 谢先军, 黎清华, 等, 2022. 东寨港红树林沉积物中微生物群落结构特征及其对环境的响应[J]. 地球科学, 47（3）：1122-1135.

张强, 吴江平, 孙毓新, 等, 2013. 电子拆解区鸟类对持久性有机污染的响应：基于物种及功能团水平的多层次分析[C]//第十二届全国鸟类学术研讨会暨第十届海峡两岸鸟类学术研讨会.

张淑萍, 张正旺, 覃筱燕, 2003. 模糊综合评价法在水鸟栖息地保护等级评价中的应用——天津地区水鸟栖息地评价案例[J]. 北京师范大学学报（自然科学版）, 39（5）：677-682.

张思锋, 刘晗梦, 2010. 生态风险评价方法述评[J]. 生态学报, 30（10）：2735-2744.

张伟科, 2015. 福田红树林自然保护区湿地生态系统动态监测模型[J]. 科技展望,（23）：223-224.

张苇，余娜娜，刘军，2013. 湛江红树林保护区水鸟监测及水鸟资源现状[J]. 湿地科学与管理，9（1）：69-71.

张苇，邹发生，戴名扬，2008. 湛江红树林湿地鸟类资源现状及其保护对策[J]. 林业调查规划，33（5）：54-57.

张贤党，谢申国，易孔文，等，2008. 八点广翅蜡蝉在辰州香柚上的为害与防治对策[J]. 中国南方果树，37（3）：26-27.

张小海，罗理想，陈泽恒，等，2023. 海南新盈红树林国家湿地公园鸟类多样性研究[J]. 热带生物学报，14（2）：189-195.

张小亚，黄振东，2011. 柑橘八点广翅蜡蝉若虫形态特征及防治[J]. 浙江柑橘，（4）：29-30.

张永利，罗佳，王留林，等，2015. 基于 PSR 模型的湖北湿地生态系统健康评价研究[J]. 环境保护科学，41（4）：89-94.

张月，2017. 黑龙江干流沿江区域湿地水禽生境质量变化遥感评估[D]. 北京：中国科学院大学（中国科学院东北地理与农业生态研究所）.

张月琪，张志，江鎕倩，等，2022. 城市红树林生态系统健康评价与管理对策——以粤港澳大湾区为例[J]. 中国环境科学，42（5）：2352-2369.

张再旺，李甲亮，隋涛，等，2017. 中国红树林湿地有机污染物研究进展[J]. 生态科学，36（5）：232-240.

张忠义，刚葆琪，1995. 铬及其化合物的遗传毒性研究进展[J]. 工业卫生与职业病，21（4）：245-250.

章旭日，2011. 鄱阳湖南矶山湿地国家级自然保护区冬季鸟类多样性及生态位分化研究[D]. 南昌：江西师范大学.

赵衡，李旭，周伟，等，2005. 滇池地区鸟类资源开发与观鸟旅游[J]. 西部林业科学，34（4）：115-119.

赵金凌，成升魁，Jim Harkness，等，2006. 国内外观鸟旅游研究综述[J]. 旅游学刊，21（12）：85-90.

赵金凌，成升魁，闵庆文，2007. 基于休闲分类法的生态旅游者行为研究——以观鸟旅游者为例[J]. 热带地理，27（3）：284-288.

赵魁义，1999. 中国沼泽志[M]. 北京：科学出版社.

赵淑清，方精云，陈安平，等，2003. 东洞庭湖保护区 1989～1998 年水禽栖息地动态研究[J]. 自然资源学报，18（6）：726-733.

赵喜伦，严文岱，江凤平，等，1998. 噪音引起鸵鸟发生应激反应综合征的诊治[J]. 辽宁畜牧兽医（5）：27-28.

赵伊琳，王成，白梓彤，等，2021. 城市化鸟类群落变化及其与城市植被的关系[J]. 生态学报，41（2）：479-489.

郑丁团，2010. 福建漳江口红树林国家级自然保护区水鸟种类组成及其区系的研究[J]. 林业勘察设计（1）：80-83.

周放，房慧伶，张红星，1999a. 北部湾北部沿海红树林的鸟类//中国动物学会. 中国动物科学研究[M]. 北京：中国林业出版社.

周放，房慧伶，张红星，1999b. 红树林结构多样性与鸟类多样性研究[J]. 中国学术期刊文摘（科技快报），5（8）：1044-1045.

周放，房慧伶，张红星，2000a. 山口红树林鸟类多样性初步研究[J]. 广西科学，7（2）：154-157.

周放，房慧伶，张红星，2000b. 山口红树林鸟类多样性季节变动初步研究[C]//第四届海峡两岸鸟类学术研讨会.

周放，房慧伶，张红星，等，2002. 广西沿海红树林区的水鸟[J]. 广西农业生物科学，21（3）：145-150.

周海涛，2016a. 基于MAXENT模型的扎龙湿地丹顶鹤栖息地适宜性评价[D]. 哈尔滨：哈尔滨师范大学.

周海涛，那晓东，臧淑英，2016b. 近30年松嫩平原西部地区丹顶鹤栖息地适宜性动态变化[J]. 生态学杂志，35（4）：1009-1018.

周琳，崔守斌，陈辉，等，2014. 黑龙江七星河国家级湿地自然保护区观鸟旅游资源分析[J]. 哈尔滨师范大学自然科学学报（2）：36-38.

周姗姗，2016. 福清兴化湾湿地不同生境类型越冬水鸟分布与典型生境恢复研究[D]. 福州：福建农林大学.

周雯慧，朱京海，刘合鑫，等，2018. 湿地鸟类调查方法概述[J]. 野生动物学报，39（3）：588-593.

周锡振，2013. 南沙红树林湿地沉积物重金属和多环芳烃污染研究[D]. 广州：广州大学.

周志华，2016. 机器学习[M]. 北京：清华大学出版社.

朱明畅，曹铭昌，汪正祥，等，2015. 黄河三角洲自然保护区水禽生境适宜性模糊综合评价[J]. 华中师范大学学报（自然科学版），49（2）：287-294，301.

朱照宇，黄宁生，欧阳婷萍，等，2003. 可持续发展中水资源压力原因分析[J].科技通报，19（4）：265-268.

朱铮宇，范竟成，张铭连，2016. 苏州市湿地公园鸟类评估指标研究[J]. 江苏林业科技，43（4）：27-30.

庄鑫龙，林晶，李裕红，2011. 我国东南沿海红树林虫害状况及防治[J]. 海峡科学（7）：19-22.

邹发生，宋晓军，陈康，等，1999. 海南岛沿海重要湿地冬季鸟类研究[C]//中国动物学会第十四届会员代表大会及中国动物学会65周年年会.

邹发生，宋晓军，陈康，等，2000. 海南清澜港红树林湿地鸟类初步研究[J]. 生物多样性，8（3）：307-311.

邹发生，宋晓军，陈康，等，2001. 海南东寨港红树林湿地鸟类多样性研究[J]. 生态学杂志，20（3）：21-23.

邹丽丽，2016a. 基于GARP生态位模型湿地水鸟空间分布模拟研究[J]. 湘潭大学自然科学学报，38（3）：118-121.

邹丽丽，2016b. 基于灰色关联分析的水鸟与气候要素的响应关系研究[J]. 安徽农学通报，22（16）：12-14.

邹丽丽，陈洪全，2016. 基于面板数据模型的水鸟对湿地景观格局响应[J]. 山东农业大学学报（自然科学版），47（6）：917-919.

邹丽丽，陈洪全，陈晓翔，2017. 气候背景下米埔湿地水鸟种群结构变化特征分析[J]. 信阳师范学院学报（自然科学版），30（4）：573-576.

邹丽丽，陈晓翔，何莹，等，2012. 基于逻辑斯蒂回归模型的鹭科水鸟栖息地适宜性评价[J]. 生态学报，32（12）：3722-3728.

Abdullah A，Zahara I，Wilson G，2016. The preliminary study on feeding behavior of male and female little egret （*Egretta garzetta*） in mangrove and rice field habitats based on peck frequency[J]. Aceh Journal of Animal Science，1（1）：39-44.

Acevedo M A，Aide T M，2008. Bird community dynamics and habitat associations in Karst，mangrove and pterocarpus forest fragments in an urban zone in Puerto Rico[J]. Caribbean Journal of Science，44（3）：402-416.

Acevedo P，Alzaga V，Cassinello J，et al.，2007. Habitat suitability modelling reveals a strong niche overlap between two poorly known species，the broom hare and the Pyrenean grey partridge，in the north of Spain[J]. Acta Oecologica，31（2）：174-184.

Achanta R，Shaji A，Smith K，et al.，2012. SLIC superpixels compared to state-of-the-art superpixel methods[J]. IEEE Transactions on Pattern Analysis and Machine Intelligence，34（11）：2274-2282.

Adame M F，Fry B，Gamboa J N，et al.，2015. Nutrient subsidies delivered by seabirds to mangrove islands[J]. Marine Ecology Progress Series，525（apra9）：15-24.

Albers P H，1980. Transfer of crude oil from contaminated water to bird eggs[J]. Environmental Research，22（2）：307-314.

Albers P H，2006. Birds and polycyclic aromatic hydrocarbons[J]. Avian and Poultry Biology Reviews，17（4）：125-140.

Albers P H，Loughlin T R，2003. Birds，mammals and reptiles[J]. PAHs：An Ecotoxicological Perspective，243-261.

Alberto L J，Nadal J，1981. Residuos organoclorados en huevos de diez especies de aves del Delta del Ebro[J]. Publ. Dept. Zool. Barcelona，6：73-83.

Aldo L，1941. Wilderness as a land laboratory[J]. Living Wilderness，6（7）：3.

Allaway W G，Ashford A E，1984. Nutrient input by seabirds to the forest on a coral island of the Great Barrier Reef[J]. Oldendorf，19（3）：297-298.

Alongi D M，2002. Present state and future of the world's mangrove forests[J]. Environmental Conservation，29（3）：331-349.

Altenburg W，Van S T，1989. Utilization of mangroves by birds in Guinea-Bissau[J]. Ardea，77（7）：57-74.

An S，Liu W，Venkatesh S，2007. Face recognition using kernel ridge regression[C]//IEEE Conference on Computer Vision and Pattern Recognition：1-7.

Arpit D，Srivastava G，Fu Y，2012. Locality-constrained low rank coding for face recognition[C]//Proceedings of the 21st International Conference on Pattern Recognition：1687-1690.

Arrivabene H P，Campos C Q，Souza I D C，et al.，2016. Differential bioaccumulation and translocation patterns in three mangrove plants experimentally exposed to iron. consequences for environmental sensing[J]. Environmental Pollution，215（8）：302-313.

Assessment M E，2005. Ecosystem and Human Well-being: Biodiversity Synthesis[M]. Washington，DC：World Resources Institute.

Bai J H，Xiao R，Cui B S，et al.，2011. Assessment of heavy metal pollution in wetland soils from the young and old reclaimed regions in the Pearl River Estuary, South China[J]. Environmental Pollution, 159 (3): 817-824.

Baird K, Ismar S, Wilson D, et al., 2013. Sightings of New Zealand fairy tern (Sternula nereis davisae) in the Kaipara Harbour following nest failure[J]. Notornis, 60 (2): 183-185.

Bancroft G T, Bowman R, Sawicki R J, 2000. Rainfall, fruiting phenology, and the nesting season of White-Crowned Pigeons in the Upper Florida Keys[J]. The Auk, 117 (2): 416-426.

Barbier E B, Hacker S D, Kennedy C, et al., 2011. The value of estuarine and coastal ecosystem services[J]. Ecological Monographs, 81 (2): 169-193.

Barbier E B, Sathirathai S, 2001. Valuing mangrove conservation in Southern Thailand[J]. Contemporary Economic Policy, 19 (2): 109-122.

Barron M G, Galbraith H, Beltman D, 1995. Comparative reproductive and developmental toxicology of PCBs in birds[J]. Comparative Biochemistry & Physiology C Pharmacology Toxicology & Endocrinology, 112 (1): 0-14.

Bay H, Tuytelaars T, Gool L V, 2006. Surf: speeded up robust features[C]//European Conference on Computer Vision: 404-417.

Bennett A T D, Cuthill I C, 1994. Ultraviolet vision in birds: What is its function?[J]. Vision Research, 34 (11): 1471-1478.

Bennett E L, Reynolds C J, 1993. The value of a mangrove area in Sarawak[J]. Biodiversity and Conservation, 2 (4): 359-375.

Bentley J L, 1975. Multidimensional binary search trees used for associative searching [J]. Communications of the ACM, 18 (9): 509-517.

Benzeev R, Hutchinson N, Friess D A, 2017. Quantifying fisheries ecosystem services of mangroves and tropical artificial urban shorelines[J]. Hydrobiologia, 803 (1): 225-237.

Bergin T M, 1992. Habitat selection by the Western Kingbird in Western Nebraska: A hierarchical analysis[J].The Condor: Ornithological Applications, 94 (4): 903-911.

Bernardini V, Solimini A G, Carchini G, 2000. Application of an image analysis system to the determination of biomass (ash free dry weight) of pond macroinvertebrates[J]. Hydrobiologia, 439 (1-3): 179-182.

Berry K H, 1980. A review of the effects of off-road vehicles on birds and other vertebrates[R]. US. Department of Agriculture, Forest Service, Ogden, UT. USA: 451-467.

Betts M G, Forbes G J, Diamond A W, et al., 2006. Independent effects of fragmentation on forest songbirds: An organism-based approach[J]. Ecological Applications, 16 (3): 1076-1089.

Billah M M, Kamal A H M, Idris M H B, et al., 2014. Cu, Zn, Fe, and Mn in mangrove ecosystems (sediment, water, oyster, and macroalgae) of Sarawak, Malaysia[J]. Zoology and Ecology, 24 (4): 380-388.

Billiard S M, Meyer J N, Wassenberg D M, et al., 2008. Nonadditive effects of PAHs on early vertebrate development: mechanisms and implications for risk assessment[J]. Toxicological Sciences, 105 (1): 5-23.

BirdLife International, 2009. Directory of Important Bird Areas in China (Mainland): Key Sites for Conservation [M].Cambridge.UK: BirdLife International (English language edition) .

Blumstein D T，2006. Developing an evolutionary ecology of fear：how life history and natural history traits affect disturbance tolerance in birds[J]. Animal Behaviour，71（2）：389-399.

Blus L J，1996. Environmental contaminants in wildlife：interpreting tissue concentrations[R]. Boca Raton，FL：Lewis Publishers，49-71.

Bodin N，N Gom-Kâ R，Kâ S，et al.，2013. Assessment of trace metal contamination in mangrove ecosystems from Senegal，West Africa[J]. Chemosphere，90（2）：150-157.

Borgmann K L，Rodewald A D，2004. Nest predation in an urbanizing landscape：The role of exotic shrubs[J]. Ecological Applications，14（6）：1757-1765.

Borji A，Itti L，2013. State-of-the-art in visual attention modeling[J]. IEEE Transactions on Pattern Analysis and Machine Intelligence，35（1）：185-207.

Brand L A，Takekawa J Y，Shinn J，et al.，2014. Effects of wetland management on carrying capacity of diving ducks and shorebirds in a coastal estuary[J]. Waterbirds，37（1）：52-67.

Brunström B，Dan B，Näf C，1990. Embryotoxicity of polycyclic aromatic hydrocarbons（PAHs） in three domestic avian species，and of PAHs and coplanar polychlorinated biphenyls（PCBs） in the common eider[J]. Environmental Pollution，67（2）：133-143.

Bryan A L，Hopkins W A，Baionno J A，et al.，2003. Maternal transfer of contaminants to eggs in common grackles（Quiscalus quiscala）nesting on coal fly ash basins[J]. Archives of Environmental Contamination and Toxicology，45（2）：273-277.

Buelow C，Sheaves M，2015. A birds-eye view of biological connectivity in mangrove systems[J]. Estuarine Coastal and Shelf Science，152（Jan.5）：33-43.

Burger J，Gochfeld M，1997. Risk，mercury levels，and birds：Relating adverse laboratory effects to field biomonitoring[J]. Environmental Research，75（2）：160-172.

Cabrera G A L，1984. Contribución al Conocimiento de la Biología y Ecología de Cuatro Especies de Anátidas en el Delta del Ebro[M]. Barcelona ：Edicions Universitat.

Cadamuro R D，Bastos I M A D S，Silva I T D，et al.，2021. Bioactive compounds from mangrove endophytic fungus and their uses for microorganism control[J]. Journal of Fungi（Basel），7（6）：455.

Cai B，Xu X，Jia K ，et al.，2016. Dehazenet：An end-to-end system for single image haze removal[J]. IEEE Transactions on Image Processing，25（11）：5187-5198.

Cai J F，Candès E J，Shen Z，2010. A singular value thresholding algorithm for matrix completion[J]. SIAM Journal on Optimization，20（4）：1956-1982.

Cai J，Ee D，Pham B，et al.，2007. Sensor network for the monitoring of ecosystem：bird species recognition[C]//3rd International Conference on Intelligent Sensors，Sensor Networks and Information：293-298.

Call D J，Shave H J，Binger，et al.，1976. DDE Poisoning in wild great blue heron[J]. Bulletin of Environmental Contamination & Toxicology，16（3）：310.

Cantrell C D，2000. Modern mathematical methods for physicists and engineers[M]. Texas：Cambridge University Press，82（2）：141.

Cao X，Wang Z，Zhao Y，et al.，2018. Scale aggregation network for accurate and efficient crowd counting[C]//European Conference on Computer Vision：734-750.

Carion N，Massa F，Synnaeve G，et al.，2020. End-to-end object detection with transformers[M]. IEEE Conference on Computer Vision and Pattern Recognition，213-229.

Carpio A J，Tortosa F S，Barrio I C，2015. Rabbit abundance influences predation on bird nests in Mediterranean olive orchards[J]. Acta Ornithologica，50（2）：171-179.

Carrasquilla-Henao M，Juanes F，2017. Mangroves enhance local fisheries catches：a global meta-analysis[J]. Fish and Fisheries，18（1）：79-93.

Carrete M，Tella J L，2013. High individual consistency in fear of humans throughout the adult lifespan of rural and urban burrowing owls[J]. Scientific Reports.doi：10.1038/PMID：24343659 .

Carson R，1962. Silent spring[J]. Foreign affairs（Council on Foreign Relations），76（5）：704.

Carver E，2009. Birding in the United States：A demographic and economic analysis：Addendum to the 2006 national survey of fishing，hunting，and wildlife-associated recreation[J]. US Fish and Wildlife Service，Division of Economics：1-20.

Chace J F，Walsh J J，2006. Urban effects on native avifauna：a review[J]. Landscape and Urban Planning，74（1）：46-69.

Chacin D H，Giery S T，Yeager L A, et al.，2015. Does hydrological fragmentation affect coastal bird communities? A study from Abaco Island，The Bahamas[J]. Wetlands Ecology and Management，23（3）：551-557.

Chan A B，Liang Z S，Vasconcelos N，2008. Privacy preserving crowd monitoring：counting people without people models or tracking[C]//IEEE Conference on Computer Vision and Pattern Recognition：1-7.

Che R G O，1999. Concentration of 7 heavy metals in sediments and mangrove root samples from Mai Po，Hong Kong[J]. Marine Pollution Bulletin，39（1）：269-279.

Chen G Q, Li Y C, Huang J M, et al.，2012a. PAHs concentrations in aquatic products and food safety evaluation in the coupled mangrove planting-aquaculture ecological system[J]. Environmental Science，33（6）：1846-1851.

Chen K，Gong S，Xiang T，et al.，2013. Cumulative attribute space for age and crowd density estimation[C]//IEEE Conference on Computer Vision and Pattern Recognition：2467-2474.

Chen K，Loy C C，Gong S，et al.，2012b. Feature mining for localised crowd counting[C]//British Machine Vision Conference：39-46.

Chen Q，Lin G X，Ma K M，et al.，2018. Determining the unsuitability of exotic cordgrass（*Spartina alterniflora*）for avifauna in a mangrove wetland ecosystem[J]. Journal of Coastal Research，35（1）：177-185.

Chen S, Cai R, Liu Z, et al.，2022. Secondary metabolites from mangrove-associated fungi：source，chemistry and bioactivities[J]. Natural Product Reports，39（3）：560-595.

Chen Y，Li J，Xiao H，et al.，2017. Dual path networks[C]//Advances in Neural Information Processing Systems：4467-4475.

Chen Z，Wang Y，Zou Y，2018b. Inverse atmoshperic scattering modeling with convolutional neural networks for single image dehazing[C]//IEEE International Conference on Acoustics, Speech and Signal Processing (ICASSP): 2626-2630.

Chollet F, 2017. Xception: deep learning with depthwise separable convolutions[C]//Proceedings of the IEEE Conference on Computer Vision and Pattern Recognition: 1251-1258.

Chupp A D, Battaglia L L, 2016. Bird–plant interactions and vulnerability to biological invasions[J]. Journal of Plant Ecology, 9 (6): 692-702.

Clough B F, Ong J E, Gong W K, 1997. Estimating leaf area index and photosynthetic production in canopies of the mangrove *Rhizophora apiculata*[J]. Marine Ecology Progress Series, 159 (1): 285-292.

Clucas B, Marzluff J M, Mackovjak D, et al., 2013. Do American crows pay attention to human gaze and facial expressions?[J]. Ethology, 119 (4): 296-302.

Cody M L, 1985. Habitat Selection in Birds[M]. Orlando, Florida: Academic Press Inc.: 558.

Comaniciu D, Meer P, 2002. Mean shift: a robust approach toward feature space analysis[J]. IEEE Transactions on Pattern Analysis and Machine Intelligence, 24 (5): 603-619.

Cong P H, Cao L, Fox A D, et al., 2011. Changes in Tundra Swan Cygnus columbianus bewickii distribution and abundance in the Yangtze River floodplain[J]. Bird Conservation International, 21 (3): 260-265.

Connell D W, Fung C N, Minh T B, et al., 2003b. Risk to breeding success of fish-eating Ardeids due to persistent organic contaminants in Hong Kong: evidence from organochlorine compounds in eggs[J]. Water Research, 37 (2): 459-467.

Coops N C, Waring R H, Wulder M A, et al., 2009. Bird diversity: a predictable function of satellite-derived estimates of seasonal variation in canopy light absorbance across the United States[J]. Journal of Biogeography, 36 (5): 905-918.

Costanza R, D'Arge R, De Groot R, et al., 1998. The value of the world's ecosystem services and natural capital[J]. Ecological Economics, 25 (1): 3-15.

Costanza R, Darge R, Degroot R, et al., 1997. The value of the world's ecosystem services and natural capital[J]. Nature, 387 (6630): 253-260.

Costanza R, Norton B G, Haskell B D, 1992. Ecosystem Health: New Goals for Environmental Management[M]. Washington DC: Island Press: 239-256.

Cox G J, 1977. Utilization of New Zealand mangrove swamps by birds[D]. Auckland, University of Auckland: 194.

Crivelli A J, Focardi S, Fossi C, et al., 1989. Trace elements and chlorinated hydrocarbons in eggs of Pelecanus crispus, a world endangered bird species nesting at Lake Mikri Prespa, North-western Greece[J]. Environmental Pollution, 61 (3): 235-247.

Crona B I, Rönnbäck P, 2007. Community structure and temporal variability of juvenile fish assemblages in natural and replanted mangroves, *Sonneratia alba Sm.* of Gazi Bay, Kenya[J]. Estuarine, Coastal and Shelf Science, 74 (1-2): 44-52.

Cruz S, Smith L M, Moskal S, Cheryl M, et al., 2018. Trends and habitat associations of waterbirds using the South Bay Salt Pond Restoration Project[R].California, doi: 10.3133.

Cui Y, 2023. Feature aggregated queries for transformer-based video object detectors[C]//Proceedings of the IEEE/CVF Conference on Computer Vision and Pattern Recognition: 6365-6376.

Culotta L, Stefano C D, Gianguzza A, et al., 2006. The PAH composition of surface sediments from Stagnone coastal lagoon, Marsala (Italy) [J]. Marine Chemistry, 99 (1): 117-127.

Custer T W, Custer C M, Hines R K, et al., 1999. Organochlorine contaminants and reproductive success of double-crested cormorants from Green Bay, Wisconsin, USA[J]. Environmental Toxicology & Chemistry, 18 (7): 1209-1217.

Custer T W, Hines R K, Stewart P M, et al., 1998. Organochlorines, mercury, and selenium in great blue heron eggs from Indiana Dunes National Lakeshore, Indiana[J]. Journal of Great Lakes Research, 24 (1): 3-11.

Dai J, Li Y, He K, et al., 2016. R-FCN: object detection via region-based fully convolutional networks[C]//Advances of Neural Information Processing Systems: 379-387.

Dalal N, Triggs B, 2005. Histograms of oriented gradients for human detection[C]//IEEE Conference on Computer Vision and Pattern Recognition: 886-893.

Dangan-Galon F D, Jose E D, Fernandez D A, 2015. Mangrove-associated terrestrial vertebrates in Puerto Princesa Bay, Palawan, Philippines[J]. International Journal of Fauna and Biological Studies, 2 (6): 20-24.

Deng J, Dong W, Socher R, et al., 2009. Imagenet: a large-scale hierarchical image database[C]//IEEE Conference on Computer Vision and Pattern Recognition: 248-255.

Dirksen S, Boudewijn T J, Slager L K, et al., 1995. Reduced breeding success of Cormorants (*Phalacrocorax carbo sinensis*) in relation to persistent organochlorine pollution of aquatic habitats in The Netherlands[J]. Environmental Pollution, 88 (2): 119.

Doi R, Ohno H, Harada M, 1984. Mercury in feathers of wild birds from the mercury-polluted area along the shore of the Shiranui Sea, Japan[J]. Science of the Total Environment, 40(1): 155-167.

Dollar P, Wojek C, Schiele B, et al., 2012. Pedestrian detection: an evaluation of the state of the art[J]. IEEE Transactions on Pattern Analysis and Machine Intelligence, 34 (4): 743.

Donoho D L, 2006. For most large underdetermined systems of linear equations the minimal ℓ1-norm solution is also the sparsest solution[J]. Communications on Pure and Applied Mathematics: a Journal Issued by the Courant Institute of Mathematical Sciences, 59 (6): 797-829.

EAAFP, 2013. Information Brochure[OL].EAAFP: 1-20.

Earles A, 1990. Birds of the Mai Po Marshes[J]. Birds International, 2 (3): 11-21.

Engel K A, Young L S, 1992. Movements and habitat use by common ravens from roost sites in Southwestern Idaho[J]. Journal of Wildlife Management, 56 (3): 596-602.

Evans O, Lesley J P, 1996. Collision course: The hazards of lighted structures and windows to migrating birds[R]. World Wildlife Fund Canada, 1-13.

Evans O, Lesley J P, 2002. Summary report on the bird friendly building program: effect of light reduction on collision of migratory birds[J].Canada, Fatal Light Awareness Program, 1-17.

Fasola M, Vecchio I, Caccialanza G, et al., 1987. Trends of organochlorine residues in eggs of birds from Italy, 1977 to 1985[J]. Environmental Pollution, 48 (1): 25-36.

Fay R R, 1988. Hearing in vertebrates: A psychophysics databook[M]. Winnetka, Illinois: Hill-Fay

Associates.

Felzenszwalb P F, Girshick R B, McAllester D, et al., 2010. Object detection with discriminatively trained part-based models[J]. IEEE Transactions on Software Engineering, 32 (9): 1627-1645.

Felzenszwalb P, McAllester D, Ramanan D, 2008. A discriminatively trained, multiscale, deformable part model[C]//IEEE Conference on Computer Vision and Pattern Recognition: 1-8.

Fernández-Cadena J C, Andrade S, Silva-Coello C L, et al., 2014. Heavy metal concentration in mangrove surface sediments from the north-west coast of South America[J]. Marine Pollution Bulletin, 82 (1-2): 221-226.

Fernie K J, Laird S J, Ritchie I J, et al., 2006. Changes in the growth, but not the survival, of American kestrels (*Falco sparverius*) exposed to environmentally relevant polybrominated diphenyl ethers[J]. Journal of Toxicology & Environmental Health, 69 (16): 1541-1554.

Fernie K J, Mayne G, Shutt J, et al., 2005a. Evidence of immunomodulation in nestling American kestrels (*Falco sparverius*) exposed to environmentally relevant PBDEs[J]. Environmental Pollution, 138 (3): 485-493.

Fernie K J, Shutt J L, Letcher R J, et al., 2008. Changes in reproductive courtship behaviors of adult American kestrels (*Falco sparverius*) exposed to environmentally relevant levels of the polybrominated diphenyl ether mixture, DE-71[J]. Toxicological Sciences: An Official Journal of the Society of Toxicology, 102 (1): 171.

Fernie K J, Shutt J L, Mayne G, et al., 2005b. Exposure to polybrominated diphenyl ethers(PBDEs): changes in thyroid, vitamin A, glutathione homeostasis, and oxidative stress in American kestrels (*Falco sparverius*) [J]. Toxicological Sciences, 88 (2): 375-383.

Flanders A A, Kuvlesky W P, Ruthven D C, et al., 2006. Effects of invasive exotic grasses on South Texas rangeland breeding birds[J]. Auk, 123 (1): 171-182.

Fleishman E, Mcdonal N, Nally R M, et al., 2003. Effects of floristics, physiognomy and non-native vegetation on riparian bird communities in a mojave desert watershed[J]. Journal of Animal Ecology, 72 (3): 484-490.

Ford J, 1982. Origin, evolution and speciation of birds specialized to mangroves in Australia[J]. Emu, 82 (1): 12-23.

Fox A D, Madsen J, 1997. Behavioural and distributional effects of hunting disturbance on waterbirds in Europe: implications for refuge design[J]. Journal of Applied Ecology, 34 (1): 1-13.

Franci C, Aleksieva A, Boulanger E, et al., 2018. Potency of polycyclic aromatic hydrocarbons in chicken and Japanese quail embryos[J]. Environmental Toxicology and Chemistry, 37 (6): 1556-1564.

Francis C D, Ortega C P, Cruz A, 2009. Noise pollution changes avian communities and species interactions[J]. Current Biology, 19 (16): 1415-1419.

Franklin D C, Noske R A, 1998. Local movements of honeyeaters in a sub-coastal vegetation mosaic in the Northern Territory[J]. Corella, 22: 97-103.

French R P, 1966. The utilization of mangroves by birds in Trinidad[J]. Ibis, 108: 423-424.

Freund Y, Schapire R E, 1996. Experiments with a new boosting algorithm[C]//International Conference on Machine Learning, 96: 148-156.

Fujita M, Koike F, 2009. Landscape effects on cosystems: birds as active vectors of nutrient transport to fragmented urban forests versus forest-dominated landscapes[J]. Ecosystems, 12(3): 391-400.

Garamszegi L Z, Eens M, Török J, 2009. Behavioural syndromes and trappability in free-living *Collared flycatchers*, *Ficedula albicollis*[J]. Animal Behaviour, 77 (4): 803-812.

Ge J P, Cai B, Ping W, et al., 2005. Mating system and population genetic structure of bruguiera gymnorrhiza (*Rhizophoraceae*), a viviparous mangrove species in China[J]. Journal of Experimental Marine Biology and Ecology, 326 (1): 48-55.

Geist C, Liao J, Libby S, et al., 2005. Does intruder group size and orientation affect flight initiation distance in birds?[J]. Animal Biodiversity and Conservation, 28 (1): 69-73.

Ghasemi S, Mola-Hoveizeh N, Zakaria M, et al., 2012. Relative abundance and diversity of waterbirds in a Persian Gulf mangrove forest, Iran[J]. Tropical Zoology, 25 (1): 39-53.

Girshick R, 2015. Fast R-CNN[C]//IEEE International Conference on Computer Vision: 1440-1448.

Girshick R, Donahue H, Darrell T, et al., 2014. Rich feature hierarchies for accurate object detection and segmentation[C]//IEEE Conference on Computer Vision and Pattern Recognition: 580-587.

Glenz C, Massolo A, Kuonen D, et al., 2001. A wolf habitat suitability prediction study in Valais (Switzerland) [J]. Landscape & Urban Planning, 55 (1): 55-65.

Goodfellow I, Bengio Y, Courville A, et al., 2016. Deep Learning[M]. Cambridge: MIT Press.

Goss-Custard J D, Stillman R A, Caldow R, et al., 2003. Carrying capacity in overwintering birds: when are spatial models needed?[J]. Journal of Applied Ecology, 40 (1): 176-187.

Green A J, Figuerola J, 2005. Recent advances in the study of long-distance dispersal of aquatic invertebrates via birds[J]. Diversity and Distributions, 11 (2): 149-156.

Green A J, Sanchez M I, 2006. Passive internal dispersal of insect larvae by migratory birds[J]. Biology Letters, 2 (1): 55-57.

Guay P, Lorenz R D A, Robinson R W, et al., 2013. Distance from water, sex and approach direction influence flight distances among habituated black swans[J]. Ethology, 119 (7): 552-558.

Guhathakurta H, Kaviraj A, 2000. Heavy metal concentration in water, sediment, shrimp (*Penaeus monodon*) and mullet (*Liza parsia*) in some brackish water ponds of Sunderban, India[J]. Marine Pollution Bulletin, 40 (11): 914-920.

Guo D, Zhou M, Huang S, 1997. Distribution and comparative study of zinc and cadmium in tissues of ring-necked pheasants from Taiyuan city and Zijin mountain area of Xing county, Shanxi[J]. Acta Ecologica Sinica, 17 (3): 272-276.

Guruge K S, Tanabe S, Fukuda M, 2000. Toxic assessment of PCBs by the 2, 3, 7, 8-Tetrachlorodibenzo

Guzzella L, Roscioli C, Viganò L, et al., 2005. Evaluation of the concentration of HCH, DDT, HCB, PCB and PAH in the sediments along the lower stretch of Hugli estuary, west Bengal, northeast India[J]. Environment International., 31 (4): 523-534.

Hahn E, Hahn K, Stoeppler M, 1993. Bird feathers as bioindicators in areas of the German Environmental Specimen Bank-bioaccumulation of mercury in food chains and exogenous deposition of atmospheric pollution with lead and cadmium[J]. Science of the Total Environment, 139 (4): 259-270.

Haveerschmidt F, 1965. The utilization of mangrove by south American bird[J]. Ibis, 107: 542-544.

He K, Sun J, Tang X, 2011. Single image haze removal using dark channel prior[J]. IEEE Transactions on Pattern Analysis and Machine Intelligence, 33: 2341-2353.

He K, Zhang X, Ren S, et al., 2015a. Spatial pyramid pooling in deep convolutional networics for visual recognition[J]. IEEE Transactions on Pattern Analysis and Machine Intelligence, 37 (9): 1904-1916.

He K, Zhang X, Ren S, et al., 2015b. Deep residual learning for image recognition [J]. In Computer Vision and Pattern Recognition: 770-778.

Hebb D O, 1949. The organization of behavior: A neuropsychological theory[M]. New York: Imprint Psychology Press.

Heinz G H, 1979. Methylmercury: reproductive and behavioral effects on three generations of Mallard ducks[J]. Journal of Wildlife Management, 43 (2): 394-401.

Henny C J, Blus L J, Krynitsky A J, et al., 1984. Current impact of DDE on black-crowned night-herons in the Intermountain west[J]. Journal of Wildlife Management, 48 (1): 1-13.

Henny C J, Kaiser J L, Grove R A, et al., 2009. Polybrominated diphenyl ether flame retardants in eggs may reduce reproductive success of ospreys in Oregon and Washington, USA[J]. Ecotoxicology, 18 (7): 802-813.

Himes-Cornell A, Pendleton L, Atiyah P, 2018. Valuing ecosystem services from blue forests: a systematic review of the valuation of salt marshes, sea grass beds and mangrove forests[J]. Ecosystem Services, 30 (Part A): 36-48.

Hinton G E, Osindero S, Teh Y W, 2006. A fast learning algorithm for deep belief nets[J]. Neural computation, 18 (7): 1527-1554.

Hoffman D J, Albers P H, 1984. Evaluation of potential embryotoxicity and teratogenicity of 42 herbicides, insecticides, and petroleum contaminants to mallard eggs[J]. Archives of Environmental Contamination and Toxicology, 13 (1): 15-27.

Hoffman D J, Melancon M J, Klein P N, et al., 1996. Developmental toxicity of PCB 126 (3, 3', 4, 4', 5-pentachlorobiphenyl) in nestling American kestrels (*Falco sparverius*) [J]. Fundamental & Applied Toxicology Official Journal of the Society of Toxicology, 34 (2): 188.

Holguin G, Gonzalez-Zamorano P, De-Bashan L E, et al., 2006. Mangrove health in an arid environment encroached by urban development—a case study[J]. Science of the Total Environment, 363 (1-3): 260-274.

Holzkämper A, Lausch A, Seppelt R, 2006. Optimizing landscape configuration to enhance habitat suitability for species with contrasting habitat requirements[J]. Ecological Modelling, 198(3-4): 277-292.

Horn S, de la Vega C, 2016. Relationships between fresh weight, dry weight, ash free dry weight, carbon and nitrogen content for selected vertebrates[J]. Journal of Experimental Marine Biology and Ecology, 481 (8): 41-48.

Hou Y L, Pang G K H, 2011. People counting and human detection in a challenging situation[J]. IEEE Transactions on Systems, Man, and Cybernetics - Part A: Systems and Humans, 41 (1):

24-33.

Howe M A，Geissler P H，Harrington B A. 1898. Population trends of North American shorebirds based on the international shorebird survey[J]. Biological Conservation，49（3）：185-199.

Hu H，Gu J，Zhang Z，et al.，2018a. Relation networks for object detection[C]//IEEE Conference on Computer Vision and Pattern Recognition：3588-3597.

Hu J，Shen L，Sun G，2018b. Squeeze-and-excitation networks[C]//IEEE Conference on Computer Vision and Pattern Recognition：7132-7141.

Hu X，Zhu S，Peng T，2023. Hierarchical attention vision transformer for fine-grained visual classification[J]. Journal of Visual Communication and Image Representation，91：103755.

Huang G，Liu Z，Van Der Maaten L，et al.，2017a. Densely connected convolutional networks[C]//IEEE Conference on Computer Vision and Pattern Recognition：4700-4708.

Huang X L，Zou Y X，Wang Y，2017b. Example-based visual object counting for complex background with a local low-rank constraint[C]//IEEE International Conference on Acoustics，Speech and Signal Processing：1672-1676.

Huang X，Zou Y，Wang Y，2016. Cost-sensitive sparse linear regression for crowd counting with imbalanced training data[C]//IEEE International Conference on Multimedia and Expo：1-6.

Idrees H，Saleemi I，Seibert C，et al.，2013. Multi-source multi-scale counting in extremely dense crowd images[C]//IEEE Conference on Computer Vision and Pattern Recognition：2547-2554.

Ioffe S，Szegedy C，2015. Batch normalization：accelerating deep network training by reducing internal covariate shift[C]//International Conference on Machine Learning，37：448-456.

Ismar S M H，Trnski T，Beauchamp T，et al.，2014. Foraging ecology and choice of feeding habitat in the New Zealand Fairy Tern Sternula nereis davisae[J]. Bird Conservation International，24（1）：72-87.

Jablonszky M，Szász E，Markó G，et al.，2017. Escape ability and risk-taking behaviour in a hungarian population of the collared flycatcher（*Ficedula albicollis*）[J]. Behavioral Ecology and Sociobiology，71（3）：54.

Jackson D B，2001. Experimental removal of introduced hedgehogs improves wader nest success in the Western Isles，Scotland[J]. Journal of Applied Ecology，38（4）：802-812.

Jahn O，Ganchev T D，Marques M I，et al.，2017. Automated sound recognition provides insights into the behavioral ecology of a tropical bird[J]. Plos One，12（1）：e0169041.

Jansen A，Robertson A I，2001. Riparian bird communities in relation to land management practices in floodplain woodlands of south-eastern Australia[J]. Biological Conservation，100（2）：173-185.

Jian F，Xiu Y，Ze F，2001. Pathology of experimental Cd poisoning in broiler chickens [J]. Chinese Journal of Animal and Veterinary Sciences，32：468-475.

Kadarsah A，2016. Waterbirds biodiversity and attendance in *Rhizophora Sp*[J]. Mangrove Stands of Varying Planting Ages，1（1）：47-53.

Kaegi J H R，Schaeffer A，1988. Biochemistry of metallothionein[J]. Biochemistry，27（23）：8509-8515.

Ke L，Yu K S，Wong Y S，et al.，2005. Spatial and vertical distribution of polycyclic aromatic hydrocarbons in mangrove sediments[J]. Science of the Total Environment，340（1）：177-187.

Ke Y. Sukthankar R, 2004. PCA-SIFT: A more distinctive representation for local image descriptors[C]. IEEE Conference on Computer Vision and Pattern Recognition, 2: 506-513.

Kehrig H A, Pinto F N, Moreira I, et al., 2003. Heavy metals and methylmercury in a tropical coastal estuary and a mangrove in Brazil[J]. Organic Geochemistry, 34 (5): 661-669.

Kerlinger P, Brett J, 1995. Hawk Mountain Sanctuary: a case study of birder visitation and birding economics[J]. Wildlife and Recreationists: Coexistence through Management and Research, 271-280.

Kerr A M, Baird A H, 2007. Natural barriers to natural disasters[J]. Bioscience, 57 (2): 102-103.

Kertész V, Fáncsi T, 2003. Adverse effects of (surface water pollutants) Cd, Cr and Pb on the embryogenesis of the mallard[J]. Aquatic Toxicology, 65 (4): 425-433.

Koeman J H, Van Velzen-Blad H C, De V R, et al., 1973. Effects of PCB and DDE in cormorants and evaluation of PCB residues from an experimental study[J]. J Reprod Fertil Suppl, 19 (19): 353-364.

Krebs J R, 1974. Colonial nesting and social feeding as strategies for exploiting food resources in great blue heron (*Ardea-herodias*) [J]. Behaviour, 51 (1-2): 99-134.

Krebs J R, Macroberts M H, Cullen J M, 1972. Flocking and feeding in the Great TIT parus major —an experimental study [J]. Ibis, 114 (4): 507-530.

Krizhevsky A, Sutskever I, Hinton G E, 2012. Imagenet classification with deep convolutional neural networks[C]//Advances in Neural Information Processing Systems: 1097-1105.

Kutt A S, 2007. Bird assemblage in a dune-mangrove mosaic, Cairns, Queensland[J]. Australian Zoologist, 34 (2): 158-164.

Kwok C K, Liang Y, Leung S Y, et al., 2013. Biota–sediment accumulation factor (BSAF), bioaccumulation factor (BAF), and contaminant levels in prey fish to indicate the extent of PAHs and OCPs contamination in eggs of waterbirds[J]. Environmental Science and Pollution Research, 20 (12): 8425-8434.

Kwok C K, Yang S M, Mak N K, et al., 2010. Ecotoxicological study on sediments of Mai Po marshes, Hong Kong using organisms and biomarkers[J]. Ecotoxicology and Environmental Safety, 73 (4): 541-549.

Lal P N, 1990. Conservation or Conversion of Mangroves in Fiji: an Ecological Economic Analysis[M].Honolulu: Environment and Policy Institute East-West Center, 1-108.

Lappalainen A, Kangas P, 1975. Littoral benthos of the Northern Baltic Sea Ⅱ. Interrelationships of wet, dry and ash-free dry weights of macrofauna in the Tvärminne Area[J]. Internationale Revue Der Gesamten Hydrobiologie Und Hydrographie, 60 (3): 297-312.

Larson J M, Karasov W H, Sileo L, et al., 1996. Reproductive success, developmental anomalies, and environmental contaminants in double-crested cormorants (*Phalacrocorax auritus*) [J]. Environmental Toxicology & Chemistry, 15 (4): 553-559.

Le Cun Y, Bottou L, Bengio Y, et al., 1998. Gradient-based learning applied to document recognition[J]. Proceedings of the IEEE, 86 (11): 2278-2324.

LeCun Y, 2015. LeNet-5, convolutional neural networks[OL]. URL: http://yann. lecun.

com/exdb/lenet，20（5）：14.

Lefebvre G，Poulin B，1996. Seasonal abundance of migrant birds and food resources in Panamanian mangrove forests[J]. Wilson Bulletin，108（4）：748-759.

Lefebvre G，Poulin B，1997. Bird communities in Panamanian black mangroves：potential effects of physical and biotic factors[J]. Journal of Tropical Ecology，13（1）：97-113.

Lefebvre G，Poulin B，Mcneil R，1994. Temporal dynamics of mangrove bird communities in Venezuela with special reference to migrant warblers[J]. The Auk，111（2）：405-415.

Lei F M，Qu Y H，Tang Q Q，et al.，2003. Priorities for the conservation of avian biodiversity in China based on the distribution patterns of endemic bird genera[J]. Biodiversity and Conservation，12（12）：2487-2501.

Lemly A D，1996. Evaluation of the Hazard Quotient Method for risk assessment of selenium[J]. Ecotoxicol Environ Saf，35（2）：156-162.

Lemoine N，Bauer H，Peintinger M，et al.，2007. Effects of climate and land-use change on species abundance in a central European bird community[J]. Conservation Biology，21（2）：495-503.

Lempitsky V，Zisserman A，2010. Learning to count objects in images [C]//Advances in Neural Information Processing Systems：1324-1332.

Levinshtein A，Stere A，Kutulakos K N，et al.，2009. Turbopixels：fast superpixels using geometric flows[J]. IEEE Transactions on Pattern Analysis and Machine Intelligence，31（12）：2290-2297.

Li C H，Zhou H W，Wong Y S，et al.，2009. Vertical distribution and anaerobic biodegradation of polycyclic aromatic hydrocarbons in mangrove sediments in Hong Kong，South China[J]. Science of the Total Environment，407（21）：5772-5779.

Li F L，Zeng X K，Yang J D，et al.，2014. Contamination of polycyclic aromatic hydrocarbons（PAHs）in surface sediments and plants of mangrove swamps in Shenzhen，China[J]. Marine Pollution Bulletin，85（2）：590-596.

Li R Y，Li R L，Chai M W，et al.，2015. Heavy metal contamination and ecological risk in Futian mangrove forest sediment in Shenzhen Bay，South China[J]. Marine Pollution Bulletin，101（1）：448-456.

Liang Y，Tse M F，Young L，et al.，2007. Distribution patterns of polycyclic aromatic hydrocarbons（PAHs）in the sediments and fish at Mai Po Marshes Nature Reserve，Hong Kong[J]. Water Research，41（6）：1303-1311.

Liaw A，Wiener M，2002. Classification and regression by random Forest[J]. R News，2（3）：18-22.

Lim H C，Sodhi N S，2004. Responses of avian guilds to urbanisation in a tropical city[J]. Landscape and Urban Planning，66（4）：199-215.

Lin M，Chen Q，Yan S C，2014a. Network in network[C]//International Conference on Learning Representations：1-10.

Lin P T，Dollar Y，Girshick R，et al.，2016. Feature pyramid networks for object detection[C]//IEEE Conference on Computer Vision and Pattern Recognition：936-944.

Lin T Y，Maire M，Belongie S，et al.，2014b. Microsoft coco：common objects in context[C]//European Conference on Computer Vision：740-755.

Lin T Y.，Roychowdhury A，Maji S，2017. Bilinear convolutional neural networks for fine-grained visual recognition[J]. IEEE Transactions on Pattern Analysis and Machine Intelligence，（99）：1-1.

Liu C，Zhong Y，Andrew Zisserman，et al.，2022. Country：Transformer-based generalised visual counting[J].Arxiv：2208.13721.

Liu H，Zhang C，Deng Y J，et al.，2023. TransIFC：Invariant cues-aware feature concentration learning for efficient fine-grained bird image classification[J]. IEEE Transactions on Multimedia. doi：10.1109/TMM，2023.3238548.

Liu L，Ouyang W L，Wang X G，et al.，2020. Deep learning for generic object detection：A survey[J]. International Journal of Computer Vision，128（2）：261-318.

Liu M Y，Tuzel O，Ramalingam S，et al.，2011. Entropy rate superpixel segmentation[C]//IEEE Conference on Computer Vision and Pattern Recognition：2097-2104.

Liu W，Anguelov D，Erhan D，et al.，2016. SSD：single shot multiBox detector[C]//European Conference on Computer Vision：21-37.

Liu Y T，Shi M J，Zhao Q J，et al.，2019. Point in，box out：beyond counting persons in crowds[C]//IEEE Conference on Computer Vision and Pattern Recognition：6469-6478.

Lloyd J D，2017. Movements and use of space by Mangrove Cuckoos（*Coccyzus minor*）in Florida，USA[J]. Peerj，5：e3534.

Lowe D G，2004. Distinctive image features from scale-invariant keypoints[J]. International Journal of Computer Vision，60（2）：91-110.

Luo J M，Ye Y J，Gao Z Y，et al.，2015. Heavy metal contaminations and influence on the red-crowned crane（*Grus japonensis*）in Wuyur catchments，Northeastern China[J]. Environmental Earth Sciences，73（9）：5657-5667.

Luo J M，Ye Y J，Gao Z Y，et al.，2016. Lead in the red-crowned cranes（*Grus japonensis*）in Zhalong Wetland，Northeastern China：A report[J]. Bulletin of Environmental Contamination and Toxicology，97（2）：177-183.

Ma Z，Yu L，Chan A B，2015. Small instance detection by integer programming on object density maps[C]//IEEE Conference on Computer Vision and Pattern Recognition：3689-3697.

Mackinnon J，Verkuil Y I，Murray N，2012. IUCN situation analysis on East and Southeast Asian intertidal habitats，with particular reference to the Yellow Sea（including the Bohai Sea）[R]. Gland，Switzerland and Cambridge，UK：IUCN.

Mageau M T，Costanza R，Ulanowicz R E，1998. Quantifying the trends expected in developing ecosystems[J]. Ecological Modelling，112（1）：1-22.

Majerus M E N，Brunton C F A，Stalker J，2000. A bird's eye view of the peppered moth[J]. Journal of Evolutionary Biology，13（2）：155-159.

Malik R N，Moeckel C，Jones K C，et al.，2011. Polybrominated diphenyl ethers（PBDEs）in feathers of colonial water-bird species from Pakistan[J]. Environmental Pollution，159（10）：3044-3050.

Mancini P L，Reis-Neto A S，Fischer L G，et al.，2018. Differences in diversity and habitat use of avifauna in distinct mangrove areas in São Sebastião，São Paulo，Brazil[J]. Ocean & Coastal

Management，164：79-91.

Manosa S，Mateo R，Guitart R，2001. A review of the effects of agricultural and industrial contamination on the Ebro delta biota and wildlife[J]. Environmental Monitoring and Assessment，71（2）：187-205.

Marquenie J，Donners M，Poot H，et al.，2008. Adapting the spectral composition of artificial lighting to safeguard the environment[Z]. IEEE：1-6.

Martin Willcox ，Frank Säuberlich，2017. Deep learning：new kid on the supervised machine learning block[OL].https://www.colabug.com/2017/0628/244273/.

Marvin M，Seymour A P，1969.Perceptrons：An introduction to computational geometry[J].IEEE，C-18（6）：572.

McCartney E J，1976. Optics of the atmosphere：scattering by molecules and particles[J]. John Wiley and Sons，Inc.：421.

Mckernan M A，Rattner B A，Hale R C，et al.，2009. Toxicity of polybrominated diphenyl ethers （DE-71）in chicken（Gallus gallus），mallard（*Anas platyrhynchos*），and American kestrel（*Falco sparverius*）embryos and hatchlings[J]. Environmental Toxicology and Chemistry，28（5）：1007-1017.

Meades L，Rodgerson L，York A，et al.，2002. Assessment of the diversity and abundance of terrestrial mangrove arthropods in southern New South Wales，Australia[J]. Austral Ecology，27（4）：451-458.

Meire P，Schekkerman H，Meininger P L，1994. Consumption of benthic invertebrates by waterbirds in the Oosterschelde estuary，SW Netherlands[J]. Hydrobiologia，282/283（1）：525-546.

Mestre L A M，Krul R，Moraes V D S，2007. Mangrove bird community of Paranaguá Bay - Paraná，Brazil[J]. Brazilian Archives of Biology and Technology，50（1）：75-83.

Millennium Ecosystem Assessment，2005. Coastal systems [OL]. http://www.millenniumassessment. org/en/Framework.aspx 2005.

Mohd-Azlan J，Lawes M J，2011. The effect of the surrounding landscape matrix on mangrove bird community assembly in north Australia[J]. Biological Conservation，144（9）：2134-2141.

Mohd-Azlan J，Noske R A，Lawes M J，2012. Avian species-assemblage structure and indicator bird species of mangroves in the Australian monsoon tropics[J]. Emu - Austral Ornithology，112（4）：287-297.

Mohd-Azlan J，Noske R，Lawes M，2015. The Role of habitat heterogeneity in structuring mangrove bird assemblages[J]. Diversity，7（2）：118-136.

Møller A P，2008a. Flight distance and blood parasites in birds[J]. Behavioral Ecology，19（6）：1305-1313.

Møller A P，Erritzøe J，2010. Flight distance and eye size in birds[J]. Ethology，116（5）：458-465.

Møller A P，Erritzøe J，2014. Predator-prey interactions，flight initiation distance and brain size[J]. Journal of Evolutionary Biology，27（1）：34-42.

Møller A P，Garamszegi L Z，2012. Between individual variation in risk-taking behavior and its life history consequences[J]. Behavioral Ecology，23（4）：843-853.

Møller A P，Nielsen J T，Garamzegi L Z，2008b. Risk taking by singing males[J]. Behavioral

Ecology, 19 (1): 41-53.

Møller A P, Tryjanowski P, 2014. Direction of approach by predators and flight initiation distance of urban and rural populations of birds[J]. Behavioral Ecology, 25 (4): 960-966.

Mooney K A, Gruner D S, Barber N A, et al., 2010. Interactions among predators and the cascading effects of vertebrate insectivores on arthropod communities and plants[J]. Proceedings of the National Academy of Sciences, 107 (16): 7335-7340.

Moores N, 2006. South Korea's shorebirds: a review of abundance, distribution, threats and conservation status[J]. Stilt, 50: 62-72.

Moores N, Rogers D, Kim R H, et al., 2008. The 2006-2008 saemangeum shorebird monitoring program report[R].

Mtanga A, Machiwa J F, 2007. Heavy metal pollution levels in water and oysters, Saccostrea cucullata, from Mzinga Creek and Ras Dege mangrove ecosystems, Tanzania[J]. African Journal of Aquatic Science, 32 (3): 235-244.

Muller K R, Mika S, Ratsch G, et al., 2001. An introduction to kernel-based learning algorithms[J]. IEEE Transactions on Neural Networks, 12 (2): 181-201.

Murdock A, Potts P, 2009. Southampton wetland bird flight path study[R]. Southampton City Council: GeoData Institute.

Nagelkerken I, Blaber S J M, Bouillon S, et al., 2008. The habitat function of mangroves for terrestrial and marine fauna: a review[J]. Aquatic Botany, 89 (2): 155-185.

Naylor R, Drew M, 1998. Valuing mangrove resources in Kosrae, Micronesia[J]. Environment & Development Economics, 3 (4): 471-490.

Nicoletti R, Salvatore M M, Andolfi A, 2018. Secondary metabolites of mangrove-associated strains of Talaromyces[J]. Mar Drugs, 16 (1): 12.

Nisbet I C T, 1968. The utilization of mangroves by Malayan birds[J]. Ibis, 110 (3): 348-352.

Noske R A, 1995. The ecology of mangrove forest birds in Peninsular Malaysia[J]. Ibis, 137 (2): 250-263.

Noske R A, 1996. Abundance, zonation and foraging ecology of birds in mangroves of Darwin Harbour, Northern Territory[J]. Wildlife Research, 23 (4): 443-474.

O'Brien T G, Kinnaird M F, 2008. A picture is worth a thousand words: the application of camera trapping to the study of birds[J]. Bird Conservation International, 18 (S1): S144-S162.

Ojala T, Pietikainen M, Maenpaa T, 2002. Multiresolution gray-scale and rotation invariant texture classification with local binary patterns[J]. IEEE Transactions on Pattern Analysis and Machine Intelligence, 24 (7): 971-987.

Olshausen B A, Field D J, 1997. Sparse coding with an overcomplete basis set: a strategy employed by V1?[J]. Vision Research, 37 (23): 3311-3325.

Onuf C P, Teal J M, Valiela I, 1977. Interactions of nutrients, plant growth and herbivory in a mangrove ecosystem[J]. Ecology, 58 (3): 514-526.

Ortega Y K, Capen D E, 1999. Effects of forest roads on habitat quality for ovenbirds in a forested landscape[J]. Auk, 116 (4): 937-946.

Ouyang W, Wang X, 2013. Single-pedestrian detection aided by multi-pedestrian detection[C]//IEEE

Conference on Computer Vision and Pattern Recognition：3198-3205.

Page G，Whitacre D F，1975. Raptor predation on wintering shorebirds[J]. Condor，77（1）：73-83. -p-Dioxin Equivalent in common cormorant（*Phalacrocorax carbo*）from Japan[J]. Archives of Environmental Contamination & Toxicology，38（4）：509-521.

Pearce J，Ferrier S，2000. Evaluating the predictive performance of habitat models developed using logistic regression[J]. 133（3）：225-245.

Powell G V，Kenworthy J W，Fourqurean J W，1989. Experimental evidence for nutrient limitation of seagrass growth in a tropical estuary with restricted circulation[J]. Bulletin of Marine Science，44（1）：324-340.

Powell G，1974. Experimental analysis of the social value of flocking by starlings（*Sturnus vulgaris*）in relation to predation and foraging[J]. Animal Behaviour，22（2）：501-505.

Pratt H M，1972. Nesting success of common egrets and great blue herons in the San Francisco Bay Region[J]. Condor，74（4）：447-453.

Primavera J H，de la Peña L，2000. The yellow mangrove：its ethnobotany，history of maritime collection，and needed rehabilitation in the central and southern Philippines[J]. Philippine Quarterly of Culture and Society，28（4）：464-475.

Qin Y，Lu H C，Xu Y Q，et al.，2015. Saliency detection via cellular automata[C]//IEEE Conference on Computer Vision and Pattern Recognition：110-119.

Qiu Y W，Yu K F，Zhang G，et al.，2011. Accumulation and partitioning of seven trace metals in mangroves and sediment cores from three estuarine wetlands of Hainan Island，China[J]. Journal of Hazardous Materials，190（1-3）：631-638.

Ramanathan A L，Subramanian V，Ramesh R，1999. Environmental geochemistry of the Pichavaram mangrove ecosystem（tropical），southeast coast of India[J]. Environmental Geology，37（3）：223-233.

Rapport D J，1989. What constitutes ecosystem health?[J]. Perspectives in Biology and Medicine，33（1）：120-132.

Rapport D J，1995. Ecosystem services and management options as blanket indicators of ecosystem health[J]. Journal of Aquatic Ecosystem Health，4（2）：97-105.

Rapport D J，Maffi L，2011. Eco-cultural health，global health，and sustainability[J]. Ecological Research，26（6）：1039-1049.

Rawsthorne J，Watson D M，Roshier D A，2011. Implications of movement patterns of a dietary generalist for mistletoe seed dispersal[J]. Austral Ecology，36（6）：650-655.

Redmon J，Divvala S，Girshick R，et al.，2016. You only look once：unified，real-time object detection[J]. IEEE Conference on Computer Vision and Pattern Recognition：779-788.

Redmon J，Farhadi A，2017. YOLO9000：better，faster，stronger[C]//IEEE Conference on Computer Vision and Pattern Recognition：6517-6525.

Redmon J，Farhadi A，2018. Yolov3：an incremental improvement[J]. ArXiv，e-prints（2018）：1804.02767.

Reijnen R，Foppen R，1994. The effects of car traffic on breeding bird populations in woodland. I.

Evidence of reduced habitat quality for Willow Warblers (*Phylloscopus trochilus*) breeding close to a highway[J]. Journal of Applied Ecology, 31 (1): 85-94.

Reijnen R, Foppen R, Braak C T, et al., 1995. The effects of car traffic on breeding bird populations in woodland. III. Reduction of density in relation to the proximity of main roads[J]. Journal of Applied Ecology: 187-202.

Ren H, Wu X M, Ning T Z, et al., 2011. Wetland changes and mangrove restoration planning in Shenzhen Bay, Southern China[J]. Landscape and Ecological Engineering, 7 (2): 241-250.

Ren S, He K, Girshick R, et al., 2015. Faster R-CNN: towards real-time object detection with region proposal networks[C]//Advances of Neural Information Processing Systems: 91-99.

Ren X, Malik J, 2003. Learning a classification model for segmentation[C]//IEEE International Conference on Computer Vision: 1-10.

Robert J F J, Koford R R, 2003. Changes in breeding bird populations with habitat restoration in Northern Iowa[J]. The American Midland Naturalist, 150 (1): 83-94.

Robertson A I, Alongi D M, Boto K G, 1992. Food chains and carbon fluxes[J]. Tropical Mangrove Ecosystems: 293-326.

Robinson W D, Robinson T R, 2016. Avian abundances on yap, federated states of Micronesia, after Typhoon Sudall[J]. Pacific Science, 70 (4): 431-435.

Rodriguez M, Sivic J, Laptev I, et al., 2011. Data-driven crowd analysis in videos[C]//IEEE International Conference on Computer Vision: 1235-1242.

Rogers D, Hassell C, Oldland J, et al., 2009. Monitoring Yellow Sea migrants in Australia (MYSMA): North- western Australian shorebird surveys and workshops, December 2008[R].

Rönnbäck P, 1999. The ecological basis for economic value of seafood production supported by mangrove ecosystems[J]. Ecological Economics, 29 (2): 235-252.

Rosenblatt F, 1958. The perceptron: a probabilistic model for information storage and organization in the brain[J]. Psychological Review, 65 (6): 386.

Ruiz X, Llorente G A, Nadal J, 1982. Incidence des composés organochlorés sur la viabilité de l'oeuf du Bubulcus ibis dans de delta de l'Ebre[Z]: 807-811.

Rumelhart D E, Hinton G E, Williams R J, 1986. Learning representations by back-propagating errors[J]. Nature, 323 (6088): 533-536.

Sakellarides T M, Konstantinou I K, Hela D G, et al., 2006. Accumulation profiles of persistent organochlorines in liver and fat tissues of various waterbird species from Greece[J]. Chemosphere, 63 (8): 1392-1409.

Salem M E, Mercer D E, 2012. The economic value of mangroves: a meta-analysis[J]. Sustainability, 4 (3): 359-383.

Samia D S M, Nakagawa S, Nomura F, et al., 2015. Increased tolerance to humans among disturbed wildlife[J]. Nature Communications, 6 (1): 1-8.

Sandilyan S, 2017. A preliminary assessment on the role of abandoned shrimp farms on supporting waterbirds in Pichavaram mangrove, Tamilnadu, Southern India[J]. Journal of Coastal Conservation, 21 (2): 255-263.

Sandilyan S，Kathiresan K，2015. Density of waterbirds in relation to habitats of Pichavaram mangroves，Southern India[J]. Journal of Coastal Conservation，19（2）：131-139.

Schaeffer D J，Herricks E E，Kerster H W，1988. Ecosystem health measuring ecosystem health[J]. Environmental Management，12（4）：445-455.

Schepker T J，Lagrange T，Webb E B，2018. Are waterfowl food resources limited during spring migration? A bioenergetic assessment of playas in Nebraska's rainwater basin[J]. Wetlands，3：1-12.

Scott G R，Hawkes L A，Frappell P B，et al.，2015. How bar-headed geese fly over the Himalayas[J]. Physiology，30（2），107-115.

Sekercioglu C，2006. Increasing awareness of avian ecological function[J]. Trends in Ecology & Evolution，21（8）：464-471.

Serafy J E，Araujo R J，2007. Proceedings of the first international symposium on mangroves as fish habitat[J]. Bulletin of Marine Science，special issue（80）：451-935.

Seto K C，Fleishman E，Fay J P，et al.，2004. Linking spatial patterns of bird and butterfly species richness with Landsat TM derived NDVI[J]. International Journal of Remote Sensing，25（20）：4309-4324.

Shang C，Ai H，Bai B，2016. End-to-end crowd counting via joint learning local and global count[C]// IEEE International Conference on Image Processing：1215-1219.

Shaw J H，1985. Introduction to wildlife management[M]. New York，America：McGraw-Hill：384.

Shi J，Malik J，2000. Normalized cuts and image segmentation[J]. IEEE Transactions on Pattern Analysis and Machine Intelligence，22（8）：888-905.

Shiels A B，Walker L R，2003. Bird perches increase forest seeds on Puerto Rican landslides[J]. Restoration Ecology，11（4）：457-465.

Shrivastava A，Gupta A，Girshick R，2016. Training region-based object detectors with online hard example mining [C]//IEEE Conference on Computer Vision and Pattern Recognition：761-769.

Silva J M C D，Uhl C，Murray G，1996. Plant succession，landscape management，and the ecology of frugivorous birds in abandoned Amazonian pastures [J]. Conservation Biology，10（2）：491-503.

Simonyan K，Zisserman A，2015. Very deep convolutional networks for large-scale image recognition[C]//International Conference on Learning Representation：112-118.

Smith E L，Greenwood V J，Bennett A T D，2002. Ultraviolet colour perception in European starlings and Japanese quail[J]. The Journal of Experimental Biology，205（Pt 21）：3299.

Smith J A M，Reitsma L R，Rockwood L L，et al.，2008. Roosting behavior of a Neotropical migrant songbird，the northern waterthrush Seiurus noveboracensis，during the non-breeding season[J]. Journal of Avian Biology，39（4）：460-465.

Sodhi N S，Briffett C，Kong L，et al.，1999. Bird use of linear areas of a tropical city：implications for park connector design and management[J]. Landscape and Urban Planning，45（2）：123-130.

Sodhi N S，Choo J，Lee B，et al.，1997. Ecology of a mangrove forest bird community in Singapore[J]. Raffles Bulletin of Zoology，45（1）：1-13.

Sohn M，2016. Species Richness Maps and Esri Story Maps for the biodiversity of mangrove forest for the Mangrove Action Project（MAP）[R].Seattle：University of Washington，2016：1-15.

Sorace A，Formichetti P，Boano A，et al.，2002. The presence of a river bird，the dipper，in relation to water quality and biotic indices in central Italy[J]. Environmental Pollution，118（1）：89-96.

Spahn S A，Sherry T W，1999. Cadmium and lead exposure associated with reduced growth rates，poorer fledging success of little blue heron chicks（*Egretta caerulea*）in south Louisiana wetlands[J]. Arch Environ Contam Toxicol，37（3）：377-384.

Sreekar R，Goodale E，Harrison R D，2015. Flight initiation distance as behavioral indicator of hunting pressure：a case study of the sooty-headed Bulbul（*Pycnonotus Aurigaster*）in Xishuangbanna，SW China[J]. Tropical Conservation Science，8（2）：505-512.

Stastny J，Munk M，Juranek L，2018. Automatic bird species recognition based on birds vocalization[J]. EURASIP Journal on Audio，Speech，and Music Processing，2018（1）：1-7.

Stevenson A L，Scheuhammer A M，Chan H M，2005. Effects of nontoxic shot regulations on lead accumulation in ducks and American Woodcock in Canada[J]. Arch Environ Contam Toxicol，48（3）：405-413.

Stralberg D，Toniolo V，Page G W，et al.，2004. Potential impacts of non-native *Spartina* spread on shorebird populations in South San Francisco Bay[J]. Stinson Beach，PRBO Conservation Science.

Sun L，Zhao G R，Zheng Y H，et al.，2022. Spectral–spatial feature tokenization transformer for hyperspectral image classification[J]. IEEE Transactions on Geoscience and Remote Sensing，60：1-14.

Surman C A，Wooller R D，1995. The breeding biology of the Lesser noddy on Pelsaert Island，Western Australia[J]. Emu，95（1）：47-53.

Suykens J A，Vandewalle J，1999. Least squares support vector machine classifiers[J]. Neural Processing Letters，9（3）：293-300.

Szegedy C，Ioffe S，Vanhoucke V，et al.，2017. Inception-v4，inception-resnet and the impact of residual connections on learning[C]//AAAI conference on artificial intelligence：4278-4284.

Szegedy C，Liu W，Jia Y，et al.，2014. Going deeper with convolutions[J]. Computer Vision and Pattern Recognition，7（12）：1-9.

Szegedy C，Vanhoucke V，Ioffe S，et al.，2015. Rethinking the inception architecture for computer vision[C]//IEEE Conference on Computer Vision and Pattern Recognition：2818-2826.

Tam N F Y，Wong Y S，2000. Spatial variation of heavy metals in surface sediments of Hong Kong mangrove swamps[J]. Environmental Pollution，110（2）：195-205.

Tam N F Y，Yao M W Y，1998. Normalisation and heavy metal contamination in mangrove sediments[J]. Science of the Total Environment，216（1-2）：33-39.

Tam N F，Guo C L，Yau W Y，et al.，2002. Preliminary study on biodegradation of phenanthrene by bacteria isolated from mangrove sediments in Hong Kong[J]. Marine Pollution Bulletin，45（1）：316-324.

Tanabe S，Senthilkumar K，Kannan K，et al.，1998. Accumulation features of Polychlorinated

Biphenyls and Organochlorine Pesticides in resident and migratory birds from South India[J]. Arch Environ Contam Toxicol, 34 (4): 387-397.

Teeb, 2010. The economics of ecosystems and biodiversity: ecological and economic foundations[OL]. Earthscan, London and Washington: http://www.teebweb. org/our-publications/teeb-study- reports/ ecological-and-economic-foundations/.

Tian Y, Luo Y R, Zheng T L, et al., 2008. Contamination and potential biodegradation of polycyclic aromatic hydrocarbons in mangrove sediments of Xiamen, China[J]. Marine Pollution Bulletin, 56 (6): 1184-1191.

Tibshirani R, 1996. Regression shrinkage and selection via the lasso[J]. Journal of the Royal Statistical Society, Series B (Statistical Methodology): 267-288 .

Tillitt D E, Ankley G T, Giesy J P, et al., 1992. Polychlorinated biphenyl residues and egg mortality in double-crested cormorants from the great lakes[J]. Environmental Toxicology & Chemistry, 11 (9): 1281-1288.

Uijlings J R, Sande K E, Gevers T, et al., 2013. Selective search for object recognition[J]. International Journal of Computer Vision, 2: 154-171.

Usero J, Morillo J, Gracia I, 2005. Heavy metal concentrations in molluscs from the Atlantic coast of southern Spain[J]. Chemosphere, 59 (8): 1175-1181.

Valoppi L, 2018. Phase 1 studies summary of major findings of the South Bay Salt Pond restoration project, South San Francisco Bay, California[R].

van den Steen E, Eens M, Covaci A, et al., 2009. An exposure study with polybrominated diphenyl ethers (PBDEs) in female European starlings (Sturnus vulgaris): toxicokinetics and reproductive effects[J]. Environmental Pollution, 157 (2): 430-436.

van der Vliet R E, van Dijk J, Wassen M J, 2010. How different landscape elements limit the breeding habitat of meadow bird species[J]. Ardea, 98 (2) : 203-209.

Van T, Gestel J, Suykens B, et al., 2001. Automatic relevance determination for least squares support vector machine regression[C]//International Joint Conference on Neural Networks: 2416-2421.

Vane C H, Harrison I, Kim A W, et al., 2009. Organic and metal contamination in surface mangrove sediments of South China[J]. Marine Pollution Bulletin, 58 (1): 134-144.

Vaswani A, Shazeer N, Parmar N, et al., 2017. Attention is all you need[C]//31st Conference on Neural Information Processing Systems (NIPS 2017): 6000-6010.

Veettil B K, Pereira S F R, Quang N X, 2018. Rapidly diminishing mangrove forests in Myanmar (Burma): A review[J]. Hydrobiologia, 822 (1): 19-35.

Vegh T, Jungwiwattanaporn M, Pendleton L, et al., 2014. Mangrove ecosystem services valuation: state of the literature[R]. NI WP 14-06. Durham, NC: Duke University.

Veksler O, Boykov Y, Mehrani P, 2010. Superpixels and supervoxels in an energy optimization framework[C]//European Conference on Computer Vision: 211-224.

Vilchek G E, 1998. Ecosystem health, landscape vulnerability, and environmental risk assessment[J]. Ecosystem Health, 4 (1): 52-60.

Villard M, Martin P R, Drummond C G, 1993. Habitat fragmentation and pairing success in the

Ovenbird（Seiurus aurocapillus）[J]. The Auk，110（4）：759-768.

Viola P，Jones M J，Snow D，2005. Detecting pedestrians using patterns of motion and appearance[J]. International Journal of Computer Vision，63（2）：153-161.

Vos J G，Dybing E，Greim H A，et al.，2000. Health effects of endocrine-disrupting chemicals on wildlife，with special reference to the European situation[J]. Critical Reviews in Toxicology，30（1）：71-133.

Wah C，Branson S，Welinder P，et al.，2011. The caltech ucsd birds 200-2011 dataset[J].Pasadena，California Institute of Technology.

Walters B B，R O Nnb A Ck P，Kovacs J M，et al.，2008. Ethnobiology，socio-economics and management of mangrove forests：a review[J]. Aquatic Botany，89（2）：220-236.

Walton M E M，Samonte-Tan G P B，Primavera J H，et al.，2006. Are mangroves worth replanting? The direct economic benefits of a community-based reforestation project[J]. Environmental Conservation，33（4）：335.

Wang C，Zhang H，Yang L，et al.，2015. Deep people counting in extremely dense crowds[C]//ACM International Conference on Multimedia：1299-1302.

Wang J F，Xiao R，Guo Y D，et al.，2019. Learning to count objects with few exemplar annotations[J]. Arxiv：1905.07898.

Wang J J，Yang J C，Yu K，et al.，2010. Locality-constrained linear coding for image classification [C]//IEEE Conference on Computer Vision and Pattern Recognition：3360-3367.

Wang Y W，Jiang G B，Lam P K S，et al.，2007. Polybrominated diphenyl ether in the East Asian environment：A critical review[J]. Environment International.，33（7）：963-973.

Wang Y，Zou Y X，2016. Fast visual object counting via example-based density estimation[C]//IEEE International Conference on Image Processing：3653-3657.

Wang Y，Zou Y X，Chen J，et al.，2016. Example-based visual object counting with a sparsity constraint[C]//IEEE International Conference on Multimedia and Expo：1-6.

Wei P P，Zan Q J，Tam N F Y，Shin P K S，Cheung S G，Li M G，2017. Impact of habitat management on waterbirds in a degraded coastal wetland[J]. Marine Pollution Bulletin，124（2）：645-652.

Wei Y H，Zhang J Y，Zhang D W，et al.，2014. Metal concentrations in various fish organs of different fish species from Poyang Lake，China[J]. Ecotoxicology and Environmental Safety，104（6）：182-188.

Weihong J I，2017. Personal communication[Z]. Massey University，Auckland，New Zealand.

Westphal M I，Field S A，Tyre A J，et al.，2003. Effects of landscape pattern on bird species distribution in the Mt. Lofty Ranges，South Australia[J]. Landscape Ecology，18（4）：413-426.

Widbom B，1984. Determination of average individual dry weights and ash-free dry weights in different sieve fractions of marine meiofauna[J]. Marine Biology，84（1）：101-108.

Wiemeyer S N，Bunck C M，Stafford C J，1993. Environmental contaminants in bald eagle eggs[J]. Journal of Raptor Research，25（4）：213-227.

Williams M J，Coles R，Primavera J H，2007. A lesson from cyclone Larry：an untold story of the success of good coastal planning[J]. Estuarine，Coastal and Shelf Science，71（3-4）：364-367.

Wiltschko R，Stapput K，Bischof H J，et al.，2007. Light-dependent magnetoreception in birds：

increasing intensity of monochromatic light changes the nature of the response[J]. Frontiers in Zoology, 4 (1): 5.

Wong F O K, 1990. Habitat utilization by little egrets breeding at Mai Po[J]. Hong Kong Bird Report: 235-264.

Wong H L, Giesy J P, Lam P K S, 2006. Organochlorine insecticides in mudflats of Hong Kong, China[J]. Archives of Environmental Contamination and Toxicology, 50 (2): 153-165.

Wong L C, Corlett R T, Young L, et al., 1999. Foraging flights of nesting egrets and herons at a Hong Kong egretry, South China[J]. Waterbirds, 22 (3): 424-434.

Wu H Q, Zha K E, Zhang M, et al., 2009. Nest site selection by Black-necked Crane Grus nigricollis in the Ruoergai Wetland, China[J]. Bird Conservation International, 19 (3): 277.

Wu Q, Tam N F Y, Leung J Y S, et al., 2014. Ecological risk and pollution history of heavy metals in Nansha mangrove, South China[J]. Ecotoxicology and Environmental Safety, 104 (1): 143-151.

Wu X, Liang G, Lee K K, et al., 2006. Crowd density estimation using texture analysis and learning[C]//IEEE International Conference on Robotics and Biomimetics: 214-219.

Xu J, Le H, Nguyen V, et al., 2023. Zero-Shot Object Counting[C]//IEEE Conference on Computer Vision and Pattern Recognition: 15548-15557.

Yamamoto Y, 2023. Living under ecosystem degradation: Evidence from the mangrove-fishery linkage in Indonesia[J]. Journal of Environmental Economics and Management, 118: 102788.

Yamashita N, Tanabe S, Ludwig J P, et al., 1993. Embryonic abnormalities and organochlorine contamination in double-crested cormorants (*Phalacrocorax auritus*) and Caspian terns (*Hydroprogne caspia*) from the upper Great Lakes in 1988[J]. Environmental Pollution, 79 (2): 163-173.

Yan J, Yu Y, Zhu X, et al., 2015. Object detection by labeling superpixels[C]//IEEE Conference on Computer Vision and Pattern Recognition: 5107-5116.

Yan J, Zhang X, Lei Z, et al., 2013. Robust multi-resolution pedestrian detection in traffic scenes[C]//Proceedings of the IEEE Conference on Computer Vision and Pattern Recognition: 3033-3040.

Yang J, Yu K, Gong Y, et al., 2009. Linear spatial pyramid matching using sparse coding for image classification[C]//IEEE Conference on Computer Vision and Pattern Recognition: 1794-1801.

Yoo D, Park S, Lee J -Y, et al., 2015. Attentionnet: aggregating weak directions for accurate object detection [C]//IEEE International Conference on Computer Vision: 2659-2667.

Yu T, Zhang Y, Hu X N, et al., 2012. Distribution and bioaccumulation of heavy metals in aquatic organisms of different trophic levels and potential health risk assessment from Taihu lake, China[J]. Ecotoxicology and Environmental Safety, 81: 55-64.

Zakaria M, Rajpar M, 2015. Assessing the fauna diversity of Marudu Bay mangrove forest, Sabah, Malaysia, for future conservation[J]. Diversity, 7 (2): 137-148.

Zegers B N, Lewis W E, Booij K, et al., 2003. Levels of polybrominated diphenyl ether flame retardants in sediment cores from Western Europe[J]. Environmental Science & Technology, 37 (17):

3803-3807.

Zeiler M D, Fergus R, 2014. Visualizing and understanding convolutional networks[C]//European Conference on Computer Vision: 818-833.

Zhang C, Li H, Wang X, et al., 2015. Cross-scene crowd counting via deep convolutional neural networks[C]//IEEE Conference on Computer Vision and Pattern Recognition: 833-841.

Zhang D, Liu N, Yin P, et al., 2017. Characterization, sources and ecological risk assessment of polycyclic aromatic hydrocarbons in surface sediments from the mangroves of China[J]. Wetlands Ecology and Management, 25 (1): 105-117.

Zhang N, Donahue J, Girshick R B, et al., 2014a. Part-Based R-CNNs for Fine-Grained category detection[C]//European Conference on Computer Vision: 834-849.

Zhang W W, Ma J Z, 2011. Waterbirds as bioindicators of wetland heavy metal pollution[J]. Procedia Environmental Sciences, 10 (1): 2769-2774.

Zhang X F, Zhou F, Lin Y Q, et al., 2016. Embedding label structures for fine-grained feature representation[C]//IEEE Conference on Computer Vision and Pattern Recognition: 1114-1123.

Zhang Z, Xu X, Sun Y, et al., 2014b. Heavy metal and organic contaminants in mangrove ecosystems of China: a review[J]. Environmental Science and Pollution Research, 21 (20): 11938-11950.

Zheng G J, Lam M H W, Lam P K S, 2000. Concentrations of persistent organic pollutants in surface sediments of the mudflat and mangroves at Mai Po Marshes Nature Reserve, Hong Kong[J]. Marine Pollution Bulletin, 40 (12): 1210-1214.

Zitnick C, Lawrence, Dollár P, 2014. Edge boxes: locating object proposals from edges[C]//European Conference on Computer Vision: 391-405.

Zou H, Hastie T, 2005. Regularization and variable selection via the elastic net[J]. Journal of the Royal Statistical Society: Series B (Statistical Methodology), 67 (2): 301-320.

Zwarts L, Blomert A M, 1990. Selectivity of whimbrels feeding on fiddler crabs explained by component specific digestibilities[J]. Ardea, 78 (1): 193-208.

附录：深圳湾红树林湿地鸟类名录

深圳湾红树林湿地鸟类名录（深圳侧）

种名	CJ	CA	保护级别	IUCN 受威胁状况	中国物种红色名录	居留型
I 潜鸟目 GAVIIFORMES						
一、潜鸟科 Gaviidae						
1.红喉潜鸟 *Gavia stellata*	+			LC		冬候鸟
II 䴙䴘目 PODICIPEDIFORMES						
二、䴙䴘科 Podicipedidae						
2.小䴙䴘 *Tachybaptus ruficollis*				LC		留鸟
3.凤头䴙䴘 *Podiceps cristatus*	+			LC		冬候鸟
III 鹈形目 PELECANIFORMES						
三、鹈鹕科 Pelecanidae						
4.卷羽鹈鹕 *Pelecanus crispus*			II	VU	VU	冬候鸟
四、鸬鹚科 Phalacrocoracidae						
5.普通鸬鹚 *Phalacrocorax carbo*				LC		冬候鸟
6.海鸬鹚 *Phalacrocorax pelagicus*	+			LC		冬候鸟
IV 鹳形目 CICONIIFORMES						
五、鹭科 Ardeidae						
7.苍鹭 *Ardea cinerea*				LC		留鸟
8.草鹭 *Ardea purpurea*	+			LC		留鸟
9.绿鹭 *Butorides Striatus*	+			LC		夏候鸟
10.池鹭 *Ardeola bacchus*				LC		留鸟
11.牛背鹭 *Bubulcus ibis*	+	+		LC		留鸟
12.大白鹭 *Ardea alba*	+	+				留鸟
13.小白鹭 *Egretta garzetta*				LC		留鸟
14.黄嘴白鹭 *Egretta eulophotes*			II	VU	NT	夏候鸟
15.岩鹭 *Egretta sacra*		+	II	LC		留鸟

续表

种名	CJ	CA	保护级别	IUCN 受威胁状况	中国物种红色名录	居留型
16.中白鹭 *Ardea intermedia*	+					留鸟
17.夜鹭 *Nycticorax nycticorax*	+			LC		留鸟
18.黄斑苇鳽 *Ixobrychus sinensis*	+	+		LC		夏候鸟
19.栗苇鳽 *Ixobrychus cinnamomeus*				LC		夏候鸟
20.黑鳽 *Ixobrychus flavicollis*				LC		留鸟
21.大麻鳽 *Botaurus stellaris*	+			LC		冬候鸟
六、鹳科 Ciconiidae						
22.白鹳 *Ciconia ciconia*			I	LC		夏候鸟
七、鹮科 Threskiornithidae						
23.白鹮 *Threskiornis melanocephalus*			II	NT		冬候鸟
24.黑脸琵鹭 *Platalea minor*	+		II	EN	EN	冬候鸟
25.白琵鹭 *Platalea leucorodia*	+		II	LC		冬候鸟
V 雁形目 ANSERIFORMES						
八、鸭科 Anatidae						
26.小天鹅 *Cygnus columbianus*	+		II	LC	NT	冬候鸟
27.赤麻鸭 *Tadorna ferruginea*	+			LC		冬候鸟
28.翘鼻麻鸭 *Tadorna tadorna*	+			LC		冬候鸟
29.针尾鸭 *Anas acuta*	+			LC		冬候鸟
30.绿翅鸭 *Anas crecca*	+			LC		冬候鸟
31.花脸鸭 *Sibirionetta formosa*	+			LC	VU	冬候鸟
32.罗纹鸭 *Anas falcata*	+			NT	NT	冬候鸟
33.绿头鸭 *Anas platyrhynchos*	+			LC		冬候鸟
34.斑嘴鸭 *Anas cilorhyncha*				LC		冬候鸟
35.赤膀鸭 *Gadwall*	+			LC		冬候鸟
36.赤颈鸭 *Anas Penelope*	+			LC		冬候鸟
37.白眉鸭 *Spatula querquedula*	+	+		LC		冬候鸟
38.琵嘴鸭 *Anas clypeata*	+	+		LC		冬候鸟
39.红头潜鸭 *Aythya ferina*	+			LC		冬候鸟
40.青头潜鸭 *Aythya baeri*	+			CR	VU	冬候鸟
41.凤头潜鸭 *Aythya fuligula*	+			LC		冬候鸟
42.棉凫 *Nettapus coromandelianus*				LC	EN	冬候鸟

种名	CJ	CA	保护级别	IUCN 受威胁状况	中国物种红色名录	居留型
43.斑头秋沙鸭 *Mergus albellus*	+			LC		冬候鸟
44.红胸秋沙鸭 *Mergus serrator*	+			LC		冬候鸟
45.斑背潜鸭 *Aythya marila*	+			LC		冬候鸟
Ⅵ 鹤形目 GRUIFORMES						
九、秧鸡科 Rallidae						
46.普通秧鸡 *Rallus indicus*	+					冬候鸟
47.蓝胸秧鸡 *Gallirallus striatus*				LC		留鸟
48.白胸苦恶鸟 *Amaurornis phoenicurus*				LC		留鸟
49.董鸡 *Gallicuex cinerea*	+			LC		夏候鸟
50.黑水鸡 *Gallinula chloropus*	+			LC		留鸟
51.白骨顶 *Fulica atra*				LC		冬候鸟
Ⅶ 鸻形目 GRUIFORMES						
十、彩鹬科 Rostratulidae						
52.彩鹬 *Rostratula benghalensis*	+	+		LC		冬候鸟
十一、鸻科 Charadriidae						
53.凤头麦鸡 *Vanellus vanellus*	+			LC		冬候鸟
54.灰头麦鸡 *Vanellus cinereus*				LC		冬候鸟
55.灰斑鸻 *Pluvialis squatarola*	+	+		LC		旅鸟
56.金鸻 *Pluvialis fulva*	+			LC		冬候鸟
57.金眶鸻 *Charadrius dubius*		+		LC		冬候鸟
58.环颈鸻 *Charadrius alexandrinus*				LC		冬候鸟
59.蒙古沙鸻 *Charadrius mongolus*	+	+		LC		旅鸟
60.铁嘴沙鸻 *Charadrius leschenaultii*	+	+		LC		冬候鸟
61.红胸鸻 *Charadrius asiaticus*				LC		
62.剑鸻 *Charadriu shiaticula*		+		LC		
十二、鹬科 Scoiopacidae						
63.中杓鹬 *Numenius phaeopus*	+	+		LC		旅鸟
64.白腰杓鹬 *Numenius arquata*	+	+		VU		冬候鸟
65.大杓鹬 *Numenius madagascariensis*	+	+		VU	NT	旅鸟
66.黑尾塍鹬 *Limosa limosa*	+	+		NT		旅鸟
67.斑尾塍鹬 *Limosa lapponica*	+	+		LC		冬候鸟

种名	CJ	CA	保护级别	IUCN 受威胁状况	中国物种红色名录	居留型
68.鹤鹬 *Tringa erythropus*	+			LC		冬候鸟
69.红脚鹬 *Tringa tetanus*	+	+		LC		冬候鸟
70.泽鹬 *Tringa stagnatilis*	+	+		LC		冬候鸟
71.青脚鹬 *Tringa nebularia*	+	+		LC		冬候鸟
72.白腰草鹬 *Tringa ochropus*	+			LC		冬候鸟
73.林鹬 *Tringa glareola*	+	+		LC		冬候鸟
74.小青脚鹬 *Tringa guttifer*	+		II	EN	EN	冬候鸟
75.矶鹬 *Actitis hypoleucos*	+	+		LC		冬候鸟
76.漂鹬 *Heteroscelus incanus*		+		LC		旅鸟
77.翘嘴鹬 *Xenus cinereus*	+	+		LC		旅鸟
78.翻石鹬 *Arenaria interpres*	+	+		LC		旅鸟
79.半蹼鹬 *Limnodromus semipalmatus*		+		LC		旅鸟
80.针尾沙锥 *Capella stenura*		+		LC		冬候鸟
81.扇尾沙锥 *Capella gallinago*	+			LC		冬候鸟
82.丘鹬 *Scolopax rusticola*	+			LC		冬候鸟
83.红腹滨鹬 *Calidris canutus*	+	+		LC		冬候鸟
84.红颈滨鹬 *Calidris ruficollis*	+	+		LC		旅鸟
85.长趾滨鹬 *Calidris subminuta*	+	+		LC		旅鸟
86.乌脚滨鹬 *Calidris temminckii*	+			LC		冬候鸟
87.尖尾滨鹬 *Calidris acuminata*	+	+		LC		旅鸟
88.黑腹滨鹬 *Calidris alpina*	+	+		LC		冬候鸟
89.弯嘴滨鹬 *Calidris ferruginea*	+	+		LC		旅鸟
90.阔嘴鹬 *Limicola falcinellus*	+	+		LC		旅鸟
91.流苏鹬 *Philomachus pugnax*	+	+		LC		旅鸟
92.长嘴鹬 *Limnodromus scolopaceus*				LC		
93.灰尾漂鹬 *Tringa brevipes*				LC		冬候鸟
94.青脚滨鹬 *Calidris temminckii*				LC		冬候鸟
95.小滨鹬 *Calidris minuta*				LC		
96.大滨鹬 *Calidris tenuirostris*		+		VU		冬候鸟
十三、反嘴鹬科 Recurvirostridae						
97.黑翅长脚鹬 *Himantopus himantopus*	+			LC		冬候鸟

种名	CJ	CA	保护级别	IUCN 受威胁状况	中国物种红色名录	居留型
98.反嘴鹬 *Racuvirostra avosetta*	+			LC		冬候鸟
十四、瓣蹼鹬科 Phalaropodidae						
99.红颈瓣蹼鹬 *Phalaropus lobatus*	+	+		LC		旅鸟
十五、燕鸻科 Glareolidae						
100.普通燕鸻 *Glareola maldivarum*	+	+				旅鸟
Ⅷ 鸥形目 LARIFORMES						
十六、鸥科 Laridae						
101.黑尾鸥 *Larus crassirostris*				LC		冬候鸟
102.银鸥 *Larus argentatus*	+			LC		冬候鸟
103.黄脚银鸥 *Larus cachinnans*				LC		冬候鸟
104.红嘴鸥 *Larus ridibundus*	+			LC		冬候鸟
105.黑嘴鸥 *Larus saundersi*				VU	VU	冬候鸟
106.灰林银鸥 *Larus heuglini*						
十七、燕鸥科 Sternidae						
107.红嘴巨鸥 *Hydroprogne caspia*		+				旅鸟
108.白翅浮鸥 *Chlidonias leucopterus*		+		LC		冬候鸟
109.须浮鸥 *Chlidonias hybrida*						冬候鸟
110.鸥嘴噪鸥 *Gelochelidon nilotica*						冬候鸟
Ⅸ 佛法僧目 CORACIIFORMES						
十八、翠鸟科 Alcedinidae						
111.普通翠鸟 *Alcedo atthis*				LC		留鸟
112.斑鱼狗 *Ceryle rudis*				LC		留鸟
113.白胸翡翠 *Halcyon smyrnensis*				LC		留鸟
114.蓝翡翠 *Halcyon pileata*				LC		留鸟
Ⅹ 隼形目 FALCONIFORMES						
十九、鹗科 Pandionidae						
115.鹗 *Pandion haliaetus*			Ⅱ	LC		冬候鸟
二十、鹰科 Accipitridae						
116 黑鸢 *Milvus migrans*			Ⅱ	LC		留鸟
117.白腹海雕 *Haliaeetus leucogaster*			Ⅱ	LC		留鸟
118.普通鵟 *Buteo japonicus*			Ⅱ			冬候鸟

续表

种名	CJ	CA	保护级别	IUCN 受威胁状况	中国物种红色名录	居留型
119.白肩雕 *Aquila heliaca*			I	VU		冬候鸟
120.白腹鹞 *Circus spilonotus*			II	LC		冬候鸟
121.日本松雀鹰 *Accipiter gularis*			II	LC		冬候鸟
二十一、隼科 Falconidae						
122.游隼 *Falco peregrinus*			II	LC		冬候鸟
123.红隼 *Falco tinnunculus*			II	LC		冬候鸟
XI 鸽形目 COLUMBIFORMES						
二十二、鸠鸽科 Columbidae						
124.山斑鸠 *Streptopelia orientalis*				LC		留鸟
125.珠颈斑鸠 *Streptopelia chinensis*						留鸟
XII 鹃形目 CUCULIFORMES						
二十三、杜鹃科 Cuculidae						
126.褐翅鸦鹃 *Centropus sinensis*			II	LC		留鸟
127.噪鹃 *Eudynamys scolopacea*				LC		留鸟
128.鹰鹃 *Hierococcyx sparverioides*						留鸟
129.八声杜鹃 *Cacomantis merulinus*				LC		留鸟
XIII 鸮形目 STRIGIFORMES						
二十四、鸱鸮科 Strigidae						
130.雕鸮 *Bubo bubo*			II	LC		留鸟
XIV 雨燕目 APODIFORMES						
二十五、雨燕科 Apodidae						
131.小白腰雨燕 *Apus affinis*	+			LC		留鸟
XV 雀形目 PASSERIFORMES						
二十六、燕科 Hirundinidae						
132.家燕 *Hirundo rustica*	+	+				留鸟
二十七、鹡鸰科 Motacillidae						
133.白鹡鸰 *Motacilla alba*	+	+		LC		夏候鸟
134.灰鹡鸰 *Motacilla cinerea*		+		LC		冬候鸟
135.黄鹡鸰 *Motacilla flava*	+	+		LC		冬候鸟
136.树鹨 *Anthus hodgsoni*	+			LC		冬候鸟
二十八、鹎科 Pycnonotidae						

种名	CJ	CA	保护级别	IUCN 受威胁状况	中国物种红色名录	居留型
137.白头鹎 *Pycnonotus sinensis*				LC		留鸟
138.红耳鹎 *Pycnonotus jocosus*				LC		留鸟
139.白喉红臀鹎 *Pycnonotus aurigaster*				LC		留鸟
二十九、伯劳科 Laniidae						
140.棕背伯劳 *Lanius schach*				LC		留鸟
三十、卷尾科 Dicruridae						
141.黑卷尾 *Dicrurus macrocercus*				LC		留鸟
三十一、椋鸟科 Sturnidae						
142.八哥 *Acridotheres cristatellus*				LC		留鸟
143.黑领椋鸟 *Sturnus nigricollis*				LC		留鸟
144.丝光椋鸟 *Sturnus sericeus*				LC		留鸟
145.灰椋鸟 *Sturnus cineraceus*				LC		冬候鸟
三十二、鸦科 Corvidae						
146.喜鹊 *Pica pica*						留鸟
147.红嘴蓝鹊 *Urocissa erythrorhyncha*				LC		留鸟
148.白颈鸦 *Corvus torquatus*				NT		留鸟
149.大嘴乌鸦 *Corvus macrorhynchos*				LC		留鸟
三十三、鸫科 Turdidae						
150.北红尾鸲 *Phoenicurus auroreus*	+			LC		冬候鸟
151.灰背鸫 *Turdus hortulorum*	+			LC		冬候鸟
152.橙头地鸫 *Zoothera citrina*				LC		留鸟
153.鹊鸲 *Copsychus saularis*				LC		留鸟
154.乌鸫 *Turdus merula*				LC		留鸟
155.黑喉石䳭 *Saxicola torquata*	+					冬候鸟
三十四、扇尾莺科 Cisticolidae						
156.黄腹鹪莺 *Prinia flaviventris*				LC		留鸟
157.纯色鹪莺 *Prinia inornata*				LC		留鸟
158.棕扇尾莺 *Cisticola juncidis*				LC		留鸟
三十五、莺科 Sylviidae						
159.东方大苇莺 *Acrocephalus orientalis*						留鸟
160.长尾缝叶莺 *Orthotomus sutorius*				LC		留鸟

续表

种名	CJ	CA	保护级别	IUCN 受威胁状况	中国物种红色名录	居留型
161.褐柳莺 *Phylloscopus fuscatus*				LC		冬候鸟
162.黄眉柳莺 *Phylloscopus inornatus*	+			LC		冬候鸟
163.黄腰柳莺 *Phylloscopus proregulus*				LC		冬候鸟
三十六、画眉科 Timaliidae						
164.黑脸噪鹛 *Garrulax perspicillatus*				LC		留鸟
三十七、山雀科 Paridae						
165.大山雀 *Parus major*				LC		留鸟
三十八、绣眼鸟科 Zosteropidae						
166.暗绿绣眼鸟 *Zosterops japonicus*				LC		留鸟
三十九、花蜜鸟科 Nectariniidae						
167.叉尾太阳鸟 *Aethopyga christinae*				LC		留鸟
四十、梅花雀科 Estrildidae						
168.白腰文鸟 *Lonchura striata*				LC		留鸟
169.斑文鸟 *Lonchura punctulata*				LC		留鸟
四十一、雀科 Passeridae						
170.树麻雀 *Passer montanus*				LC		留鸟
四十二、燕雀科 Fringillidae						
171.金翅雀 *Carduelis sinica*						留鸟
四十三、鹀科 Emberizidae						
172.灰头鹀 *Emberiza spodocephala*	+			LC		留鸟

注：CJ 表示列入《中华人民共和国政府和日本国政府保护候鸟及其栖息环境协定》中的鸟类；CA 表示列入《中华人民共和国政府和澳大利亚政府保护候鸟及其栖息环境协定》中的鸟类。保护级别：Ⅰ：国家一级保护动物；Ⅱ：国家二级保护动物。IUCN（2014）受威胁状况：CR：极危；EN：濒危；VU：易危；NT：近危。《深圳湾福田红树林鸟类名录》由 2010 年《深圳野生鸟类名录》、2006 年《国家重点保护野生动物名录》、2012 年《中国鸟类名录》、2009 年《中国物种红色名录》第二卷脊椎动物下册、2009 年《深圳福田红树林鸟类名录》、近年研究文献和福田红树林保护区调查报告整理汇总所得。

后　记

回顾过去的点点滴滴，感激之情萦绕心间。

首先要感谢深圳市科创委基础研究项目：基于动态视频数据的滨海湿地鸟类生态健康监测与评估研究（JCYJ20160330095814461）、无人机航拍视频图像处理关键技术研究（JCYJ20150430162332418）、针对富营养化海湾重金属污染的植物修复技术研究（JCYJ20150331100946599）、近海环境重金属生物毒理机制与净化技术研究（JCYJ20160330095549229）；深圳市孔雀技术创新项目：基于环境与新能源的新型持久性有机污染物的生物修复技术研究（KQJSCX20160226110414）；国家自然科学基金项目：根表铁膜在红树植物吸收转运重金属中的作用机理（31400446）等对本书研究工作的支持。

感谢本书研究团队诸位博士和硕士研究生以及多位同行的鼎力相助。感谢杨东明和柴民伟博士在本书内容撰写规划和起草方面做出的贡献；感谢牛志远在红树林湿地生态概述方面做出的贡献；感谢石聪和于凌云在红树林湿地生态监测和评估现状方面做出的贡献；感谢张粲、陈广、王国帅等在鸟类监测系统软件的设计与实现方面做出的贡献；感谢周小群在基于深度学习的密集目标检测的研究工作；感谢关文婕在基于深度学习的跨尺度目标检测的研究工作；感谢王国帅和黄晓林在基于深度学习的目标计数方面的研究工作；感谢陈泽晗在基于深度学习的视频图像增强研究工作；感谢陆超豪在基于深度学习的细粒度鸟类识别研究工作；感谢周琳在基于智能监测与生态评估体系的应用与评价方面的研究工作；感谢吴海轮在鸟类生态智能监测与生态评估体系的应用与评价方面的研究工作，感谢黄艳博士、柴民伟博士、李婉若和刘泽毅在本书修订工作上做出的贡献。

最后感谢出版社和广大读者。感谢出版社对本书的编校和出版；感谢读者选择了这本书，选择就是对我们的最大信任！

彩　　图

图 3-1　目标检测结果的类型说明（绿色框-TP；红色框-FP；背景-TN；漏检鸟-FN）

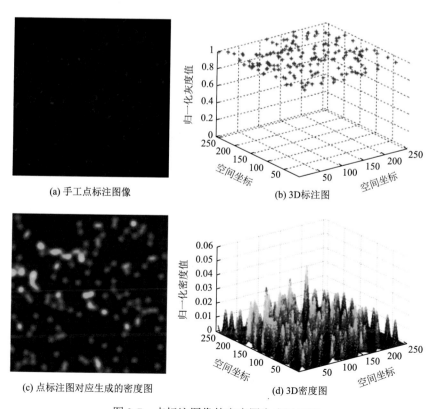

(a) 手工点标注图像

(b) 3D标注图

(c) 点标注图对应生成的密度图

(d) 3D密度图

图 3-7　点标注图像的密度图生成展示图

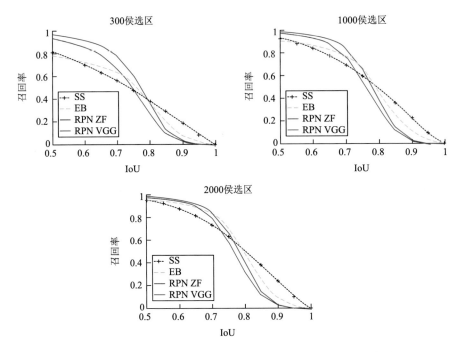

图 4-14　PASCAL VOC 2007 数据集下召回率随 IoU 的变化曲线

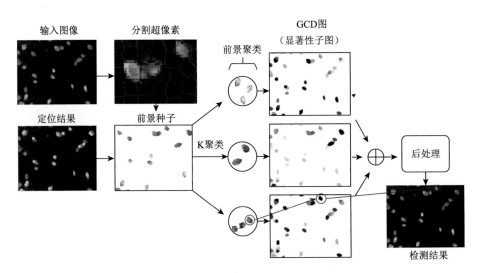

图 4-22　基于显著性图的边界框估计算法示意图

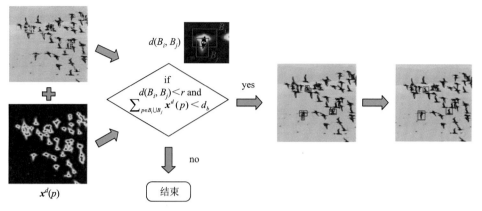

图 4-23　基于密度图的检测框后处理示意图

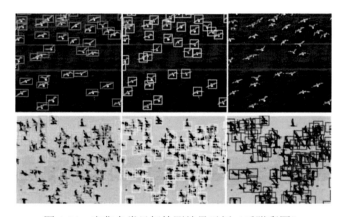

图 4-24　密集鸟类目标检测结果示例（后附彩图）

绿色框、黄色框、红色框分别是 DMSE-SOD、LM 和 RPN + ZF/300 的检测结果。第一行图片来自 Seagull，第二图片来自 Snipe

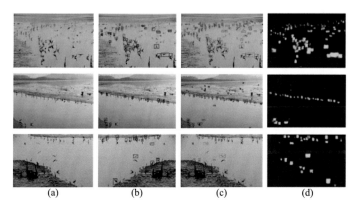

（a）　　　　　　（b）　　　　　　（c）　　　　　　（d）

图 4-32　BSBDV 2017 检测结果

（a）原图；（b）Faster R-CNN 检测结果；（c）Faster R-CNN + Fuse + RON；（d）RON 生成的对象图

图 4-33　CUB 数据集中有标注框的鸟的头部和脚

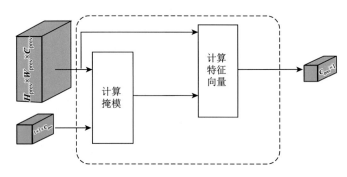

图 4-44　特征融合模块

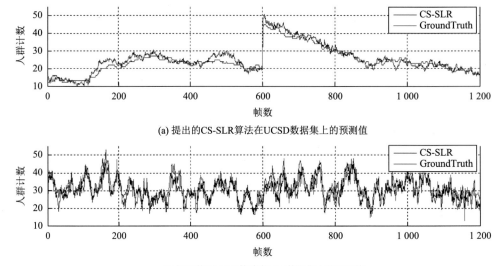

(a) 提出的CS-SLR算法在UCSD数据集上的预测值

(b) 提出的CS-SLR算法在Mall数据集上的预测值

图 4-48　真实值和预测值之间的比较

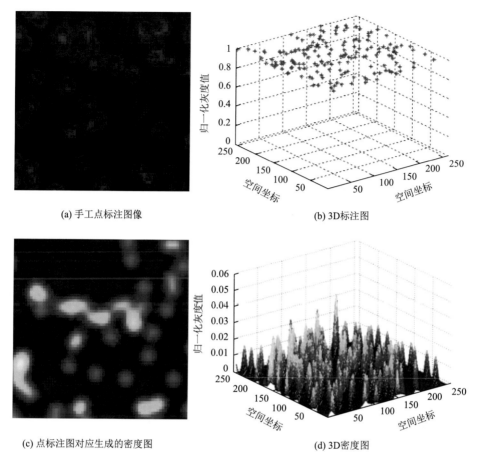

(a) 手工点标注图像

(b) 3D标注图

(c) 点标注图对应生成的密度图

(d) 3D密度图

图 4-50　点标注图像的密度图生成

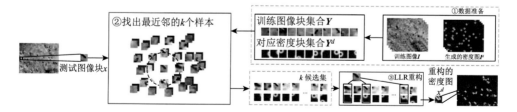

图 4-53　LLRE-VOC 算法的流程图

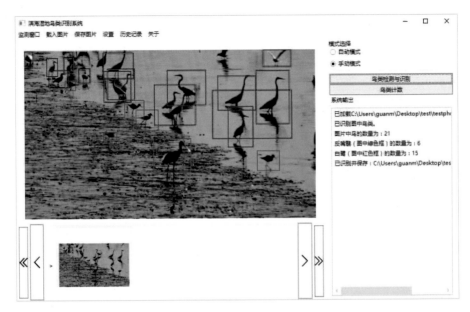

图 5-10　鸟类检测模块图片检测结果界面

图 5-13　鸟类检测分类结果

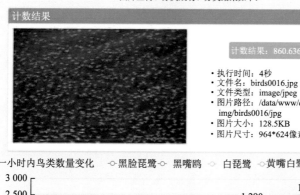

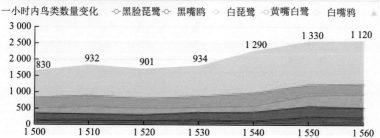

图 5-17 鸟类目标计数模块图片计数结果界面

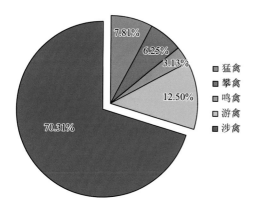

图 8-1 鸟类各生态类群种数组成比例

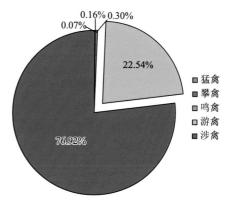

图 8-2 鸟类各生态类群数量组成比例

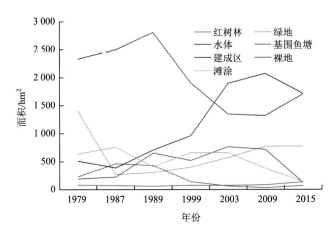

图 8-14　1976～2015 年福田红树林保护区土地利用动态变化（陈保瑜等，2012；陈志云等，2018）